18.–

Kohlhammer
Urban-
Taschenbücher

Band 332

Ernst R. Sandvoss

Aristoteles

Verlag W. Kohlhammer
Stuttgart Berlin Köln Mainz

Widmung:
Stephan Alexander

CIP-Kurztitelaufnahme der Deutschen Bibliothek

Sandvoss, Ernst:

Aristoteles / Ernst R. Sandvoss.
Stuttgart, Berlin, Köln, Mainz: Kohlhammer, 1981.
(Urban-Taschenbücher; Bd. 332)
ISBN 3-17-007100-9

Verlagsort: Stuttgart
Umschlag: hace
Gesamtherstellung:
W. Kohlhammer Druckerei GmbH + Co. Stuttgart
Printed in Germany

Inhalt

I Einleitung – Forschungsgeschichte

Als Aristoteles-Forschung im weiteren Sinn können wir alle mehr oder weniger wissenschaftlichen Bemühungen in Altertum, Mittelalter und Neuzeit bezeichnen, die zu einem besseren Verständnis des Philosophen, seiner Persönlichkeit und seiner Werke geführt haben. Unter Aristoteles-Forschung im engeren Sinn verstehen wir dagegen eine spezifisch neuzeitlich-moderne Art der Rezeption. Diese Form der Aneignung setzt die Beherrschung und Anwendung der philologisch-historisch-kritischen Methode voraus. Ihr geht es in erster Linie um systematische Erforschung der unter dem Namen des Aristoteles überlieferten Texte, um die Erschließung der Handschriften, ihre genaue Entzifferung, auch mit Hilfe von Konjekturalkritik, um Quellen- und Echtheitsfragen, um die Sicherung des Wortschatzes durch Indizes und Lexika sowie um die Geschichte der Texte. Auf der so geschaffenen Grundlage kann die philologische oder philosophische Interpretation aufbauen, sei es in Form von Übersetzungen, Kommentaren und Paraphrasen, sei es in Form von Aufsätzen, Abhandlungen und Monographien. Die neuere Aristoteles-Forschung wurzelt somit in einer zweitausendjährigen Tradition, in deren Verlauf sich das Aristoteles-Verständnis, aufs Ganze gesehen, immer höher entwickelte und verfeinerte. In dieser Einleitung soll jedoch nur die Entwicklung der modernen Aristoteles-Forschung skizziert werden. Auf die früheren Phasen der Rezeption kommen wir an anderer Stelle zurück.

Die neuzeitliche Aristoteles-Forschung erwuchs aus dem Kampf der neuen mit der alten Philosophie. Die neue Philosophie beginnt mit dem berühmten Siebengestirn Francis Bacon (1561–1626), Thomas Hobbes (1588–1679), René Descartes (1596–1650), Blaise Pascal (1623–1662), Baruch de Spinoza (1632–1677), John Locke (1632–1704) und Gottfried Wilhelm Leibniz (1646–1716). Die alte Philosophie, eine Synthese von Platon, Aristoteles und Christentum, hatte ein Jahrtausend in Europa geherrscht und war in der Obhut der katholischen Kirche zu einer Art Ideologie erstarrt, die unter dem Namen Scholastik oder Schulphilosophie in die Geschichte eingegangen ist. Die neueren Philosophen lehnten die Schulphilosophie zwar nicht völlig ab, aber sie akzeptierten nur ihre philosophisch wertvollen Teile, viele aristotelische Gedanken, wenn sie auch unter dem Einfluß fremder Vorstellungen stellenweise bis zur Unkenntlichkeit entstellt waren und erst von diesen wieder gereinigt werden mußten. In Briefen an seinen Lehrer J.

Thomasius[1] hat der Synthetiker Leibniz das Verhältnis der neuen zur alten Philosophie zu bestimmen versucht:

»Raey (Johannes de, gest. 1702) hat in seinem ›Schlüssel zur Naturphilosophie‹ hinreichend deutlich gemacht, daß Rauchschleier der Scholastik Aristoteles verdunkelt haben, aber Galilei, Bacon, Gassendi, Hobbes, Descartes und Digby den wahren Aristoteles bestätigen. . . . Ich scheue mich daher nicht zu sagen, daß ich mehr von dem, was Aristoteles in seinen Büchern ›Über die Physik‹ darlegt, für richtig halte als von dem, was Descartes in seinen ›Meditationen‹ ausführt. Ich wage sogar hinzuzufügen, daß jene acht Bücher sehr wohl mit der neuen Philosophie vereinbar sind. . . . Was Aristoteles nämlich über Materie, Form, Privation, Natur, Ort, Unbegrenztes, Zeit und Bewegung sagt, trifft größtenteils zu und ist bewiesen.«

Leibniz unternimmt in dem zitierten Abschnitt nicht nur den Versuch, alte und neue Philosophie als Glieder einer einzigen Philosophie und Wahrheit im Sinn seiner philosophia perennis, einer durch die Zeit kontinuierlich fortschreitenden Denkbewegung der Menschheit, zu verstehen, sondern stellt auch, was Aristoteles betrifft, ein Programm auf, nämlich den echten Aristoteles wiederzuentdecken. Die Aristoteles-Forschung der Folgezeit hat dieses Programm tatsächlich aufgegriffen und bis zu einem erstaunlichen Grad ausgeführt. Kant war der Auffassung, daß die Logik seit Aristoteles keinen Schritt vorwärts getan habe, und bedauerte, daß die neuere Philosophie der Metaphysik des Aristoteles nichts Vergleichbares an die Seite zu stellen vermochte. Goethe hielt Platon, Aristoteles und die Bibel für die unzerstörbaren Fundamente abendländischen Menschentums. Schon im frühen 18. Jahrhundert trennte sich von der philosophisch-künstlerischen Rezeption des Aristoteles, die das Gedankengut des Stagiriten zum eigenen Weiterdenken benutzte, die wissenschaftlich-kritische Forschung, der die Arbeit an den Texten immer mehr zum Selbstzweck wurde. Anstelle lebendiger Auseinandersetzung nach Art von Leibniz, Kant und Goethe trat die Beschäftigung der Gelehrten bis hin zur positivistisch-geisttötenden Anhäufung von Fakten und Material, gegen die Nietzsche so leidenschaftlich revoltierte. Einen ersten Schritt auf diesem Weg tat Leibnizens Schüler Christian Wolff (1679–1754). Ihm imponierten an Aristoteles vor allem Logik und Systematik. Während aber Aristoteles die Denkdisziplin nur als Mittel zur Erkenntnis der Wahrheit verwandte, versuchte Wolff, die Philosophie selbst in ein System zu zwängen, eine Unmöglichkeit, wie wir heute wissen. Goethe machte sich über diese Art ›Philosophie‹, zu der auch das ›Collegium Logicum‹

gehört, lustig: »Mit Worten läßt sich trefflich streiten, mit Worten ein System bereiten«. Wolff errichtete indessen sein philosophisches System, wie er meinte, nach aristotelischem Muster. Kant lobte zwar die Kategorienlehre des Aristoteles und übernahm von ihm die Bezeichnung ›Kategorie‹ für seine Kategorien-Tafel, bemängelte an ihm aber, daß er die Kategorien nicht in ein System gebracht hatte. Zum Stein des Weisen wurde das System aber erst im sog. deutschen Idealismus, vor allem bei Hegel.[2] Hegels Neigung zu systematisch-totalitären Spekulationen färbte auch auf die Aristoteles-Forschung ab. So übertrug Eduard Zeller den Systembegriff nicht nur auf die Philosophie des Aristoteles, sondern auch auf die Platons,[3] doch eilen wir den Ereignissen nicht voraus!

Die Anfänge der kritischen Geschichtsschreibung reichen bis Leibniz zurück, genauer: bis zu seiner Geschichte des Welfenhauses. Im 18. Jahrhundert führte dann die aufblühende philologische Wissenschaft auch auf dem Gebiet der Aristoteles-Forschung eine Wende herbei: J. M. Gesner (1691–1761), C. G. Heyne (1729–1812), F. A. Wolf (1759–1824), J. G. Buhle (1763–1821), G. G. Fülleborn (1769–1803), J. S. Vater (1771–1826). Es entstanden Übersetzungen von einzelnen Werken des Aristoteles. 1794 übersetzte M. W. Voigt die Schrift ›Über die Seele‹ und 1803 die ›Rhetorik‹, M. K. Curtius 1753 das Buch ›Von der Dichtkunst‹, S. Maimon 1794 die ›Kategorien‹, D. Jenisch 1791 die ›Nikomachische Ethik‹, J. G. Schlosser 1798 die ›Ökonomik‹. Buhle versuchte bereits, eine Reihenfolge der aristotelischen Schriften herzustellen. Er unterschied 4 Gruppen: 1. Theoretische Philosophie (›Organon‹, ›Poetik‹, ›Rhetorik‹, ›Physik‹, ›Metaphysik‹), 2. Praktische Philosophie (›Nikomachische Ethik‹, ›Magna Moralia‹, ›Eudemische Ethik‹, ›Politik‹, ›Ökonomik‹), 3. Mathematische Philosophie (die hier genannten Schriften sind wahrscheinlich unecht), 4. Naturphilosophie (›Über die Seele‹, ›Über das Gedächtnis‹, ›Über die Träume‹, ›Tiergeschichte‹ usw.).

Wenn diese Forschergeneration auch noch nicht zu einem subtilen Aristoteles-Verständnis gelangte, hoben sie doch durch Ausgaben, Auszüge und Übersetzungen den Philosophen und sein Werk in das Problembewußtsein der Zeit. Sie machten auf Aristoteles aufmerksam und Gelehrte wie Laien mit seinen Werken bekannt, aber erst das 19. Jahrhundert brachte den großen Fortschritt. In diesem Zusammenhang seien wenigstens einige der vielen illustren Namen erwähnt: G. Hermann (1772–1848), G. B. Niebuhr (1776–1831), F. G. Welcker (1784–1868), A. Boeckh (1785–1867), I. Bekker (1785–1871), C. A. Brandis (1790–1867), K. Göttling (1793–

1869), F. A. Trendelenburg (1802 – 1872), A. Stahr (1805 – 1876), E. Zeller (1814 – 1908), H. Bonitz (1818 – 1888), Th. Mommsen (1817 – 1903), U. v. Wilamowitz-Moellendorff (1848 – 1931). Schon die große Zahl der Gelehrten läßt erkennen, daß das industrielle Zeitalter der Arbeit und der Massen begonnen hatte. Bekker schuf die grundlegende Aristoteles-Ausgabe der Preußischen Akademie der Wissenschaften, nach der auch heute noch zitiert wird. Bonitz vollbrachte mit der Erstellung des Index Aristotelicus eine großartige Leistung, V. Rose sammelte und edierte die Fragmente verlorengegangener Schriften des Aristoteles, Brandis, Zeller und Trendelenburg bemühten sich um die historische Einordnung des Philosophen. U. v. Wilamowitz-Moellendorff faßte das damalige Gesamtwissen über Aristoteles und seine Zeit in dem monumentalen Werk ›Aristoteles und Athen‹ (1893) zusammen. Engländer und Franzosen interessierten sich weniger für das System des Aristoteles als für einzelne Werke und Einzelprobleme. Dieser Unterschied zur deutschen Forschung zeigt sich schon früh.

»Die Deutschen haben in der Philosophie die metaphysischen Spekulationen, welche Briten und Franzosen seit langer Zeit als scholastische Grillen vernachlässigt, ja verspottet haben, mit einer Beharrlichkeit zum Gegenstande ihrer Untersuchung gemacht, daß wir am Ende eine eigentümliche und tiefe Wissenschaft, Transzendentalphilosophie genannt, daraus hervorgearbeitet haben, welche ganz neuen Systemen der Logik, der Sittenlehre, der natürlichen Rechtswissenschaft, der obersten Grundsätze der Naturlehre zur Grundlage dient und einige der seit Jahrtausenden verwickeltsten Probleme der Philosophie glücklich aufgelöst zu haben scheint. Briten und Franzosen hatten, seit Locke und Malebranche, gar keine Metaphysik: von unserer ganz neuen Wissenschaft ahnen sie bis jetzt nicht eine Idee.«[4]

Daran ist so viel richtig, daß unsere westlichen Nachbarn mehr als wir darauf verzichteten, die spekulativen Elemente des Aristoteles in ihre Philosophie einzubeziehen oder eigene Spekulationen in die Philosophie des Aristoteles zurückzuprojizieren. Philosophie und Wissenschaften werden strenger geschieden. Die Wissenschaft verdrängt die Philosophie fast völlig oder ›verwissenschaftlicht‹ sie. Nietzsche, sofern man ihn als Philosophen gelten läßt, war, als ein solcher Metaphysiker, der letzte deutsche Philosoph von internationalem Ruf. Richtig ist auch der Hang der Deutschen zur Systembildung (»ganz neuen Systemen«) erkannt. Schon Leibniz sprach von einem »Système nouveau de la nature et de la communication des substances« (1695). Die Tendenz, antike Philosophen mit Kant oder Hegel zu verbinden und in neuere Systeme einzubeziehen, läßt sich schon früh beobachten, so wenn Jenisch von einem »Königsberger Aristoteles« spricht.[5]

Goethe war in dieser Hinsicht vorsichtiger:

»Aristoteles ... steht zu der Welt wie ein Mann, ein baumeisterlicher. Er ist nun einmal hier und soll hier wirken und schaffen. Er erkundigt sich nach dem Boden, aber nicht weiter als bis er Grund findet; von da bis zum Mittelpunkt der Erde ist ihm das übrige gleichgültig. Er umzieht einen ungeheuren Grundkreis für sein Gebäude, schafft Materialien von allen Seiten her, ordnet sie, schichtet sie auf und steigt so in regelmäßiger Form pyramidenartig in die Höhe.«[6]

Erst im 20. Jahrhundert hat die Aristoteles-Forschung das Aristoteles-Verständnis ermöglicht, das Goethe in seiner Darlegung bereits umrißhaft erkennen läßt. Erst die moderne Forschung hat, wie zuvor die Forschung der frühen Neuzeit Aristoteles von den »Rauchschleiern der Scholastik« befreite, nunmehr von den Nebelschwaden des deutschen Idealismus befreit. Goethe erkannte das »baumeisterliche« Element im Denken des Aristoteles, hütete sich aber davor, ihm ein System anzudichten. Er sah in Aristoteles den ›Realisten‹, nicht einen Spekulanten. Genial ist Goethes Bild vom Mittelpunkt der Erde in diesem Zusammenhang. Sowohl die Stärke des Aristoteles als auch die Schwäche seiner Philosophie beruht, wie wir noch zeigen werden, in der konsequenten Begrenzung seiner Problemhorizonte, wobei er weniger in die Tiefe gräbt als »einen ungeheuren Grundkreis« absteckt. Die Materialbeschaffung weist Aristoteles als Empiriker aus, nicht als Empiristen, denn er errichtete mit dem Material ein Gebäude, d. h. er plante, sichtete, ordnete und verwendete das Material zu einem ideellen Zweck. Die moderne Aristoteles-Forschung hat endlich erkannt, daß Aristoteles weder Idealist noch Realist war, weder Empirist noch Rationalist, weder Traditionalist noch Utopist, auch nicht von alldem etwas und nichts ganz, sondern ein Denker, dessen Philosophie nicht in Ismen aufgeht, auch nicht im Eklektizismus. Er dachte systematisch und schuf doch kein System, sondern, wie Goethe richtig bemerkt, ein Gebäude. Er sammelte nicht nur Material, sondern schuf daraus ein Ganzes, etwas Gestalthaftes. Er war auch kein Phänomenologe, vielmehr ein Morphologe.

Hatten die Forscher des 18. Jahrhunderts Aristoteles und sein Werk wiederentdeckt, die Forscher des 19. Jahrhunderts, jedenfalls deutscherseits, nach dem System des Aristoteles gesucht und es etwas naiv in ihre Konzeptionen von Philosophie einbezogen, blieb es der Forschung des 20. Jahrhunderts vorbehalten, den Entwicklungsgedanken auf die Philosophie des Stagiriten zu übertragen.

Aber auch hier zeigte sich bald, daß die modernen Kategorien nicht so recht griffen. Die Konsistenz des aristotelischen Denkens erwies sich als stärker denn je. Also bleibt nur die Erkenntnis Faustens:

»Mein Freund, die Zeiten der Vergangenheit
Sind uns ein Buch mit sieben Siegeln.
Was ihr den Geist der Zeiten heißt,
Das ist im Grund der Herren eigner Geist,
In dem die Zeiten sich bespiegeln.«

Die Aristoteles-Forschung des 20. Jahrhunderts, soweit sie diesen Namen verdient, hat sich zu dieser skeptischeren Ansicht durchgerungen. Deutsche Gelehrte des 19. Jahrhunderts, die vom philosophischen Selbstbewußtsein Hegels zehrten, zogen Aristoteles vor den Richterstuhl ihrer Vernunft und urteilten über ihn wie selbstbewußte Christen über arme, verirrte Heiden zu urteilen pflegten. Am Ende gab es so viele Aristoteles-Bilder wie es Aristoteles-Gelehrte gab. Seitdem dieses (pseudo)philosophische Selbstbewußtsein aber erschüttert und teilweise geschwunden ist, bahnen sich neue, vielleicht objektivere Möglichkeiten des Aristoteles-Verständnisses an. Zunächst einige Worte zum Entwicklungsgedanken!

Werner Jaeger[7] brach mit der im 19. Jahrhundert vor allem im Gefolge Hegels vertretenen Auffassung eines Systems der aristotelischen Philosophie. Jaeger glaubte, eine Entwicklung des Aristoteles vom Platoniker, Dialektiker und Idealisten zum Realisten, Logiker und Empiriker feststellen zu können. Der Mangel der Jaegerschen Methode war, daß er seine Hypothese nur auf einige Werke (Dialoge, Metaphysik, Ethiken) des Aristoteles gründete und so bedeutende Schriften wie ›Über die Seele‹, die ›Physik‹ und die meisten übrigen naturphilosophischen Schriften fast völlig außer acht ließ. Deutsche und ausländische Kritiker haben sich mit Jaegers Entwicklungsschema ausführlich auseinandergesetzt, ohne daß wir hier die Kontroversen im einzelnen verfolgen können.[8] Was von der glänzenden Hypothese übrigblieb, war nicht viel mehr als die kaum zu bestreitende Tatsache, daß Platon das Denken des Aristoteles maßgebend beeinflußt hat und daß in der ›Entwicklung‹ des Aristoteles kein Bruch festzustellen ist. Jaeger bleibt das Verdienst, auf den Aspekt der Entwicklung im aristotelischen Denken hingewiesen und mit der Chimäre eines aristotelischen Systems endgültig Schluß gemacht zu haben.

Wesentlich näher an den Kern der Persönlichkeit des Aristoteles und seine Methode zu philosophieren führen die Arbeiten von H. Cherniss.[9] Aristoteles war gar nicht so objektiv wie man vielfach aufgrund seines lapidaren Tatsachen-Stils und seines Wahrheits-

Pathos annahm. Im Gegenteil, er verfuhr mit seinen Vorgängern wenig fair, entstellte ihre Lehren bis zur Unkenntlichkeit, um sie desto leichter widerlegen zu können. Er wurde auf diese Weise weder den Vorsokratikern noch Platon gerecht. Cherniss hat den Kritiker Aristoteles entdeckt, dessen Methoden nicht nur modernen Ansprüchen an die Wahrheitsfindung zuwiderlaufen. Mit seiner manchmal ätzenden Polemik scheint sich Aristoteles auch unter seinen philosophierenden Zeitgenossen wenig Freunde gemacht zu haben. Sein orgueil intellectuel, sein ausgeprägtes philosophisches Selbstbewußtsein erinnert an Hegel.[10]

Mit dem 20. Jahrhundert wächst der Anteil der nicht-deutschsprachigen Beiträge zur Aristoteles-Forschung, insbesondere der angelsächsische. Hier wäre die Gründung der Aristotelian Society in England um die Jahrhundertwende zu nennen, welche die Ergebnisse ihrer Forschungen in der Zeitschrift ›Proceedings of the Aristotelian Society‹ veröffentlichte. Hierher gehören auch die hervorragenden Kommentare von Sir W. D. Ross zur aristotelischen ›Physik‹ (1936), ›Metaphysik‹ (^{2}1956) und ›Poetik‹ (1957), von R. D. Hicks zur Schrift ›Über die Seele‹ (1907) und von W. L. Newman zur ›Politik‹ des Aristoteles (1887–1902).

Der belgische Aristoteliker A. Mansion[11] nahm kritisch zur Entwicklungshypothese Jaegers Stellung. Von den zahlreichen modernen Aristoteles-Forschern seien hier nur zwei genannt, der Schwede Ingemar Düring und der Amerikaner A. H. Chroust.[12] Auch Düring setzte sich kritisch mit Jaeger auseinander. Die These vom theoretisierenden Platon und vom praxisnahen Aristoteles läßt sich nicht länger aufrechterhalten:

»Trotz der Gegenständlichkeit seines Denkens ist Aristoteles theoretischer, spekulativer als Platon. Auch in den biologischen, zoologischen und psychologischen Schriften treten naturphilosophische Gesichtspunkte durchweg in den Vordergrund. Er ist der Prototyp des gelehrten Professors. Mit ihm beginnt die Ära des Gelehrtentums.«[13]

Die Aristoteles-Forschung ist nicht mehr das Arbeitsgebiet einzelner Gelehrter oder elitärer Gruppen, sondern einer großen Schar von Spezialisten in allen Ländern. Ihre sorgfältigen Einzelanalysen haben gezeigt, daß traditionelle Klischees wie ›System‹ oder ›Entwicklung‹ nicht mehr zur Erfassung des aristotelischen Denkens in seiner Mannigfaltigkeit und Subtilität ausreichen. Die Frage nach der möglichen Einheit dieses Denkens hat am Ende geduldiger Einzelforschung zu stehen. Zur Entwicklung des Aristoteles, das haben vor allem die Arbeiten von H. Cherniss gezeigt, läßt sich erst dann etwas Weiterführendes sagen, wenn die mannigfachen Ver-

bindungen seines Denkens zum späten Platon und darüber hinaus zum Gesamtwerk Platons und zu den Vorsokratikern herausgearbeitet sind. Aristoteles war weniger ein Systematiker als ein Synthetiker großen Stils. Er schaute in gewisser Weise die gesamte hellenische Philosophie zusammen und durchdrang sie mit der Schärfe seines Intellekts. Ob dabei eine einheitliche Gesamtschau herauskam, muß sich erst noch erweisen. Ebensowenig war Aristoteles zunächst Platoniker und wurde dann zu einem selbständigen Denker. Aristoteles war von Anfang an der, der er war, und ist das bis zu seinem Ende geblieben. Er hat von Platon gelernt, aber seine Lehren nie kritiklos übernommen. Vielleicht war das ein Grund für die oft überbetonten Differenzen zwischen den beiden. Was ist schwieriger als die Existenz zweier Genies auf engstem Raum?
Die Aristoteles-Forschung wird auch hier noch lange zu forschen haben, bevor sie die wirklichen Zusammenhänge in der inneren Entwicklung des Aristoteles ergründen kann. Stehen wir wieder dort, wo die moderne Forschung vor ca. 150 Jahren einsetzte? War aller Aufwand der Philosophen, Philologen und Historiker vergebens? Wohl kaum. Auch wenn sich nur gezeigt hätte, daß die aristotelische Philosophie in diamantener Härte allen Versuchen widerstand, sie zu zerstückeln oder in ein Prokrustesbett zu zwängen, wäre schon viel gewonnen. Tatsächlich ist der Wert der platonischen und aristotelischen Philosophie in dem Maß gestiegen, als alle Versuche, sie in eigene Systeme zu integrieren, scheiterten. Wir können sogar sagen, daß die neuere Aristoteles-Forschung wesentlich zu der Einsicht beigetragen hat, daß kein Philosoph der Neuzeit, ganz zu schweigen vom Mittelalter, das denkerische Niveau eines Platon oder Aristoteles erreicht hat. Wenn wir mehr über die vorsokratischen Denker wüßten, könnte man wahrscheinlich dieses Urteil auch auf sie ausdehnen. Je mehr wir uns mit der griechischen Philosophie, speziell mit Aristoteles, befassen, je genauer unsere Kenntnis der einschlägigen Texte wird, desto deutlicher müssen wir erkennen, wie weit uns die Alten auf philosophischem Gebiet immer noch überlegen sind. Das christliche Überlegenheitsgefühl gegenüber der ›heidnischen‹ Philosophie und das daraus erwachsene säkularisierte Selbstbewußtsein Hegels oder Nietzsches, aber auch anderer Denker, verflüchtigen sich wie Nebelschwaden vor der Sonne glasklarer Intellektualität, wie sie den antiken Denkern eigen war.
So haben 150 Jahre neuzeitlich-moderner Aristoteles-Forschung einmal ermöglicht, Platon und Aristoteles besser zu verstehen, sodann, was vielleicht noch wichtiger ist, uns zu echter Selbsterkenntnis verholfen. Aber die Forschung hat auch konkrete Ergeb-

nisse aufzuweisen. Wir wissen heute, daß die aristotelische Metaphysik alles andere als eine Geheimwissenschaft ist. Sie erweist sich, modern ausgedrückt, als eine Art Kategorialanalyse, eine Schule des Denkens und Sprechens. Wir wissen heute, daß die ›Theologie‹ des Buches Lambda der ›Metaphysik‹ nicht einen Nachklang platonischer Frömmigkeit darstellt, vielmehr die klare Erkenntnis des Philosophen widerspiegelt, daß jede Philosophie auf ihre Grenzen stößt, ohne daß die Wirklichkeit dort aufhört. Jenseits dieser Grenzen beginnt der Bereich religiöser Erfahrung. Der Grenzbegriff einer transzendenten höchsten Wirklichkeit gehört somit zum Wesen jeder echten Philosophie. Wir wissen heute auch, daß der aristotelische Begriff der Entelechie kein Zauberwort ist, in das man alle möglichen modernen Theorien hineinprojizieren kann, sondern das geistig-immaterielle Bauprinzip alles Lebendigen bezeichnet. Wir wissen ferner, daß der Geist, der Nous, von dem Aristoteles spricht, ein ebensolcher Grenzbegriff ist, ein Symbol schöpferischer Aktivität, das im gesamten Kosmos sichtbar wird, vor allem aber im intelligenten Lebewesen Mensch, in seiner ›Geistnatur‹. Gott und Geist sind nicht Phantasieprodukte weltflüchtiger Asketen. Sie bezeichnen vielmehr die Wirklichkeit vor aller Existenz oder Realität oder raumzeitlichen Wirklichkeit, die Wirklichkeit alles Wirklichen, das Sein alles Seienden, die Realität alles Realen. Nicht der geistige Mensch ist dieser Wirklichkeit entfremdet, wohl aber das geistlose Dasein, als Materie im Materiellen, hat sich von seinem Ursprung gelöst und ist damit dem Nichtsein verfallen. Aristoteles verstand die Theorie als höchste Form der Praxis, als Selbstbewegung des Geistes, Selbsterkenntnis, als göttlichen Zustand, und damit kommen wir zur aristotelischen Ethik und ihrem Zentralbegriff, der Eudaimonia.

Wir wissen heute, daß diese Eudämonie nicht mit Eudämonismus gleichzusetzen ist, ein Mißverständnis der Neuzeit. Ethik bedeutet für Aristoteles auch nicht bloße Norm, formale Gesetzmäßigkeit oder oberste Befehlsgewalt. Für ihn intendiert die Ethik mittels Gewohnheiten und Verhaltensweisen einen Zustand, ein Sein in äußerster Bewegung, höchste Vollendung, Bestform: Tätigkeit der Seele gemäß ihren Fähigkeiten und Tugenden. Kant, der die Logik und Metaphysik des Aristoteles hochschätzte, ging an der aristotelischen Ethik vorbei. Vielleicht erschien ihm die Kluft zwischen den bürgerlichen Vorstellungen von Moral und Sittlichkeit in seinem Zeitalter und den Wertdimensionen der aristotelischen Ethik zu tief. Die moderne Aristoteles-Forschung hat nicht zuletzt den Nachweis erbracht, daß die Ethik des Aristoteles mit jeder Art neuzeitlicher Ethik konkurrieren kann. Die psychologischen Fundamente der aristotelischen Ethik erweisen sich nach über zweitausend Jahren noch als felsenfest. Im Bereich der Naturwissenschaften ist die Neuzeit zwar über Aristoteles hinausgelangt, aber in der Begriffsbildung offenkundig hinter ihm zurückgeblieben. Diesen Ergebnissen der Aristoteles-Forschung steht eine Reihe äußerer Errungenschaften zur Seite: zuverlässige Ausgaben mit textkritischen Apparaten, umfassende, historisch fundierte Kommentare, Speziallexika, Indizes und brauchbare Übersetzungen sowie Untersuchungen auf nahezu allen Gebieten der aristotelischen Philosophie. Als Gesamtergebnis können wir festhalten, daß die neuere Aristoteles-Forschung nicht nur ein besseres Aristoteles-Verständnis ermöglichte, sondern indirekt auch zeigte, daß sich die Bemühungen um die aristotelische Philosophie auch für die eigene geistige Entwicklung lohnen. Auf den Gebieten der Sprach-, Natur- und Sozialphilosophie sowie in allen Bereichen der Begriffs- und Theoriebildung hat Aristoteles das moderne Bewußtsein maßgebend gefordert und mitgeformt. Ohne ihn dürfte weder im 20. Jahrhundert noch später ein echter Fortschritt in Wissenschaft, Bildung und Kultur möglich sein.

Aristoteles war mehr Problem- als Systemdenker, entwickelte er doch die aporetische Methode bis zur Perfektion. Aporie können wir mit Problem ›übersetzen‹. Die richtige Fragestellung, das erkannte Aristoteles, birgt schon die richtige Antwort in sich. Wir können hier natürlich nicht auf alle Einzelprobleme der aristotelischen Schriften eingehen, von textkritischen Fragen ganz zu schweigen, wohl aber eine mehr oder weniger vollständige Liste der Grundprobleme aufstellen, vor die sich die gegenwärtige Aristoteles-Forschung gestellt sieht. Anstelle der Frage nach dem System des Aristoteles hat, wie bereits angedeutet, die Frage nach der Konsistenz seines Denkens zu treten. Unter Konsistenz verstehen wir die Folgerichtigkeit und Vereinbarkeit seiner Grundlehren. Eng damit hängt das Problem der Chronologie der Schriften zusammen. Hier müssen Vermutungen, vorschnelle Schlüsse und Konstruktionen durch sorgfältige Untersuchungen der Verweise der Schriften aufeinander ersetzt werden. Vor allem sind Kriterien anzugeben, welche Verweise von Aristoteles stammen. Ein schwieriges Problem, das tief ins Innere der Künstler-Werkstatt führt, ist die Frage, wie Aristoteles gearbeitet hat. Hier stehen wir noch ziemlich am Anfang. Weder genügt die schematische Einteilung in exoterische (populäre) und esoterische (fachliche) Schriften, in Dialoge und (akroamatische) Lehrschriften, noch die Theorie von den Vorlesungs-Notizen. Aristoteles war kein Professor im modernen Sinn. Entsprechend unterscheidet sich seine Arbeitsweise von

der modernen. Wie sie im einzelnen aussah, müssen künftige Forschungen erhellen.
Welche Überlieferungsströme hat Aristoteles in sein Werk aufgenommen? Die Beschränkung auf Platon ist zu eng. Demokrit hatte für Aristoteles eine größere Bedeutung als man, unter dem Eindruck platonischer Theorien, gewöhnlich annimmt. Aristoteles war ein Synthetiker, der neben der sokratischen auch die vorsokratische Philosophie weitgehend in sein Denken einbezog. Ein Buch mit sieben Siegeln ist für uns immer noch das Leben in der platonischen Akademie, der Aristoteles 20 Jahre angehörte. Haben wir sie nach Analogie unseres Universitäts- und Forschungsbetriebes zu verstehen oder unterschieden sich Umgangsformen und Arbeitsmethoden wesentlich von den unsrigen? Immerhin dürfte mehr Selbständigkeit und Toleranz unter den einzelnen Mitgliedern geherrscht haben als an unseren Bildungsstätten. Auch war wohl der sachbezogene Wettstreit um die bessere Lösung von Problemen ernsthafter als heutzutage. Wenig erforscht ist auch das Verhältnis der spätplatonischen Philosophie zur aristotelischen, besonders auf dem Gebiet der Psychologie, Ethik und Politik.
Kommen wir nun zu den einzelnen Schriften des Aristoteles! Welchen Zweck haben die Analytiken? Sind sie ein Organon des Denkens oder der Sprache? Wie verhalten sich Ontologie und Logik zueinander? Läßt sich die Logik überhaupt auf andere Wissensgebiete anwenden, wenn ja, auf alle oder nur auf einige? Gehört der Syllogismos in den Bereich der formalen Logik oder zur Aussagenlogik? Ist die Beweistheorie schlüssig und praktikabel? Wie steht es mit den Mathematik-Kenntnissen des Aristoteles? Woran sind seine kleineren sprachphilosophischen Schriften orientiert, am Sprachgebrauch, an der Psychologie oder an der Lehre vom Sein?
Wir kommen zu den naturphilosophischen Arbeiten des Aristoteles. Wie verhalten sich ›Physik‹ und ›Metaphysik‹ zueinander? Sind die Erkenntnisse des Aristoteles auf physikalischem Gebiet durchweg veraltet, oder können wir von seiner Begriffs- und Theoriebildung auf diesem Gebiet auch heute noch lernen? Von besonderem Interesse für den modernen Naturphilosophen ist die Frage, was Aristoteles unter Raum, Zeit und Materie verstanden hat, ob sich bei ihm Ansätze für ein Naturverständnis neuzeitlicher Art finden, oder ob er, dank seiner attischen Begriffsphilosophie, die fruchtbaren naturwissenschaftlichen Ansätze der Vorsokratiker vernachlässigte, und wie sich überhaupt ionische Naturphilosophie zu attischer Begriffsphilosophie verhält.
Damit sind wir bei der Metaphysik. Haben die Scholastiker sie in

transzendent-theologischem Sinn richtig weitergedacht, oder haben die modernen Ontologen recht, sofern sie an die Lehre des Aristoteles vom Sein des Seins anknüpfen, oder ist die Metaphysik des Aristoteles nichts anderes als eine Art Kategorialanalyse? Welchen Stellenwert haben die Bücher der ›Metaphysik‹ überhaupt im Gesamtwerk des Aristoteles? Gehören sie mehr zur Sprach- oder mehr zur Naturphilosophie, oder vermitteln sie zwischen beiden Bereichen? Ist die ›Metaphysik‹ in der vorliegenden Form überhaupt als ein einheitliches Werk zu verstehen?
Im Bereich der Naturphilosophie nehmen die biologischen Schriften einen großen Raum ein. Ausgangspunkt ist die Schrift ›Über die Seele‹, in der Aristoteles den Begriff der Seele bzw. des Lebens zu klären sucht (Seele = Leben). Wie fügt sich die Theorie des lebendigen Seins in das übrige Werk des Philosophen ein? Ist sie im Sinn der Hartmannschen Schichtenlehre zu verstehen oder im Sinn der Evolutionstheorie? Wie verhalten sich Problemvorschau und Ausführung des Werkes zueinander? Gelang Aristoteles hier die Synthese von ionischer Naturphilosophie und attischer Begriffsphilosophie? Was läßt sich über die Theorie des Geistes (Nous) sagen? Steht sie platonischen Auffassungen näher oder stellt sie ein Novum in der Geschichte der Philosophie dar? Wie verhalten sich der leidende und der tätige Geist zueinander? Ist der tätige Geist ein unpersönliches schöpferisches Weltprinzip oder ein persönliches Wesen, das dem christlichen Schöpfergott nahekommt? Was versteht Aristoteles unter Erkenntnis? Ist sie mehr funktional zu verstehen oder eine Leistung der Persönlichkeit? Wie verhält sich die niedere zur höheren Erkenntnis? Setzt die Schrift ›Über die Seele‹ die Kategorialanalysen der ›Metaphysik‹ voraus oder haben die psychologischen Forschungen des Aristoteles seine Begriffsbildung auf dem Gebiet der Metaphysik beeinflußt? Alle diese und viele andere Fragen ergeben sich aus den biologischen Schriften des Aristoteles, speziell aus seiner Schrift ›Über die Seele‹.
Ein bisher zu wenig beachteter Problembereich ist die psychologische Fundierung seiner Ethik und Politik. Wieweit deckt sich seine Psychologie auf diesen Gebieten mit entsprechenden psychologischen Untersuchungen Platons in seinen letzten Dialogen? War die Entelechie der Schlüsselbegriff für das organische Sein, ist die Eudämonie ein solcher für die aristotelische Ethik. Wie verhalten sich diese Begriffe zueinander? Welche Quellen haben zur Bildung des Eudämoniebegriffs beigetragen und kehren als Aspekte in diesem Begriff wieder? Beruht die aristotelische Ethik vorwiegend auf spekulativen Ideen oder auf empirischer Forschung? Läßt sich hier bereits von einer Wertphilosophie sprechen? Wie verhält sich

die aristotelische Theorie der Gerechtigkeit einerseits zur platonischen, andererseits zur stoischen? Hat die aristotelische Rechtsphilosophie das römische Recht und damit das westliche Rechtsdenken überhaupt nennenswert beeinflußt? Gibt es so etwas wie eine ontologische Grundlegung des Rechts, der Ethik und der Politik? Neigt die aristotelische Theorie der Lust mehr zum Hedonismus oder zur asketischen Lustverneinung? Wie verhält sich sein Lustdenken zu dem Platons und zu modernen Theorien, wie Freuds Libido-Hypothese? Inwiefern hat die aristotelische Lehre von den drei Lebensformen (theoretische, praktische, lustorientierte) das westliche Wertbewußtsein mitgeprägt?

Der Übergang von den Lebensformen zum politischen Leben erfolgt bei Aristoteles zwanglos. Um so klarer ist zwischen den aristotelischen Prämissen der Politik und unseren zu unterscheiden. Es geht nicht länger an, daß die Kategorien der Polis-Welt ohne weiteres auf das neuzeitlich-moderne politische Feld übertragen werden. Mit der immer wiederholten Kritik an der Einstellung des Aristoteles zur Sklavenfrage ist ebenso wenig gewonnen. Eine nicht minder wichtige Frage der aristotelischen Politik ist, wie Verfassung und politische Wirklichkeit sich zueinander verhalten, ob und wie ethische Kräfte im politischen Leben wirksam werden können, wie sich die politische zur soziologischen Wirklichkeit verhält und ob Herrschaft bzw. Herrschaftsstrukturen ontologisch fundiert erscheinen. Welches sind im politischen Leben die Gründe für Aufstieg und Niedergang eines Staates bzw. einer Gesellschaft? Wie ist das Verhältnis der Geschlechter im öffentlichen Leben optimal zu gestalten? Gibt es Maßstäbe für die Teilnahme des einzelnen am öffentlichen Leben? Was versteht Aristoteles unter Demokratie, und wie verhält sich sein Demokratiebegriff zum unsrigen? Das sind einige der Fragen, die im Anschluß an die aristotelische ›Politik‹ noch lange nicht gelöst, ja nicht einmal in der nötigen Klarheit gestellt sind.

Im Rahmen eines Taschenbuchs ist es natürlich nicht möglich, all die aufgezählten Fragen zu erörtern. Wir müssen daher im folgenden Schwerpunkte bilden. Im II. Kapitel soll zunächst die äußere und die innere Entwicklung des Aristoteles behandelt werden, dann, in der nötigen Ausführlichkeit, der historische Hintergrund, die athenische Gesellschaft und Politik im Zusammenhang mit der damaligen gesamtgriechischen Situation, danach die Entwicklung der Philosophie von Sokrates bis Aristoteles und besonders das Leben in der platonischen Akademie. Im III. Kapitel beginnen wir mit einer allgemeinen Charakteristik der aristotelischen Schriften, ihres Schicksals und ihrer Gruppierung. Die Einteilung in Sprach-

und Naturphilosophie, »Erste Philosophie« und ›Sozialphilosophie‹ bietet sich dabei von der Sache her an. Einen weiteren Schwerpunkt wird die Erörterung der ›Sozialphilosophie‹ bilden. Mit der ›Poetik‹ befassen wir uns im Rahmen der Sprachphilosophie. Im IV. Kapitel wird schließlich die Nachwirkung des Aristoteles zur Sprache kommen, wozu im Altertum vor allem seine Schüler, die Peripatetiker, gehören, im Mittelalter die Fortsetzer seiner Lehren und Methoden, die Scholastiker, in der Neuzeit die Philosophen, die auf der Grundlage der aristotelischen Philosophie weiterarbeiteten, die Aristoteliker. Am Ende ist vom zeitlosen Typus des Theoretikers bzw. Gelehrten die Rede, den, wie Düring richtig bemerkt, kein anderer als Aristoteles ins bewußte Leben rief. Sofern Aristoteles die Theorie als höchste Form der Praxis versteht, bildet er auch heute noch ein wirksames Gegengewicht gegen jede Art von Aktivismus sowie gegen die totalitäre Herrschaft des Hedonismus. Der Theoretiker hat aus aristotelischer Sicht in der modernen Gesellschaft ebensogut eine Existenzberechtigung wie der Praktiker, Techniker oder Manager, von den Genußsüchtigen, dem Amüsierbetrieb und der Showbusiness gar nicht zu reden.

II Schüler Platons

1. Werdegang des Aristoteles

Aristoteles wurde 384 v. Chr. in Stagira (Stagirit) geboren. Der Ort lag an der Ostküste der Chalkidike-Halbinsel, die ihren Namen von Chalkis auf Euböa erhielt, weil die meisten Kolonisten in dieser Gegend von dort gekommen waren. Stagira selbst, unweit der Grenze zwischen Thrakien und Makedonien gelegen, war von der Insel Andros, der nördlichsten der Kykladen-Inseln aus besiedelt. König Philipp II. (359 – 336), der König von Makedonien, zerstörte 350 Stagira und etwa dreißig andere Städte des gegen ihn gerichteten Chalkidischen Städtebundes. Stagira ließ er, oder sein Sohn Alexander später, auf Bitten des Aristoteles wieder aufbauen, der seiner wiedererstandenen Vaterstadt Gesetze gegeben haben soll. Er war zwar kein »Halbgrieche«, aber Ioner und stammte aus einer heiß umkämpften Randzone, die das klassische Hellas von den barbarischen Ländern des Nordens trennte. Da die blühenden Pflanzstädte jenes Gebietes im Vollbesitz hellenischer Kultur waren, konnte sich Aristoteles als vollwertiger Hellene fühlen. Immerhin ist an der These vom »Halbgriechen« Aristoteles so viel richtig, daß er als gebürtiger Ioner und Sproß einer geistig hochstehenden Familie wie kaum ein anderer dazu geeignet war, aus der nötigen Distanz eine Synthese aus ionischer Naturphilosophie und attischer Begriffsphilosophie zu versuchen.

Aristoteles stammte väterlicher- und mütterlicherseits aus einer Arztfamilie. Sein Vater Nikomachos, Leibarzt des makedonischen Königs Amyntas III. (394 – 370), erfreute sich dessen besonderer Gunst. Phästis, die Mutter des Aristoteles, entstammte einer Kolonistenfamilie aus Chalkis und war in Stagira geboren. Beide Familien sollen ihren Ursprung auf den Heilgott Asklepios zurückgeführt haben. Über die Familie des Vaters sind wir etwas besser informiert als über die der Mutter. Nikomachos verfaßte 6 Bücher über die Heilkunst und 1 Buch über die Natur. Außer Aristoteles hatte er noch einen Sohn (Arimnestos) und eine Tochter. Wir dürfen annehmen, daß die Familie des Nikomachos schon früh an den makedonischen Königshof in Pella zog und daß der junge Aristoteles dort sowohl erste Anregungen auf den Gebieten der Naturbetrachtung und Medizin erhielt als auch mit den Umgangsformen des höfischen Lebens vertraut gemacht wurde. Vielleicht rührt daher seine mehrfach bezeugte Vorliebe für ausgewählte

Kleidung und ein entsprechendes Benehmen. Vermutlich weckte die hochpolitische Atmosphäre am Königshof in Makedonien bereits sein Interesse für die Probleme des menschlichen Zusammenlebens, der Politik und der Gesellschaft. Obgleich wir, was die Jugendjahre des Aristoteles betrifft, nur auf Vermutungen und Rückschlüsse angewiesen sind, läßt sich doch soviel sagen, daß ihm auch damals schon mehr Erfahrungsquellen zur Verfügung standen als den meisten Gleichaltrigen, aber es beeinflußten nicht nur glückliche Umstände die Entwicklung des jungen Mannes. Wie manche anderen berühmten Denker, z. B. Platon, Leibniz oder B. Russell, verlor Aristoteles seinen Vater früh. Auch seine Mutter muß schon früh gestorben sein. Ein Verwandter, Proxenos aus Atarneus, übernahm seine Erziehung. Wie dankbar Aristoteles ihm für diesen Dienst war, läßt sich nicht zuletzt daraus ersehen, daß er dessen Sohn Nikanor, als er seinen Vater verlor, ebenfalls adoptierte und ihm seine Tochter zur Frau gab. Weder über das Alter, in dem Aristoteles verwaiste noch über den Ort seiner Erziehung ist etwas bekannt. So bleiben Kindheit und Jugendjahre des großen Denkers in ein nahezu undurchdringliches Dunkel gehüllt, und gerade das, was seine Entwicklung maßgebend mitbestimmte, die Eindrücke seiner Jugendzeit, bleiben uns verschlossen.

Zweifellos ließ der Heranwachsende keine Gelegenheit ungenutzt, sich weiterzubilden. Wenn er zu Beginn seiner ›Metaphysik‹ sagt, daß alle Menschen von Natur aus nach Wissen streben, gilt das in hohem Maß von ihm selbst. Hier stoßen wir auf eine Art Urerfahrung des Aristoteles. Mußte nicht gerade der frühe Tod seiner Eltern ihn auf die elementaren Probleme des Daseins stoßen, das Woher und Wohin seines Lebens und des Seins überhaupt? Wir haben uns den jungen Aristoteles als einen ernsten – spoudaios, ernsthaft ist eines seiner Lieblingsworte –, lernbegierigen und tiefveranlagten, weil im Grunde einsamen Menschen zu denken, dem es eigentlich nie gelang, die innere Einsamkeit durch äußere Betriebsamkeit zu überwinden. Seine Jugenddialoge zeugen vom inneren Schmerz eines Menschen, der früh erfuhr, was Leiden heißt, von einer gewissen herben Melancholie und manchmal sogar von unerträglichen seelischen Spannungen, ja von Zerrissenheit. Zeitlebens suchte der Denker Aristoteles zwischen extremen Positionen, die er sehr genau kannte, zu vermitteln, Gegensätze auszugleichen und Widersprüchliches klarzulegen. Er war der Vater der Logik und damit der Vater des Satzes vom Widerspruch. Psychologisch dürfte das die äußerste Gespanntheit seines Geistes zwischen Wahrheiten bedeuten, die einander ausschließen. Aristoteles ertrug diese Spannung und verwandelte in seinen logischen Schriften, speziell in den ›Analytiken‹, das Dunkel tiefer Widersprüchlichkeit, das über alles Sein gebreitet ist, in die göttliche Klarheit einer vom Logos erleuchteten menschlichen Vernunft. Nur ein seit früher Kindheit in Einsamkeit und Selbstzucht geübter Geist vermag solches zu leisten. Der Nous oder Geist, ein anderes Lieblingswort des Aristoteles, zudem sein Spitzname in der Akademie, hat sich bei ihm gewiß nicht erst in Athen geregt. Mindestens die Bereitschaft, sich geistig fordern zu lassen, und zwar von einem Denker mit dem nötigen Format, muß Aristoteles schon früh erworben haben. So wagte er sich gleich an den größten Geist seines Zeitalters, Platon, heran, Platon, den Verfasser so vieler berühmter Dialoge, den Sieger in so manchen harten geistigen Auseinandersetzungen mit den Sophisten. An ihm wollte er seine eigenen geistigen Kräfte messen und in lebendigem Gespräch mit dem Größten der Wahrheit Schritt um Schritt näher kommen.

So oder ähnlich muß Aristoteles empfunden haben, als er mit siebzehn Jahren den folgenschwersten Entschluß seines Lebens faßte und nach Athen ging, um an der platonischen Akademie Philosophie zu studieren. Als er ankam, war der berühmte Mann dort nicht zugegen. Platon befand sich auf seiner zweiten Sizilischen Reise (367/65). Er nahm mit dessen Schülern (Eudoxos von Knidos, Xenokrates) vorlieb und sah sich vielleicht auch ein wenig bei der Konkurrenz um, beispielsweise in der Rhetorenschule des Isokrates (436–338). Erst mit 19 oder 20 Jahren lernte Aristoteles den Mann persönlich kennen, wegen dem er hergekommen war und dem er bis zu dessen Tod (347), also fast 20 Jahre, in Freundschaft und Verehrung verbunden blieb. Dabei war er alles andere als ein bequemer Schüler. Wir dürfen uns den Studenten Aristoteles weder als Streber noch als Gläubigen vorstellen, der auf die Worte des Meisters schwört. Überhaupt ist das Lehrer-Schüler-Verhältnis im Altertum, besonders in der platonischen Akademie, kaum mit dem heutigen zu vergleichen. Was Lehrer und Schüler verband, waren nicht Ehrgeiz, Geltungsbedürfnis, Ruhmsucht sowie Autoritätsdünkel auf der einen, Unterwürfigkeit auf der anderen Seite, sondern das Ziel der gemeinsamen Suche nach der Wahrheit, die dazu erforderliche Liebe zur Erkenntnis und das Gefühl echter Freundschaft. Aristoteles war also eher ein Mitforscher Platons als ein abhängiger Student, wobei er es natürlich nicht an Achtung und Ehrfurcht vor dem 45 Jahre älteren ›Lehrer‹ fehlen ließ. Aber Aristoteles erwies sich von Anfang an als selbständiger, nüchterner und kritischer Denker. Platon erkannte recht bald an dem Scharfsinn, der Sachlichkeit und der Abstraktionsfähigkeit seines neuen ›Schülers‹, mit wem er es zu tun hatte. Hatte anfangs vielleicht der berühmte Name des Atheners den jungen Makedonen angezogen, eine Berühmtheit, die sich im Hinblick auf die Dialoge des Verfassers als berechtigt erwies, dürfte sich das Verhältnis bald danach zwar nicht umgekehrt haben, aber doch zu einem wechselseitigen geworden sein, indem sich nun auch Platon von den hervorragenden geistigen und charakterlichen Eigenschaften des jungen Mannes gefordert sah. So vertiefte sich das Verhältnis mit der Zeit, wenngleich es nicht von Meinungsverschiedenheiten und damit verbundenen Spannungen frei blieb. Gerade so wurde aber die gemeinsame Arbeit für beide Denker fruchtbar.

Kein Wunder, daß dieses freundschaftlich-fruchtbare Verhältnis zwischen ihnen sowohl in der Akademie als auch außerhalb von ihr Neider auf den Plan rief. Die einen warfen Aristoteles Undankbarkeit gegenüber seinem Lehrer vor, die anderen suchten in seiner Vergangenheit nach Anhaltspunkten für Verleumdungen: er sei in die Akademie eingedrungen, weil er sonst nichts habe werden können. Als Arzt und als Soldat habe er zuvor versagt. Solche Geschichten waren bald erfunden und wurden im Altertum von Gegnern des Aristoteles, die ihm nicht das Wasser reichen konnten, mit Vorliebe kolportiert. Die Unwahrheit dieser Verleumdungen ist evident, und die meisten von ihnen heben sich schon gegenseitig durch die Unvereinbarkeit ihrer Behauptungen auf. War Aristoteles weder eine gescheiterte Existenz noch ein respektloser Rebell, so doch ein scharfer Kritiker, der sich durch seine oft schonungslose Polemik wenig Freunde machte. Von den Geißelhieben seiner Kritik blieben die Mitarbeiter und blieb wohl auch sein Lehrer nicht ganz verschont. Allerdings war seine Kritik sachbezogen, nie persönlich, und stets vom Streben nach Erkenntnis der Wahrheit motiviert. Hinzu kam, daß Aristoteles kein Athener war, ein Fremder also, noch dazu ein Makedone und daher für viele Athener ein Stein des Anstoßes. All dies machte die Lage des Aristoteles nicht leichter und die Einsamkeit, unter der er ohnehin litt, nicht geringer. Er, der sich so sehr nach Freunden sehnte, hatte wenig Freunde. Um so mehr hing er an den wenigen Menschen, die ihm zugetan waren: seine erste und seine zweite Frau, Platon, vielleicht sein einziger wahrer Freund, Alexander, sein großer Schüler und Gönner, von dem ihn aber die unüberwindbare Schranke des Herkommens und tiefgreifende Meinungsunterschiede trennten, Hermias von Atarneus, der ihm sogar seine Nichte Pythias zur Frau gab, und sein Schüler Theophrast, der ihm zeitlebens treu ergeben war.

Aristoteles besaß wenig Freunde, aber viele Feinde. Der Tod Platons muß ihn daher besonders schwer getroffen haben. Aber nicht er, sondern Speusipp, Platons Neffe, sollte nach dem Willen des Verstorbenen die Leitung der Akademie übernehmen. Warum? War es zu einem Zerwürfnis zwischen ihm und Platon gekommen, als dieser noch lebte? Die Tatsache, daß Aristoteles nicht zum Leiter der Akademie berufen wurde, obwohl er der fähigste Kopf unter Platons Schülern war, gab zu allerlei Vermutungen Anlaß. Wenn man aber bedenkt, daß Speusipp über zwanzig Jahre älter war – er übergab die Schulleitung schon 339 Xenokrates und wählte einige Jahre später, wohl wegen einer Krankheit, den Freitod – als Aristoteles und daß ihm, dem natürlichen Erben Platons, das Schulgrundstück zufiel, wird man weniger darüber erstaunt sein. Aristoteles behielt jedenfalls Platon in bester Erinnerung, wie der folgende Nachruf zeigt:

»Da er nach Kekropias heiligem Boden kam, stiftete er ehrfürchtig einen Altar zu Ehren der ehrwürdigen Freundschaft eines Mannes, den die Schlechten nicht einmal loben dürfen. Er als einziger oder doch als erster unter den Menschen zeigte klar in seinem eigenen Leben und in dem, was er sagte und schrieb, daß der Mensch glücklich wird, wenn er gut wird; das wird keiner der jetzt Lebenden je wieder vermögen.«[14]

Speusipp gehörte außerdem mindestens ebenso lange dem Kreis der Akademiker an wie Aristoteles, pflegte die platonische Lehre besonders eifrig, studierte die Mathematik der Pythagoreer und schrieb eine ganze Reihe Bücher über Reichtum, Lust, Liebe, Gerechtigkeit, Freundschaft, Götter, Kunst und Philosophie, über die Seele, den Staatsbürger und die Gesetzgebung. Als Aristoteles 335 nach Athen zurückkehrte, war Speusipp bereits tot. Auf die platonische Akademie werden wir am Ende dieses Kapitels noch näher eingehen. Aristoteles hat die beiden Jahrzehnte seiner Zugehörigkeit zur Akademie gut genutzt, zu eigenen Forschungen auf vielen Gebieten, vor allem aber der Redekunst und Sprachphilosophie, zu eigener Lehrtätigkeit, zum Verfassen eigener Schriften, Dialoge und anderer Arbeiten sowie zu ausführlichen kritischen Erörterungen der platonischen Lehren und der Lehrmeinungen seiner Kollegen in der Akademie.

Nach dem Tod Platons hielt Aristoteles nichts mehr in der Akademie und wohl auch wenig in Athen. Er war inzwischen seinen Mitstudenten, Freunden und Konkurrenten so weit überlegen, daß der Lehrbetrieb ihm hier kaum noch etwas bieten konnte. Vielleicht war er auch der attischen Begriffsphilosophie überdrüssig geworden und sehnte sich nach neuen Bereichen philosophischer Erfahrung, nach ionischer Naturforschung und der Welt der Tatsachen. Zudem begann ihm, dem Makedonen, in Athen der Boden unter den Füßen heiß zu werden. Mehr darüber im folgenden Abschnitt! So kam ihm eine Einladung des Hermias von Atarneus, eines ehemaligen Mitglieds der platonischen Akademie, sehr gelegen. Hermias herrschte über Atarneus, einen Küstenstrich im nordwestlichen Kleinasien, der Insel Lesbos gegenüber, sowie über Assos, eine ebendort in Mysien auf einem Felsen des Idagebirges gelegenen Stadt am adramyttenischen Meerbusen. An diesen idyllischen Ort zog Aristoteles, wie einige berichten, zusammen mit seinem Studienfreund Xenokrates, dem späteren Leiter der Akademie (339–315). Beide verlebten bei Hermias drei sorgenlose, wenn auch arbeitsreiche Jahre. Leider nahm diese schöne Zeit infolge böser Ereignisse ein vorzeitiges Ende. Hermias war durch Verrat in die Gewalt der Perser geraten, weigerte sich aber, die Pläne seines Freundes Philipp, des Königs von Makedonien, zu verraten. Seine letzten Worte vor der grausamen Hinrichtung waren: »Meldet meinen Freunden, daß ich nichts der Philosophie Unwürdiges getan habe.«[15] Aristoteles ehrte das Andenken des Gekreuzigten in folgendem Gedicht:

»Tugend, schwer erringbar für den Menschen,
Schönstes Ziel uns für das Leben,
Hehre Jungfrau, deine Schönheit läßt die Menschen
Unverzagt die größte Mühe tragen,
Macht in Hellas selbst den Tod zur Freude.
Solche Himmelsfrucht erwächst durch dich dem Herzen.
Weder Gold noch Eltern noch des süßen Schlafes Ruhe
Kommen dir an Wert gleich und an Würde.
Dir zuliebe scheute Herakles, der Zeus Entsproß'ne,
Scheuten Leda's Söhne keine Mühsal,
Deiner habhaft sich zu machen.
Dich ersehnend weihte sich Achilles,
Weihte Aias sich dem Tode.
Ja, dein Bild, das holde,
Ließ auch den Hermeias auf der Sonne Strahl verzichten.
Seine Taten leben fort im Liede,
Und die Musen, Mnemosynes Töchter,
Mehren seines Namens Ruhm in Zukunft,
Zeus zu Ehren preisend seine Gastlichkeit und seine Freundschaft.«[16]

Auf die Statue des Hermias in Delphi ließ Aristoteles folgendes Epigramm setzen:

»Diesen brachte ums Leben der bogenkundigen Perser,
Mächtiger Herrscher dereinst wider der Götter Gebot,
Nicht mit der Lanze ward er erlegt im offenen Kampfe,

Nein, er ward durch die List eines Vertrauten gefällt.«[17]
Wieder einmal hatte das Schicksal zugeschlagen und Aristoteles einen seiner wenigen guten Freunde entrissen. Was hatte ihm der Aufenthalt in Assos gebracht? Einmal eine Lebensgefährtin, Pythias, wie gesagt, die Nichte (oder Schwester) des Hermias, sodann Theophrast, einen zuverlässigen Mitarbeiter, der das aristotelische Erbe bewahrte und nach dessen Tod den Peripatos gründete, schließlich die nötige Muße für breit angelegte empirische Forschungen. Mit Theophrast verließ Aristoteles Assos und ging nach Mytilene auf Lesbos, aber auch dort fand er keine Ruhe. Diesmal erhielt er einen Ruf des Makedonenkönigs Philipp. Aristoteles sollte den dreizehnjährigen Prinzen Alexander erziehen, der bisher nicht den richtigen Lehrer gefunden hatte. Wahrscheinlich erinnerte sich Philipp noch an seinen Altersgenossen, den wissensdurstigen Sohn des Leibarztes seiner Familie, der inzwischen bei Platon in Athen gewiß viel dazugelernt hatte. Wenn irgend jemand, mußte er ein passender Erzieher seines hoffnungsvollen Sohnes und Thronfolgers werden können. Aristoteles folgte dem Ruf des Königs und zog mit seinem neuen Schüler und Freund Theophrast an den Hof in Pella. Leider wissen wir über die nun folgende Erziehertätigkeit des Aristoteles so gut wie gar nichts. Sollte die Laufbahn von Platons bestem Schüler mit einer Hauslehrer-Stelle ihr Ende finden? Würde Aristoteles seine Lehr- und Forschertätigkeit in der Akademie, seine Forschungen in Kleinasien und seine mehr oder weniger vollendeten philosophischen Arbeiten zugunsten dieser sicheren Existenz am makedonischen Hof auf sich beruhen lassen? Wie entwickelte sich sein Verhältnis zu Alexander? Vielleicht ist es nicht ganz uninteressant, hier an die Hauslehrertätigkeit eines anderen berühmten Denkers zu erinnern, die auch zwischen Lehr- und Meisterjahren lag und fast ebenso lange dauerte wie die des Aristoteles (343 – 335), nämlich Immanuel Kants (1746 – 1754). Auch bei Kant bilden diese Jahre des Hauslehrer-Daseins wohl nicht zufällig die »stillste Periode im Leben des Philosophen«.[18]
Für Aristoteles war die Erziehertätigkeit am makedonischen Hof, nicht viel anders als für Kant seine Hauslehrertätigkeit im Umkreis von Königsberg, eine Periode der Verarbeitung des Gelernten, der Konsolidierung des Wissens, der Überarbeitung früherer Entwürfe sowie der Planung und Vorbereitung neuer Vorhaben. Für Aristoteles war die Erziehertätigkeit eine Probe auf den Ernst seiner philosophischen Ambitionen, für Alexander bot sich die Gelegenheit, ein Herrscher mit Vernunft, ein Philosophenherrscher im Sinn Platons zu werden. Der Prinz merkte bald, daß er keinen besseren Erzieher finden würde. Er bewunderte Aristoteles und liebte ihn

wie seinen Vater. Von diesem, sagte er,[19] habe er das Leben geschenkt bekommen, von jenem gelernt, gut zu leben. Die Frage, wie der Mensch leben soll, welches das wahrhaft gute Leben ist, war ein Leitthema der Sophisten, später der Sokratiker und anderer Philosophenschulen. Schon daraus geht die Wirksamkeit der aristotelischen Erziehung bei Alexander hervor. Wenn, nach Aristoteles, das glückliche Leben in der Tätigkeit der Seele gemäß ihrer Trefflichkeit besteht, wird er auch versucht haben, Alexander entsprechend zu erziehen, d. h. aus ihm einen Menschen zu machen, der die Untätigkeit, das faule Leben und den Lebensgenuß verachtet, der in höchster Anspannung der Kräfte und in bester innerer wie äußerer Verfassung die wahren Werte des menschlichen Lebens zu verwirklichen trachtet, der nicht nur zu herrschen begehrt, sondern vernünftig regieren will, der weniger den eigenen Vorteil als das Wohl aller Beherrschten im Sinn hat. Aristoteles dürfte aus seiner Erziehertätigkeit gelernt haben, daß glänzende Theorien wenig für die Praxis taugen, sofern Geduld, Gewöhnung und Erfahrung fehlen, daß die Besserung der Menschen mehr von Vorbildern als von abstrakten Ideen und Idealen abhängt und daß das beste System versagt, wenn der einzelne Mensch nicht ernsthaft das Wahre sucht und das Bessere will. Man kann also davon ausgehen daß die sieben oder acht Jahre am makedonischen Hof sowohl für Alexander, den Erzogenen, als auch für Aristoteles, den Erzieher, lehrreich waren. Beide nützten die Gelegenheit zuzulernen optimal. Darin waren sie sich ähnlich, und der Erfolg gab beiden recht.

»Wenn Alexander nicht bloß der unwiderstehliche Eroberer, sondern auch der umsichtige, über seine Jahre gereifte Regent gewesen ist, wenn er mit der Herrschaft der griechischen Waffen zugleich auch die des griechischen Geistes zu begründen bemüht war, wenn er den größten Versuchungen zur Selbstüberhebung, denen ein Mensch ausgesetzt sein kann, jahrelang widerstanden hat, wenn er trotz aller späteren Verirrungen doch immer noch durch Edelmut, Sittenreinheit, Menschenfreundlichkeit und Bildung über alle anderen Weltbezwinger hervorragt, so wird dies die Menschheit nicht zum kleinsten Teil dem Erzieher zu danken haben, welcher seinen empfänglichen Geist durch die Wissenschaft bildete und den ihm angeborenen Sinn für alles Große und Schöne durch Grundsätze befestigte. Aristoteles seinerseits soll von dem Einfluß, welchen ihm seine Stellung gewährte, den wohltätigsten Gebrauch gemacht haben, indem er sich für Einzelne und ganze Städte bei dem König verwendete; unter den letzteren hatten sich, wie erzählt wird, namentlich Stagira, dessen Wiederaufbau er bei Philipp durchsetzte, Eresus und Athen, teils damals, teils später, seiner Fürsprache zu erfreuen.«[20]

Der gemeinsame geistige Nenner des Erziehers und des Erzogenen war also der Vorrang des Geistes vor der Macht, die Solidarität aller Vernünftigen und die Anerkennung von elementaren Geboten der Menschlichkeit. Das alles erreichte Aristoteles in drei Jahren (343–40). Als Alexander anläßlich des Feldzuges seines Vaters gegen Byzanz zum »Reichsverweser« ernannt wurde (340/39), hörte der kontinuierliche Unterricht, den er von Aristoteles erhielt, auf. Der Ort seiner Ausbildung war zuletzt auch nicht Pella, sondern das Nymphaion bei Mieza in der Landschaft Emathia, südwestlich von Pella, gewesen. Diese Idylle nahm also schon bald ein Ende. Einige Jahre später traf Aristoteles ein anderer Schicksalsschlag: der Tod seiner Frau Pythias. Sie hatte ihm eine Tochter gleichen Namens geschenkt. Aristoteles fand in Herpyllis aus Stagira eine neue Lebensgefährtin. Ob er sie heiratete, ist ungewiß. Sie gebar ihm einen Sohn, Nikomachos, dem er die ›Nikomachische Ethik‹ widmete. In seinem Testament traf Aristoteles für Herpyllis in rührender Weise Vorsorge:

»Es sollen aber die Vormünder und Nikanor bei ihren Maßregeln stets meiner und der Herpyllis als meiner treuen und fürsorglichen Genossin eingedenk sein sowie ihrer sonstigen Pflichten; und wünscht sie sich wieder zu verheiraten, so soll sie keinem Manne überlassen werden, der meiner nicht würdig wäre. Es sollen ihr aber außer dem, was sie früher empfangen, ein Talent Silber aus dem Nachlaß und, wenn sie es wünscht, drei Dienerinnen überlassen werden, sowie die Magd, die sie hat, und der Bursche Pyrrhaios; und will sie in Chalkis wohnen bleiben, so soll ihr das am Garten liegende Gasthaus überlassen werden, oder, wenn in Stagira, dann das väterliche Haus. Mag sie nun das eine oder andere wollen, so sollen ihr die Vormünder das Haus mit den erforderlichen Gerätschaften ausstatten, geschmackvoll und den Wünschen der Herpyllis entsprechend.«[21]

War die philosophische Entwicklung des Denkers Aristoteles in den Jahren seiner Erziehertätigkeit und seiner beiden Ehen, zunächst mit Pythias, dann mit Herpyllis, ins Stocken geraten? Es ist, wie gesagt, sehr schwierig, bei dem völligen Mangel an Zeugnissen darüber etwas auszumachen. Nachdem Aristoteles aber in der platonischen Akademie die attische Begriffsphilosophie kennengelernt hatte, in Kleinasien mit einer neuen Welt von Tatsachen bekannt geworden war, was ihn wieder zur empirischen Naturbetrachtung der Ioner, die ihm von Haus aus mehr lag, zurückführte, muß er in den folgenden Jahren in Makedonien, wenn wir keinen

Stillstand der Entwicklung voraussetzen wollen, den Weg vom kritischen Idealisten, der er unter platonischer Führung geworden war und in gewissem Sinn immer blieb, zum kritischen Realisten gegangen sein. Kritischer Idealismus und kritischer Realismus aber sind nicht entgegengesetzte Standpunkte, einander widersprechende Ismen, sondern komplementäre Aspekte eines Wirklichkeitsverständnisses. Aristoteles sah die platonischen Ideen immer mit den Augen des Ioners, und das erschwert die Entscheidung der Frage, ob er nach wie vor als Platoniker anzusehen ist. Er bemühte sich um eine Synthese scheinbar widersprüchlicher philosophischer Positionen, wie er sich bei der Erziehung Alexanders um die Synthese von Theorie und Praxis bemühte. So gelang es ihm nicht nur, das Erbe des platonischen Idealismus voll zu integrieren. Er vermittelte darüber hinaus auch seinem erfolgreichen Schüler Alexander wesentliche philosophische Einsichten. Philosophische Theorie und praktisches Erziehungswerk gingen hier eine großartige Synthese ein. Das Ergebnis war ein nahezu platonischer Herrscher-König: Alexander der Große.

»Vor allem Aristoteles hat dem lernbegierigen Prinzen den Zugang zum Griechentum und zu seiner Kultur erschlossen, insbesondere zu Homer, dessen Ilias der Prinz geradezu schwärmerisch liebte und die ihn zu einem übersteigerten Kult des Achilleus anregte. Auch als sich die Wege des Lehrers und des Schülers nach drei Jahren trennten, hat der Kronprinz niemals den tiefen Eindruck der überragenden geistigen Persönlichkeit des Griechen vergessen ... Und der einstige Lehrer hat später die Schriften ›Alexander oder für die Kolonisten‹ und den Fürstenspiegel ›Über das Königtum‹ an den König Alexander gerichtet.«[22]

Je mehr Alexander in seine künftige Herrscheraufgabe hineinwuchs, desto spärlicher wurde, wie gesagt, der Unterricht bei seinem hochverehrten Lehrer. Wieder einmal verlor Aristoteles einen Menschen, den er liebgewonnen, bei dessen Erziehung er sich persönlich engagiert und sein Bestes gegeben hatte. Was sollte er noch in Pella oder Mieza? So zog er sich an seinen Geburtsort Stagira zurück. Hin und wieder traf er Alexander noch, aber zu gemeinsamer geistiger Arbeit war keine Zeit mehr. 336 wurde Philipp ermordet, und sein Sohn bestieg den Thron. Nachdem der junge Herrscher daheim und im übrigen Griechenland jeden Widerstand gebrochen hatte, wandte er sich dem größten Unternehmen seines Lebens zu, dem Rachekrieg gegen den Perserkönig (334). Kallisthenes, ein Verwandter des Aristoteles, begleitete den König zunächst. Als er sich der Pflege orientalischer Hofsitten widersetzte und vielleicht sogar an einer Verschwörung gegen

Alexander teilnahm, ließ dieser ihn hinrichten. Ein weiterer Grund für die Entfremdung, die zwischen Alexander und Aristoteles eintrat, waren dessen freundschaftliche Beziehungen zu dem Feldherrn Antipater, der sich ebenfalls gegen Alexander auflehnte. Was hielt Aristoteles da noch in Makedonien, was in Stagira? Der ruhe- und heimatlose Denker fühlte sich einsamer denn je. In seiner Vereinsamung besann er sich auf seine andere, geistige Heimat: Athen. Wenn er in Stagira bleiben würde, wären alle Chancen geschwunden, einmal ein Philosoph wie Platon werden zu können. Aristoteles wußte, daß er, wenn überhaupt, nur in Athen seine weitausgreifenden philosophischen Pläne verwirklichen konnte. Nur dort herrschte das geistige Klima, bekam er die Anregungen und gewann möglicherweise den Schülerkreis, den er brauchte. Wollte er nicht endgültig in den ihm unliebsamen kalten Regionen des Nordens verstummen, mußte er alles auf eine Karte setzen und sein restliches Leben – er war nun fast fünfzig Jahre alt – in die Waagschale unsterblichen Ruhms werfen, wenn er einmal so angesehen wie Platon und die anderen großen attischen Denker sein wollte. Dreizehn Jahre waren seit dem Tod Platons vergangen. Speusipp hatte die Schulleitung aufgegeben, und sein Nachfolger Xenokrates (339–315) war für Aristoteles kein ernsthafter Konkurrent. Trotz der Enttäuschungen, die er in Athen erfahren hatte, standen die Zeichen für Aristoteles, dort seinem Ziel näherzukommen, nicht schlecht, zumal der Stern seines Schülers und Gönners Alexander am Himmel Griechenlands aufzuleuchten begann. Die Stunde für ein Comeback war günstig, und Aristoteles ging wieder nach Athen (335).

In mancher Hinsicht ging die Rechnung, die er angestellt zu haben scheint, auf: die Arbeit fiel ihm nicht sonderlich schwer, und eine Lehrschrift nach der anderen gewann ihre Form. Zum Unterricht stand ihm in einer Vorstadt Athens das mit einem Tempel des Apollon Lykeios versehene Gymnasium, das Lykeion, zur Verfügung, und ein schnell wachsender Schülerkreis scharte sich um ihn. Der Unterricht fand in den Wandelgängen des ›Lyzeums‹ unter Schatten spendenden Bäumen statt. Danach erhielten Schule und Schüler ihren Namen: Peripatos bzw. Peripatetiker, ›Wandelstätte‹ bzw. ›Umherwandler‹. Zwölf Jahre arbeitete Aristoteles in dieser Umgebung mit ungeheurer Energie. Am Ende stand ein Werk, das Jahrhunderten, Jahrtausenden trotzen sollte und sich mit den Dialogen Platons messen konnte. Vormittags lehrte er im engeren Kreis seiner Schüler. Dabei lagen seine esoterischen Schriften, anspruchsvollere wissenschaftliche Werke, zugrunde. Nachmittags gab es auch Vorlesungen für ein breiteres Publikum. Dazu eigneten sich weniger schwierige, fachlich anspruchslosere (exoterische) Texte.

»Auch die aristotelische Schule werden wir uns aber zugleich als einen Verein von Freunden in vielseitiger Lebensgemeinschaft zu denken haben. Gerade für die Freundschaft hat ja ihr Stifter, im platonischen Kreise großgenährt, in Wort und Tat einen so warmen und schönen Sinn bewährt; und so hören wir denn auch, daß er sich mit seinen Schülern, nach akademischem Muster, bei gemeinsamen Mahlen zu versammeln pflegte, und daß er eine bestimmte Ordnung für diese Mahle, wie für das ganze Zusammensein, eingeführt hatte.«[23]

Wenn auch Speusipp und später Xenokrates die Leitung der Akademie übernommen hatten, waren die freundschaftlichen Gefühle des Aristoteles für Platon und die Achtung vor seinem Werk nicht erloschen. Vielleicht erkannte er erst nach der langjährigen Trennung die wirkliche Größe seines ehemaligen Lehrers. So stiftete er zu Ehren Platons einen Altar der Philia, der Liebe und Freundschaft. Zum Besitz scheint Aristoteles eine positivere Einstellung gehabt zu haben als Platon. Einmal war er von Haus aus wohlhabend, und Alexander unterstützte höchstwahrscheinlich nicht nur mit Worten die Forschungsvorhaben seines Lehrers, sodann gestand Aristoteles auch in der Theorie den materiellen Gütern einen höheren Stellenwert zu, indem er sie als Voraussetzung eines glücklichen Lebens anerkannte. Er selbst besaß eine umfangreiche Bibliothek und hätte seine Gesetzessammlungen sowie die Materialsammlungen für seine biologischen Schriften wohl kaum ohne finanziellen Rückhalt durchführen können. Solange sein großer Schüler Alexander in Asien von einem Sieg zum andern stürmte und solange eine makedonische Besatzung für Ruhe sorgte, ging es dem Makedonen-Freund Aristoteles auch in Athen gut. Er konnte sich als Forscher und Lehrer voll entfalten.

Ganz anders entwickelten sich die Dinge jedoch, als die Kunde von Alexanders plötzlichem Tod nach Griechenland gelangte. Aristoteles hatte immer zwischen Makedonien und Athen gestanden, gleichsam gespalten, mit einem Fuß in diesem Lager, mit dem anderen in jenem. Seine geistige Heimat war Athen. Die zwanzig Jahre der Zusammenarbeit mit Platon waren nicht spurlos an ihm vorübergegangen. Außerdem vertauschte er das rauhe Klima Stagiras gern mit dem milderen Athens. Dennoch war er im Norden geboren, und sein Herz schlug für seine ferne Vaterstadt, die ihm ein Leben in Sicherheit und Wohlstand ermöglicht hatte. Für die Athener war Aristoteles ein Fremder, ein Freund ihrer Feinde, der Makedonen, und deshalb war er auch ihr Feind. Sie haßten ihn zunächst insgeheim, dann offen. Aristoteles erkannte, daß die griechischen Stadtstaaten politisch abgewirtschaftet hatten und aus eigener Kraft nicht mehr aus dem Sumpf von Korruption, Neid, Haß, Feindschaft und Verkommenheit herauskamen. Nur eine kräftige Hand, d. h. die Herrschaft der Makedonen, vermochte die griechische Poliswelt vor dem völligen Untergang zu retten. Sokrates und Platon hatten ja schon an den Zuständen in Athen verzweifelt und ihrerseits die Wut der Volksmenge zu spüren bekommen. Dort herrschten Intrigen, Sykophantentum und Demagogie. Aristoteles war in Theorie und Praxis ein guter Demokrat, aber kein Freund des Pöbels und pöbelhafter Verhaltensweisen. So fühlte er sich von dieser immer mehr zur Ochlokratie degenerierenden Gesellschaft abgestoßen. Seine politischen Sympathien gehörten dem makedonischen Königshaus, einer Monarchie. Auf politischem wie auf persönlichem Gebiet war er also ein gespaltener Mensch.

Aristoteles war kein guter Diplomat. Er hatte sich, wie bereits kurz erwähnt, viele Feinde gemacht. Um nur einige zu nennen: Theopomp und Theokrit von Chios haßten ihn aus politischen Gründen, weil Hermias, der Freund des Aristoteles, sich in Angelegenheiten auf Chios eingemischt hatte. Timaios und Demochares schlossen sich den politischen Verleumdern an. Schon während seiner Lehrzeit in der platonischen Akademie hatte sich Aristoteles in eine Fehde mit dem Rhetor Isokrates und seinen Schülern verwickeln lassen, die in Athen sehr angesehen waren. Besonders Kephisodor suchte es dem Aristoteles heimzuzahlen. Auch mit Euboulides, dem Megariker, verstand er sich nicht besonders. Alexinos vertrat die Eristiker gegen Aristoteles, Lykon die Pythagoreer. Am schlimmsten aber setzten die Epikureer Aristoteles zu. Zu oft hatte er sich verächtlich über ihre hedonistischen Theorien geäußert. Aber auch mit den Mitgliedern seiner eigenen Schule, den Akademikern, Herakleides, Speusipp und Xenokrates verstand sich Aristoteles nicht immer sonderlich gut. Obwohl er seine Gegner nie persönlich angriff, verwechselten sie Sachlichkeit mit Rechthaberei, Liebe zur Wahrheit mit persönlicher Mißachtung.

Es war daher kein Wunder, daß Aristoteles, als nach Alexanders Tod seine makedonische Rückendeckung wegfiel, einer geschlossenen Front von Feinden gegenüberstand. Wieder einmal sah er sich nur auf sich selbst gestellt. Seine Gegner fanden bald einen Vorwand für eine Anklage. Sie warfen Aristoteles, wie einst Sokrates, Frevel gegen die Religion vor. Demophilos verklagte ihn auf Betreiben des Hierophanten Eurymedon wegen Vergötterung des Hermias. Aristoteles hatte Hermias in dem von uns zitierten

Gedicht in eine Reihe mit den göttlichen Helden der Vorzeit gestellt. Daß der Vorwurf, auch nach damaligen Maßstäben, an den Haaren herbeigezogen ist, bedarf keines Beweises. Aristoteles merkte jedoch, was gespielt wurde, und spürte den Haß, der ihm entgegenschlug. Er zog es vor, Athen zu verlassen. Er war nicht der Typ des Märtyrers und wollte daher auch kein Märtyrer werden. Die Athener, sagte er, sollten von ihm nicht noch einmal die Gelegenheit erhalten, sich an der Philosophie zu vergehen. So begab er sich im Herbst 323 nach Chalkis auf Euböa, wo er ein Landhaus, das der Familie seiner Mutter gehört hatte, besaß. Sein mehrfach erwähnter Schüler Theophrast (ca. 370 – 287) übernahm für die Zeit der Abwesenheit die Schulleitung des Lyzeums. Aus der vorübergehenden Abwesenheit sollte eine dauernde werden, denn Aristoteles starb schon im Sommer des Jahres 322, angeblich an einem Magenleiden. Andere wollten wissen, er habe den Schierlingsbecher getrunken, andere wieder, er habe sich in den Euripos, die euböische Meerenge gestürzt, offensichtlich Nachbildungen der Todesumstände des Sokrates, im weiteren Sinn auch des Empedokles. Eine andere Version, die den Philosophen infolge von Kummer und Anstrengung sterben läßt, enthält vielleicht ein Körnchen Wahrheit. Wahrscheinlich erschütterte der frühe Tod seines Zöglings Alexander Aristoteles tief. Alexander, fast dreißig Jahre jünger als er, war schon tot und hatte sich bereits unsterblichen Ruhm verschafft. Was hält dann den alten Freund und Lehrer noch am Leben? Aristoteles, zeitlebens auf Wanderschaft, war des Umherirrens müde. Am Ende kehrte er zu seinem Ursprung zurück, geographisch in die Heimat, in das Haus seiner Mutter, symbolisch in ihre Arme.

So schließt sich der Kreis seines Erdendaseins, seiner Lehr-, Wander- und Meisterjahre, seines Auszugs in die Ferne – elternlos, im Alter von 17 Jahren –, seines Weggangs aus Athen nach dem Tod seines geistigen Vaters, Platons, seines Aufenthalts in Kleinasien bis zum Tod seines Freundes Hermias, seiner Rückkehr nach Makedonien bis zum Tod seiner ersten Frau und dem Aufbruch seines Schülers und Freundes in ferne Länder, aus denen er nie zurückkehren sollte, seiner anderen Rückkehr nach Athen, wo er schließlich die Nachricht vom Tod Alexanders erhielt, und dann seiner Flucht aus dieser Stadt und der Rückkehr ins Land seiner Vorfahren, das für ihn die Endstation seines nicht sehr langen Lebens bedeutete.

Aristoteles starb im Alter von 63 Jahren, nicht ohne in seinem Testament gewissenhaft und liebevoll für die gesorgt zu haben, die ihm nahestanden, auch für die Sklaven. Was läßt sich abschließend über seine Persönlichkeit sagen? Auf die kritisch-polemischen Züge im Charakter des Aristoteles haben wir gelegentlich hingewiesen und auf einige Feinde, die er sich damit machte, obwohl seine Kritik lediglich von einer radikalen Wahrheitsliebe motiviert und nie persönlich war. Wir haben von seiner Einsamkeit gesprochen, die ihn schon früh befiel und zeitlebens begleitete, sowie von seiner Gefühlswärme gegenüber den Mitmenschen. Das ist aber nicht alles. Wir dürfen auf klare, unverfälschte Grundsätze schließen, die er hatte und nach denen er, soweit es menschenmöglich ist, auch handelte, auf ein feines, nahezu untrügliches Wertgefühl und ein treffendes Urteil vor allem in politischen, ethischen und ästhetischen Fragen, auf einen Sinn für Harmonie, Ordnung und Schönheit, für Freundschaft und Gattenliebe, auf eine tiefe Dankbarkeit, die allen, die ihm halfen, nach Kräften vergalt, ferner auf großes Taktgefühl, auf eine ungewöhnliche Menschenkenntnis und eine tiefeingewurzelte Abneigung gegen alle Arten des Unmaßes, der Einseitigkeit, der Extreme und der Übertreibung, also die Beschaffenheit des Feinschmeckers, des sapiens. Und damit kommen wir zu den Eigenschaften, die ihn im engeren Sinn als Philosophen auszeichneten:

»Es ist wohl niemals ein gleicher Reichtum an gelehrten Kenntnissen, eine gleich sorgfältige Beobachtung, ein gleich unermüdlicher Sammlerfleiß mit so viel Schärfe und Strenge des wissenschaftlichen Denkens, mit einem so tief in das Wesen der Dinge eindringenden philosophischen Geiste, mit einem so großartigen, stets auf die Einheit und den Zusammenhang alles Wissens gerichteten, alle Teile desselben umfassenden und beherrschenden Blick verknüpft gewesen. An dichterischem Schwung, an Fülle der Phantasie, an Genialität der Anschauung kann Aristoteles allerdings mit Platon nicht wetteifern; seine geistige Ausrüstung liegt ganz auf der wissenschaftlichen, nicht auf der künstlerischen Seite; auch der Zauber der Sprache, mit dem jener uns fesselt, fehlt den erhaltenen Werken des Stagiriten fast durchaus, mit so vielem Recht ohne Zweifel manchen andern eine anmutige Darstellung nachgerühmt wird. Aber an Vielseitigkeit und Gründlichkeit der Forschung, Reinheit des wissenschaftlichen Verfahrens, Reife des Urteils, umsichtiger Erwägung aller Entscheidungsgründe, an gedrungener Kürze und unnachahmlicher Schärfe des Ausdrucks, Bestimmtheit und allseitiger Ausbildung der wissenschaftlichen Terminologie, an allen jenen Vorzügen, welche das Mannesalter der Wissenschaft bezeichnen, ist er seinem Lehrer überlegen. Er weiß uns lange nicht in demselben Maß, wie dieser, zu begeistern, uns im Innersten zu ergreifen, das wissenschaftliche und das sittliche Streben in eines zu verschmelzen; seine Wissenschaft ist trockener, schulmäßiger, ausschließlicher auf die Aufgabe des Erkennens beschränkt, als die platonische; aber innerhalb dieser Grenze hat er, soweit dies dem einzelnen möglich war, ein höchstes geleistet: er hat der Philosophie für Jahrtausende ihr Verfahren vorgezeichnet und zugleich die Periode der Gelehrsamkeit für die Griechen begründet, er hat in gleichmäßiger Ausbreitung des Wissens alle Gebiete, die seiner Zeit offenstanden, mit selbständigen Forschungen bereichert und mit neuen Gedanken befruchtet. Mögen wir auch die Hilfsmittel, welche seine Vorgänger ihm darboten, die Unterstützung, welche ihm von Schülern und Freunden, vielleicht auch von gebildeten Sklaven zuteil wurde, noch so hoch anschlagen: der Umfang seiner Leistungen ragt doch immer noch so weit über das gewöhnliche Maß hinaus, daß wir kaum begreifen, wie ein Mann in einem Leben von beschränkter Dauer dies alles vollbringen konnte; zumal da sein rastloser Geist überdies noch einem schwächlichen Körper die Kraft zu der riesigen Arbeit abzuringen hatte.«[24]

Die moderne Forschung hat dieses Urteil E. Zellers weitgehend bestätigt. H. Bengtson bezog den philosophiegeschichtlichen Aspekt Zellers in die kulturgeschichtliche Perspektive des Historikers ein und gelangte zu einem ähnlichen Ergebnis:

»Aristoteles ist es gewesen, der die entscheidende Wendung von der Spekulation zur empirischen Forschung vollzogen hat. Indem er seine Schüler zum planmäßigen Mitforschen, zum Sammeln und Sichten des Materials heranzog, wurde Aristoteles der Archeget der abendländischen Wissenschaft, der Schöpfer der Idee der wissenschaftlichen Organisation. Auf fast allen Gebieten des menschlichen Wissens – nur von der Medizin hat er, der Sohn eines Arztes, sich ferngehalten – hat er mit Hilfe seiner Schüler ein riesiges Material zusammengetragen und wenigstens zum Teil in zusammenfassenden Schriften verarbeitet. 158 Staatsverfassungen – von ihnen ist die auf einem Papyros des Britischen Museums wiedergefundene ›Athenaion Politeia‹ die berühmteste geworden –, eine vollständige Liste der Sieger in den Pythischen Spielen, die Urkunden der dramatischen Aufführungen in Athen, Forschungen auf dem Gebiete der Physik, der Meteorologie, der Zoologie, der Botanik – diese und viele andere Schriften zeugen von der Weite und Spannkraft seines rastlos forschenden, ordnenden und wertenden Geistes. Dadurch, daß er erkenntnistheoretische und ethische Probleme in seine Forschungen einbezog, vereinigte Aristoteles auf der Höhe seines Lebens in sich nahezu die ganze universitas litterarum: so steht er als echter Universalforscher am Anfange der okzidentalen Wissenschaft, die nach seinem Tode in eine große

Zahl von Teilreichen zerfallen ist. Erst nach fast zwei Jahrtausenden ist dem Abendland in Leibniz eine ähnlich überragende, wahrhaft universale Persönlichkeit erstanden.«[25]

I. Düring zog die Sprache des Aristoteles als Quelle für die Eigenschaften seiner Persönlichkeit heran und warf damit neues Licht auf bisher ziemlich vernachlässigte Bereiche der Aristoteles-Forschung, auf den Witz des Aristoteles und seine Neigung zum Spott, auf eine gewisse beabsichtigte Trockenheit im Unterschied zu der manchmal blumigen Redeweise Platons, auf die extreme Sachlichkeit, die bis ins einzelne mit persönlichen Akzenten des Ausdrucks verbunden bleibt, auf Kürze, Kraft und Klarheit der aristotelischen Schreibweise, auf die allerdings schon antike Stilkritiker aufmerksam machten. Die Gegensätzlichkeit, aber nicht Unvereinbarkeit, einiger Charakterzüge führt zu scheinbar widersprüchlichen Aristoteles-Bildern. Bei Aristoteles findet sich neben warmen, menschlichen Regungen kühle Sachlichkeit. Es gelang ihm durch häufige Verwendung des bestimmten Artikels und relationaler Partikel unter Ausschöpfung aller Möglichkeiten der griechischen Sprache der Begrifflichkeit und Wirklichkeit neue Aspekte abzugewinnen, von seinen Kunstwörtern wie ›Entelechie‹ und ›To ti-än-einai‹ nicht zu reden. In dem Rückgriff auf die Alltagssprache, aber unter Ausnutzung aller ihrer schöpferischen Möglichkeiten, zeigt sich mehr als eine Common-sense-Einstellung: Aristoteles setzte die Sprache selbst zur Erschließung der Wirklichkeit ein, er benutzte sie als Schlüssel zum Reich der Wahrheit.

2. *Historischer Hintergrund*

Es war gelegentlich von Stagira, dem Geburtsort des Aristoteles, die Rede, von Pella und Mieza, Chalkis auf Euböa und Athen, von Atarneus, Assos und Mytilene, von dem »Halbgriechen« und Ioner Aristoteles sowie dem Attiker Platon und der attischen Begriffsphilosophie im Gegensatz zur ionischen Naturforschung. Es stellte sich die Frage, ob Aristoteles repräsentativ für die griechische Philosophie war und welche Richtung er repräsentierte. All das macht eine genauere Analyse des geschichtlichen Hintergrundes nötig, der die Philosophie des Aristoteles umgab, vor dem sie verständlicher wird, aus dem sie erwuchs. Dabei unterscheiden wir zweckmäßigerweise zwischen dem wirtschaftlichen, gesellschaftlichen, politischen und kulturellen Aspekt. Philosophiegeschichte ist ein Teil der Kulturgeschichte, Kultur ist an eine Gesellschaft gebunden, deren Schicksal gleichermaßen von politischen und wirtschaftlichen Faktoren bestimmt wird. Um mit den letzteren zu beginnen, haben wir uns zu fragen, welche wirtschaftlichen Verhältnisse vor und zu der Zeit des Aristoteles in Griechenland herrschten.

Die eigentlich wirtschaftliche Dynamik Griechenlands im Bereich abendländischer Zivilisation begann mit der zweiten, der großen Kolonisation (800–500 v. Chr.). In dieser Zeit wurden die Grundlagen für ein ›überseeisches‹ Verkehrsnetz und für weitreichende Handelsbeziehungen nach Norden, Osten, Süden und Westen gelegt. Die ionische Kolonisation verlief vor allem von Chalkis und Eretria auf Euböa aus in nordöstlicher Richtung, nach Chalkidike, der Heimat des Aristoteles, dem Hellespont und den Randgebieten des Schwarzen Meeres. Die Achaier kolonisierten von Achaia aus Süditalien, die Dorer u.a. von Korinth aus Westgriechenland und Sizilien, die von Thessalien und Böotien eingewanderten Äoler die Westküste Kleinasiens, u.a. Assos, schon vom Aufenthalt des Aristoteles bei Hermias von Atarneus bekannt. Natürlich siedelten an der Westküste Kleinasiens wie in den übrigen genannten Gebieten auch Angehörige anderer Stämme. Aus welchen Gründen diese Massenbewegung einsetzte, ist noch nicht restlos geklärt. Gewiß haben Druck von außen, Bevölkerungszunahme, soziale Spannungen, lockende Angebote und Abenteuerlust eine Rolle bei dieser Völkerbewegung gespielt, die oft mit der Entdeckung des amerikanischen Kontinents verglichen ist, wiewohl die Unterschiede erheblich sind.

Fast 500 Jahre nach der achäischen oder älteren Kolonisation (1900–800 v.Chr.), die durch die Einwanderung indogermanischer Stämme, besonders der Dorer, ausgelöst wurde, erfolgte von 750–550 der zweite Expansions-Schub der Griechen im Mittelmeerraum. Adelige und Bauern, mehr und weniger Bemittelte nahmen an dieser Bewegung teil, die nicht zentral gelenkt, sondern das Werk einzelner war, einzelner Städte, Dörfer und einzelner Individuen. Sie nahmen die politischen Einrichtungen ihrer Heimat, wie Phylen-Ordnung, Beamtenwesen, Kalender und Kulte mit in die ›Neue Welt‹ und bewirkten dadurch auch auf politischem Gebiet die Gräzisierung der damaligen Welt. Die Stadt, welche die Schiffe zur Verfügung stellte, entsandte auch den Kolonisator, Oikisten oder Gründer, der von den Siedlern nach seinem Tod als Held verehrt wurde. Die Pflanzstädte (Apoikien) mußten sich in der Regel nicht erst, wie die nordamerikanischen Einwanderer, vom Mutterland freikämpfen, denn in Griechenland galt die individuelle Unabhängigkeit von einzelnen wie von Gemeinden seit langem mehr als irgendwo sonst. Der wirtschaftlichen Erschließung der neuen Gebiete war, wie zu Beginn der Neuzeit, eine Phase der Entdeckungen vorausgegangen. In der Argonautensage oder der ›Odyssee‹ haben sich die damit verbundenen Abenteuer niedergeschlagen. Der Entdeckungsphase folgte die Erschließungsphase. Nur im Osten, wo das Assyrerreich griechischer Initiative entgegentrat, waren der Expansion der Griechen Schranken gesetzt. Auch mit den kriegerischen Thrakern im Norden gab es gelegentlich harte Kämpfe. Ansonsten bedeutete die Berührung mit Skythen (Südrußland), Kleinasiaten, Illyrern (Jugoslawien), Italikern und Sikilern, Liguren (Südfrankreich), Iberern (Spanien), Libyern und Ägyptern eine ungeahnte wechselseitige Bereicherung der in Bewegung geratenen Völker, Stämme und Stadtstaaten.

Besonders interessiert uns die Heimat des Aristoteles. Nur langsam ging hier, im Bereich der Thraker, die Koloniegründung voran. Etwa tausend Kolonisten aus Paros besiedelten um 680 die Insel Thasos, östlich der Chalkidike und südlich von Abdera. Der Dichter Archilochos besang dort das »Elend von ganz Griechenland«. Abdera, die Heimat des berühmten Atomisten Demokrit, unterlag den Angriffen thrakischer Stämme. Klazomenai im westlichen Kleinasien, gegenüber der Insel Chios gelegen, hatte Abdera gegründet, Bewohner der Nachbarstadt Teos, auf der Flucht vor den Persern, bauten es wieder auf. Siedler aus Chalkis auf Euböa gaben, wie gesagt, der Chalkidike ihren Namen, auf der ja auch Stagira lag. Die wirtschaftliche Erschließung der neuen Territorien ließ Handel und Schiffahrt aufblühen. Es wurden größere, schnellere und leistungsfähigere Schiffe gebaut. Der griechische Import dehnte sich von den Siedlungen über das Hinterland aus und fand weitere Absatzgebiete. Wo der Boden es erlaubte, trieb man Ackerbau und Viehzucht. Landwirtschaft und Handel schlossen sich keineswegs aus. Die meisten von der Kolonisation betroffenen Nachbarvölker zeigten sich für griechische Waren, Zivilisation und Kultur aufgeschlossen. Die geographischen Kenntnisse nahmen zu, die ionischen Naturphilosophen transponierten die Entdeckungstaten ins Geistige, und hervorragende Lyriker fanden für neuartige Empfindungen und Gefühle neue Ausdrucksformen. In berühmten Gedichten priesen sie die Sieger in den olympischen, isthmischen, pythischen und nemeischen Festspielen, durch die sie mit dem Mutterland verbunden blieben. Daneben bestanden auch religiöse und kultische Bindungen an die Metropolen fort. Obwohl der griechische Fernhandel, verbunden mit der Münzgeldwirtschaft, erst im 6. Jahrhundert aufblühte, weisen die Anfänge bis ins 7. Jahrhundert zurück. An der Wende vom 7. zum 6. Jahrhundert traten neben die gewohnten Handelsschiffe auch Kriegsschiffe, zunächst mancherorts zum Schutz der wertvollen Frachten und der Verkehrswege, dann im Dienst einer nicht nur wirtschaftlich expandierenden Politik. Mit den neuen Märkten verbreitete sich auch die Polis, die für Griechenland charakteristische Form des Stadtstaates, über die nichtgriechische Welt.

Auf das Zeitalter der Exploration und Expansion folgte eine Zeit der Konsolidierung, des Ausbaus und der Sicherung des Gewonnenen. In dieser Zeit setzten die ersten Rückwirkungen des kolonialen Wirtschaftsgeschehens auf die gesellschaftlichen und politischen Strukturen des Mutterlandes ein, in denen sich bemerkenswerte Veränderungen vollzogen. Die auf Großgrundbesitz beruhende Macht des Adels verringerte sich gegenüber den aufstrebenden Gesellschaftsschichten, die Wohlstand und Macht vor allem durch Handel und Gewerbe erwarben. Überhaupt reiften in Griechenland im 5. Jahrhundert die Früchte der kolonialen Bewegungen heran. Neue Märkte ringsum sorgten für ungeahnte Absatzmöglichkeiten, beschleunigten die Entwicklung zu Hause, erhöhten die Exporte und begründeten einen wachsenden Wohlstand, der durch die Perserkriege zunächst zwar in Frage gestellt, dann aber durch die Siege über den Gegner gewaltig zunahm, bis er u. a. infolge der Bruderkriege zwischen Athen und Sparta sowie anderen griechischen Stadtstaaten dahinzuschwinden begann.

Man kann mit der Anwendung typisch neuzeitlicher Kategorien der Wirtschaft und Gesellschaft, z. B. Arbeit, Kapital, Handel, Markt, Industrie auf altgriechische Verhältnisse nicht vorsichtig genug sein und sollte, wenn man es tut, sich immer der nicht geringen Bedeutungsunterschiede bewußt bleiben, die aus der grundsätzlichen Andersartigkeit der damaligen und der heutigen Wirtschaftswelt resultieren. Der griechische Händler (kapelos) war Lokalhändler oder Wiederverkäufer (palinkapelos), also Selbstverkäufer (autopolos). Nach Platon (›Staat‹ 371 c f.) leistet der Händler dem Produzenten einen Dienst, indem er Waren auf- und weiterverkauft, nämlich Zeitersparnis. Diesen Händlern stehen Schiffseigner (naukleroi) und Seehändler (emporoi) ohne eigene Schiffe gegenüber. Der Seehändler ist, im Vergleich zum Händler, der Fernhändler. Dem entsprechen Worte für Lokal- (kapelia) und Fernhandel (emporia). Aber auch die Schiffseigner und Seehändler sind keine Produzenten. Sie treiben kapitallos Handel, vor allem Getreidehandel, aber auch Handel mit anderen Lebensmitteln und gewerblichen Artikeln. Die Schiffseigner sind indessen keine Reeder, transportieren also nicht, wie seit Beginn der Neuzeit, Güter auf Rechnung anderer. Sie begleiten ihre Warensendungen persönlich und benutzen ihre Schiffe für den eigenen Handel. Schiffseigner und Seehändler bedürfen der Kredite eines Geldbesitzers. »Die das gesamte Handelsleben dieser Zeit beherrschende Geschäftsform ist die Seedarlehensspekulation.«[26] Seehändler und Schiffseigner sind Leute aus dem Volk (demos), wie die Handwerker ›Techniker‹ (Techniten). Sie gehörten der sozialen Schicht der Schuster, Zimmerleute und Kleinbauern an. Kaufleute dieser Art wurden allgemein, wie Gastwirte, verachtet. Die Schichten dagegen, die das Geld für Handelsgeschäfte besaßen, taten dies nicht selbst, sondern beschränkten sich auf die Rolle und die Geschäfte der Geldgeber. Der interlokale Handel war damals äußerst gewinnbringend. Zwischen Klein- und Großhandel wurde im klassischen Zeitalter noch nicht unterschieden. Es war Gelegenheitshandel, oft vom Produzenten selbst ausgeübt, was nicht ausschloß, daß im 5. und 4. Jahrhundert einige ›Kaufleute‹ zum Proletariat zählten. Sie waren meistens Nichtbürger (Metöken). Sie können keinen Grundbesitz erwerben, müssen aber alle Steuern, Liturgien und Heeresdienst mitleisten. Die Metöken waren eigentlich die Träger von Gewerbe und Handel, die ›Banausen‹. Aristoteles[27] mußte schon nach Tarent und Byzanz gehen, wenn er Fischer und Fährleute aus dem Bürgerstand suchte. Der vorhellenistische Händlerstand war in der Regel vaterlandslos.[28] Während sich der Handel des 7. und 6. Jahrhunderts vorwiegend auf »Spezialartikel von hohem Wert« beschränkte, vermittelte er im 5. und 4. Jahrhundert auch Gegenstände geringeren Wertes aus athenischen Werkstätten (Ergasterien), die aber noch nicht als Fabriken anzusehen sind, eher als Kleinbetriebe. Platon (›Staat‹ 370e) sprach schon von einer Art »Überproduktion« im Hinblick auf seinen Staat der Zukunft. Die isolierten Stadtstaaten seiner Zeit waren der Ausbildung von Industrien, zwischenstaatlichem Handel, einheitlicher Münzprägung und Ausbildung von Märkten eher hinderlich. Der griechische Handel zur Zeit Platons war immer noch sehr gebunden, verkehrsmäßig schwerfällig, rechtsunsicher, durch Klima und Piraterie erschwert. Es fehlten noch das Kommissions- und Transportgeschäft, zuverlässige Nachrichtenübermittlung, Warenversand auf Bestellung, Sicherheit des Absatzes, Warenspezialisierung, Verrechenbarkeit der Valuta sowie Banken als Zahlungs- und Kreditinstitute. Banken dienten damals vorwiegend der Aufbewahrung von Geld, Wertobjekten und Urkunden. »Attisches Kapital durfte nicht zur Förderung nichtattischen Handels dienen, die Warenausfuhr aus fremden Staaten nicht durch athenisches Geld ermöglicht werden. Der Staat hindert jegliche Kapitalanlage zugunsten fremder Staaten . . . Von einer Kommerzialisierung der griechischen Welt dieser Jahrhun-

derte kann so wenig die Rede sein wie von einer Industrialisierung. Vielmehr ist der agrarische Charakter der Wirtschaft trotz allem noch im 5. und 4. Jahrhundert ausschlaggebend, der Ackerbau noch immer das sicherste Fundament des Staatslebens, auch in Attika.«[29]
Damit kommen wir zu Athen, der Stadt, in der Aristoteles fast die Hälfte seines Lebens verbrachte, an deren Verfassung und Geschichte er vor allem seine politische Theorie entwickelte und von der wir quellenmäßig mehr wissen als von irgendeiner anderen griechischen Polis. Athen nahm an der großen Kolonisation so gut wie keinen Anteil und trat erst gegen Ende des 6. Jahrhunderts als potentielle Seemacht in Erscheinung, überflügelte dann allerdings im 5. Jahrhundert seine Konkurrenten, vor allem Korinth, Megara, Chalkis und Milet, setzte sich an die Spitze der griechischen Seemächte, um dann, im Bruderkrieg mit der ersten Landmacht Griechenlands, viel von seiner Machtstellung einzubüßen. Aufstieg und Niedergang Athens vollzogen sich also praktisch in einem, dem 5. Jahrhundert.

Athen verdankte seinen Aufstieg, wie bereits angedeutet, einer konsequenten demokratisch-maritimen Politik, die mit gesellschaftlichen Reformen, wirtschaftlicher Dynamik und Expansion sowie einer nie dagewesenen kulturellen Blüte Hand in Hand ging. Die Gründe für diese Entwicklung sind zahlreich und nicht immer einfach zu erkennen. Einmal war es die geschützte geographische Lage im Herzen Griechenlands, nahe am Meer und doch eine Schlüsselstellung auf dem Land, dann das milde Klima und nicht zuletzt auch die unmittelbare Nachbarschaft zu fast allen griechischen Stammesgebieten: der Dorer, Ioner, Äoler und Achäer. Zu Beginn des 6. Jahrhunderts war Athen noch ein Agrarstaat, der zusehends in eine schwere Krise geriet, deren Ursachen sich nur teilweise erschließen lassen. Man unterschied nach Landstrichen die Bewohner der Ebene (pediakoi), der Küste (paraloi) und der Berge (hyperakrioi). Ungleiche Verteilung des Landes, Bevölkerungszunahme, Abbrennen der Waldbestände, Erschöpfung des Bodens durch übermäßige Bebauung oder Überweidung mit folgender Erosion führten zu Bodenverschlechterung und Bodenknappheit, zu Verarmung und Schuldknechtschaft der Kleinbauern (hektemoroi), einer Situation, an der auch Drakon (um 624 v. Chr.) mit seiner berüchtigten ›drakonischen‹ Strenge nichts zu ändern vermochte. Erst Solon, der mehr als Politiker und gesellschaftlicher Reformer bekannt wurde, schlug den richtigen Weg ein und trug damit wesentlich zur wirtschaftlichen Entfaltung Athens bei. Er verbot den Export der Agrarprodukte, erlaubte dagegen den Export von Öl, Wein, Wolle, Marmor, sowie Gegenständen der

Keramik und Toreutik (Ziselierungskunst), womit er der attischen Wirtschaft Auftrieb gab. Durch sein Gesetz der Lastenabschüttlung (seisachtheia), das gegen die Schuldknechtschaft der verarmten Kleinbauern gerichtet war, durch die Beseitigung der Hypothekensteine (horoi) und seine Agrarreform stellte er die attische Wirtschaft auf eine solide Grundlage. In die gleiche Richtung weisen auch seine Münz-, Maß- und Gewichtsreformen, die das altmodische äginetische System durch das moderne ionische ablösten.
Infolge der Landflucht sammelte sich in Athen bald eine beträchtliche Anzahl von Menschen, denen eins gemeinsam war: der Wille, sich aus der Misere ihrer Mittelmäßigkeit so schnell wie möglich zu befreien. Da die zunehmenden Menschenmassen ernährt werden mußten, nahm auch die Produktion auf dem Lande zu, und es trat eine Art Wechselwirkung von wachsender Produktion und steigendem Konsum in diesem Bereich Attikas ein. Die Stadtbewohner fühlten sich frei. Ihnen war jeder recht, der sie in diesem neuen Machtgefühl bestärkte, nur eine Tyrannis im alten Stil duldete man nicht. Kylon, der 632 eine Tyrannis in Athen errichten wollte, mußte fliehen, seine Anhänger wurden getötet (Kylonischer Frevel). Peisistratos (560 – 528) aus dem altattischen Geschlecht der Philaïden, ein Diakrier aus Brauron und Verwandter des Solon, war zwar auch ein Tyrann, aber er regierte weniger mit Zwang. Man vertrieb auch ihn noch einige Male, aber er kam immer wieder (556, 546) und besaß genügend demagogisches Geschick, um sich bis zu seinem Lebensende an der Macht zu halten. Dabei setzte er teils das von Solon begonnene Reformwerk fort, teils ging er eigene Wege. Er wußte, daß er als Tyrann die Menge gewinnen mußte. Entsprechend vergrößerte er das politische Gewicht der Stadtbevölkerung. Das Kapital, das er dringend brauchte, lieferten ihm die Silberminen von Laurion im südlichen Attika. In dem Glauben, durch Konzessionen an die Menge seine Position zu verbessern, beschleunigte er in Wirklichkeit eine Bewegung, die zur Demokratie führte, denn die Menge akzeptierte, das sollten schon seine Söhne Hippias und Hipparchos erfahren, den Tyrannen nur so lange, als sie eine Führerpersönlichkeit brauchte. Sobald sie sich selbst in der Lage fühlte, das Ruder in die Hand zu nehmen, war die Tyrannis überflüssig. Nicht die Peisistratiden vermochten sich in Athen zu behaupten, sondern die Alkmäoniden setzten sich durch. Peisistratos hatte versucht, zwischen den anwachsenden Bedürfnissen der Stadt und den Mitteln des Landes zur Befriedigung dieser Bedürfnisse ein Gleichgewicht herzustellen. Er steigerte die Produktion, förderte den Handel, zog Handwerker ins Land und Leute mit Unternehmungsgeist vom Land in die Stadt. Sein

Expansionskurs führte zu Spannungen mit der Nachbarstadt Megara, der er die Insel Salamis abrang. Schon um 600 v. Chr. hatten sich die Athener in Sigeion, am asiatischen Ufer des Hellespont auf Kosten der Mytilenäer festgesetzt und damit einen wichtigen Stützpunkt für die Stoßrichtung nach Nordosten gewonnen. Salamis brachte den Athenern noch größere wirtschaftliche Vorteile. Wenn auch die ersten Schritte der Expansion die schwierigsten waren, gelangen sie.

Peisistratos hatte erkannt, wie wichtig Geld und Truppen zur Gewinnung von Macht sind. Wenn Athen eine bedeutende Seemacht werden wollte, brauchte es also Kapital und Schiffe. Das nötige Geld brachten, außer den schon genannten Silberminen, der Handel und später die (abhängigen) Bundesgenossen. Von diesem Geld konnte man eine beachtliche Seestreitmacht unterhalten. In relativ kurzer Zeit schwenkte Athen auf die Bahn maritimer Expansion und damit des wirtschaftlichen Imperialismus ein. Um die Wende vom 6. zum 5. Jahrhundert besaß Athen fünfzig zur Verfolgung dieser Ziele geeignete Schiffe. Innenpolitisch sorgte Peisistratos durch Arbeitsbeschaffung für Frieden. Kein anderer als Aristoteles vermutete dieses Motiv hinter dem von Peisistratos aufgestellten Programm öffentlicher Arbeiten. Die Ansammlung von Kapital in der Hauptstadt ermöglichte größere Investitionen sowohl in der Landwirtschaft als auch im Bergbau. Die entlasteten Bauern bauten Straßen und Tempel, die Händler Schiffe. Die Belange der Stadt bekamen in Attika, das hatte Peisistratos erreicht, Vorrang. Aber erst der Alkmäonide Kleisthenes verschaffte dem Volk durch seine konsequente Reformpolitik (510 – 06) die eigentliche Macht im Staat. Anstelle der alten Phylen-Ordnung nach Geschlechtern setzte er eine neue nach geographischen Gesichtspunkten.

Statt vier Phylen gab es nun zehn, die wiederum in zehn Demen eingeteilt waren. Fünfzig Abgeordnete aus jeder Phyle bildeten den Rat der Fünfhundert. Mit Hilfe des von Kleisthenes eingeführten Scherbengerichts (Ostrakismos) konnte das Volk undemokratische Politiker auf zehn, später auf fünf Jahre verbannen. Auch die unterste Volksschicht, die Theten, erhielten das Bürgerrecht. Damit ging die Macht weitgehend in die Hände des Volkes über, wenn auch die Interessen der oberen Schichten gewahrt blieben. Kleisthenes stützte sich bei seinen Reformen auf eine Mittelschicht, die allmählich entstand, das ›Bürgertum‹. Das Kleisthenische Reformwerk verstärkte die unter Solon und Peisistratos einsetzenden wirtschaftlichen Expansionsbestrebungen, indem es sie gesellschaftlich absicherte.

Für die ökonomische Entwicklung Athens zwischen 510 und 480 fehlen literarische Zeugnisse. In den folgenden fünfzig Jahren führte eine Reihe von Umständen – es war viel Glück dabei –, Athen schnell auf den Höhepunkt seiner wirtschaftlichen und politischen Macht. Der Perserkönig bedrohte die Ägäis und das griechische Mutterland. Für Athen bedeutete das dank seiner geographischen Lage und seiner wirtschaftspolitischen Interessen eine erhebliche Herausforderung. Der Athener Miltiades herrschte auf der Chersonnesos, von wo aus der Hellespont kontrolliert werden konnte. Miltiades erkannte die persische Gefahr und stellte sich nach einigem Hin und Her auf die Seite Athens. Nach anfänglichen Siegen über die Ioner bei der Insel Lade (495) und in Milet (494) wurden die Perser von athenischen Hopliten unter Führung des Miltiades bei Marathon geschlagen (490). Die Athener erkannten bald, daß sie ihre Handelsinteressen auf die Dauer nur als Seemacht behaupten konnten, und entschlossen sich 484 zum Bau von hundert modernen Kriegsschiffen (Trieren). Wirtschaftliche, politische und militärische Erwägungen gingen dabei Hand in Hand. Als die Perser 480 erneut zu Wasser und zu Lande in Griechenland einfielen, mußten sie in der Seeschlacht bei Salamis ihre zweite schwere Niederlage hinnehmen. Damit war der Seehandel gesichert und Athen mit einem Schlag die führende Seemacht in der Ägäis und weit darüber hinaus geworden.

Das Geld für den Flottenbau lieferten wiederum die seit 484 intensiv ausgebeuteten Silberminen von Laurion. Zu dieser Zeit etwa begann man auch, vermehrt Sklaven einzusetzen. Es war wiederum Aristoteles, der erkannte, daß die Athener 484 zwischen langfristiger Investition ihrer Mittel zum Flottenbau und kurzfristigem Konsum, d.h. Verteilung von Geld und Waren an die Volksmenge, Hebung des allgemeinen Lebensstandards, zu wählen hatten. Ihre Entscheidung zugunsten der Rüstung erwies sich als richtig. Die Kriegsschiffe hatten Athen vor dem militärisch-politischen Untergang bewahrt, die Handelsschiffe retteten die Bevölkerung, da die Ernten von den Persern weitgehend vernichtet waren. Athen hatte auf Handel, Expansion, Selbstbehauptung gesetzt und gewonnen.

Von der Verteidigung ging man zum Angriff über. Am Vorgebirge Mykale, nicht weit von Milet, zerstörte ein griechischer Flottenverband ein Schiffslager der Perser völlig (479). Die Ägäis hatte vorläufig vor Persern, Phöniziern und Piraten Ruhe. Athen konnte seinen überseeischen Handel weiter ausdehnen. Es folgte die Einnahme von Byzanz (477). Dabei machte sich der spartanische Feldherr Pausanias unbeliebt und wurde zurückberufen. Sparta zog sich fortan vom Seekrieg zurück. Athen erntete die Früchte des Sieges, indem es nun freien Zugang zum gesamten Gebiet des Schwarzen Meeres erhielt. 477 wurde auch der attische Seebund gegründet, der für Athen die Vormacht-Stellung als erste Schutzmacht gegen die Perser sicherte. Ca. 460 Talente der Verbündeten, eine für damalige Verhältnisse hohe Summe, flossen jährlich nach Delos, später (454) nach Athen. Die Athener verstärkten ihre Kriegsflotte, aber die Perser gaben sich noch nicht geschlagen. Sie rüsteten eine neue Flotte aus, doch sie wurde schon in Lykien, an der Mündung des Flusses Eurymedon, östlich von Rhodos vernichtet (469). Hatten die Athener in der Schlacht bei Salamis mit 100 Trieren gekämpft, konnten sie ein Jahrzehnt später 200 einsetzen. 431 besaßen sie 300. Die Perser waren als Seemacht vorläufig ausgeschaltet. Brauchte man die Athener dann überhaupt noch als Schutzmacht? Wozu die hohen Tribute? Das Schicksal von Naxos, das vom Bund abgefallen, dann aber unterworfen war, schreckte wohl manchen Stadtstaat ab, auf den Schutz der Athener zu verzichten. Neue Mitglieder, besonders Lyker und Karer, traten in den Bund ein. An die Stelle der Angst vor den Persern war mancherorts die Angst vor den Athenern getreten. Diese setzten, wie sie ihre wirtschaftlichen Gewinne für militärische und politische Zwecke eingesetzt hatten, nun ihre politische Macht zur Gewinnung wirtschaftlicher Vorteile ein.

Hatte vor den Perserkriegen in Attika Arbeitslosigkeit geherrscht, war das seit der Wende Athens zu einer imperialistischen Politik nicht mehr der Fall. Fachkräfte waren besonders gefragt, aber auch ungeschulte Arbeiter konnten infolge des erweiterten Flottenbauprogramms mit Beschäftigung rechnen. Von der Stadt und dem Hafen wirkten Produktionsanreize auf das Land zurück, das wiederum dem Handel neue Impulse gab. Hinzu kamen manchmal nicht unbeträchtliche Gewinne aus der Plünderung persischer Stützpunkte in Kleinasien. Dabei gewann man außerdem Sklaven und Land für attische Siedler. Die Athener brauchten die Beiträge der Bundesgenossen gar nicht ihrem Zweck zu entfremden: die indirekten Vorteile durch die Streitmacht waren oft größer als direkte gewesen wären, aber die kamen dann noch dazu.

Allerdings brachte der wirtschaftliche Expansionskurs Athens auch Probleme für die Stadt mit sich. Zunächst das Anwachsen der Bevölkerung! Attika zählte auf dem Höhepunkt seiner wirtschaftlichen Entwicklung über 170000 Einwohner. Hinzu kam eine entsprechend große Menge Sklaven.[30] Weder vorher noch nachher erreichte das Land im Altertum eine so hohe Einwohnerzahl. Nur eine expansiv-dynamische Wirtschaft konnte so viele Menschen ernähren und für deren Beschäftigung sorgen. Der eigentliche Zeitraum des Wachstums lag, wie die kulturelle Blüte, in der sogenannten Pentekontaëtie (478 – 431). Athen hatte konsequent den Weg des Reichtums beschritten und war unversehens zu einer imperialistischen Großmacht geworden. Thukydides sagte nicht zu viel, wenn er jedem die Chance zugestand, in Athen zu Wohlstand zu gelangen. Waren aus der gesamten damaligen Welt, Bedarfs-, Genuß- und Luxusartikel waren in Athen zu haben. Athen konnte es sich leisten, mehr ein- als auszuführen. Aber wohin führte solche Verschwendung? Man konnte sie nur so lange fortsetzen, als wirtschaftlich und militärisch schwächere Stadtstaaten auszubeuten waren und das Perserreich seine Niederlagen noch nicht überwunden hatte, vor allem aber, solange Sparta es zuließ. Von Sparta aus hatte man das Anwachsen der athenischen Wirtschafts- und Militärmacht mit Argwohn beobachtet, aber Athen ging seinen Weg unbeirrbar weiter. Wenn auch Wohlstand und Lebensstandard für die breite Masse noch sehr zu wünschen übrig ließen, motivierte doch eben dieses Wunschdenken die Massen zu immer neuen Anstrengungen. Geschickte Demagogen benutzten diese Kraftquelle für ihre ehrgeizigen Pläne. Auf die schwerste Belastungsprobe der neuen Wirtschaftsmacht Athen, den Konflikt mit Sparta im Peloponnesischen Krieg (431 – 404) kommen wir im politischen Teil dieses Kapitels noch zurück. Der Zeitraum von 404 – 360 wird von den Historikern im allgemeinen als Zeit des Niedergangs der griechischen Poliswelt angesehen.[31] Gegen Ende dieser Periode fällt das Geburtsdatum des Aristoteles. Die wirtschaftliche Entwicklung Griechenlands im ausgehenden 5. und beginnenden 4. Jahrhundert läßt sich so charakterisieren:

»Wenn auch der Wohlstand, die Vermehrung und Verbesserung der landwirtschaftlichen und industriellen Produktion fortdauerten, so machte Griechenland doch jetzt eine wirtschaftliche und soziale Krise durch, die sich im Laufe der Zeit verschärfte ... Das wirtschaftliche und gesellschaftliche Leben der Zeit ist durch zwei beherrschende Züge gekennzeichnet: das Abgleiten der Masse der Bevölkerung ins Proletariat und, eng damit verbunden, das Ansteigen der Arbeitslosigkeit; und zweitens eine Verknappung der Nahrungsmittel, die zu Zeiten akute und katastrophale Formen annahm.«[32]

Als Gründe für diese Entwicklung sind zunächst für Attika die Verwüstungen in der Landwirtschaft infolge des Krieges zu nennen. Krieg und Seuchen dezimierten nicht nur die Bevölkerung in Athen, die um mehr als ein Drittel abnahm. Bevölkerungszunahme kann also nicht der Grund für die negative wirtschaftliche Entwicklung dieser Zeit gewesen sein, schon eher die Konkurrenz der freien Arbeit mit der Sklavenarbeit, die wachsende Zahl der Sklaven und die wieder einsetzende Verarmung der Kleinbauern. Arbeitslosigkeit, Teuerung und Inflation sind typische Erscheinungen in dem genannten Zeitraum. Hinzu kommen innere Unruhen, Hader der Stadtstaaten, Bürgerzwist, revolutionäre Bewegungen, Störungen von außen, Korruption und Niedergang des Außenhandels. Die von Griechenland gegründeten Kolonien hatten inzwischen gelernt, auf eigenen Füßen zu stehen. Viel von dem, was das Mutterland exportiert hatte, konnte man jetzt selbst herstellen, und zwar schneller, billiger und manchmal sogar besser. So schrumpften die ausländischen Märkte, während Griechenlands Kaufkraft, von jeher gering, mehr abnahm. In der Münzprägung, die unter Athens Führung früher Tendenzen zur Vereinheitlichung aufwies, setzte sich wieder die Zersplitterung durch. Nicht zuletzt war die Regeneration des Perserreiches unter Artaxerxes III. Ochos (358–338) für Griechenland mit Unsicherheit, wirtschaftlichen Verlusten und neuen Gefahren verbunden. Gleichzeitig erstarkte bei den Völkern des Nordens und Westens, den Thrakern, Skythen und Italikern ein neues Selbstbewußtsein, das zu einer weiteren Lockerung, wenn nicht Lösung der Bindungen an Griechenland führte. Unter der Führung makedonischer Herrscher erlebte Hellas eine Art Nachblüte (360–201). Eine neue Zeit, das Zeitalter des Hellenismus, brach an.

Aristoteles lebte also am Ende eines großen Zeitalters, der hellenischen Hochkultur, die vor allem mit einer expansiv-dynamischen Wirtschaftsphase Athens verbunden war, und am Anfang einer neuen Zeit, der hellenistischen Zivilisation, die zugleich einen Niedergang des klassischen Griechentums und der griechischen Wirtschaft bedeutete, aber auch eine Ausbreitung griechischen Geistes über den gesamten Mittelmeerraum dank der neuen Kräfte, die ihm von den Stämmen des Nordens, besonders den Makedonen, zuwuchsen. Die Zeit der wirtschaftlichen und kulturellen Spätblüte Griechenlands, die Aristoteles' Denken und Schaffen maßgebend mitbestimmte, erhielt ihre stärksten Impulse von einer Persönlichkeit, die Aristoteles, der Schüler Platons, und damit hellenischer Geist geprägt hatte: Alexander!

Zur Wirtschaftsgeschichte Makedoniens, der Heimat Alexanders, wäre auch dann nur wenig zu sagen, wenn es mehr Quellen darüber gäbe. Das makedonische Reich grenzte im Süden an Thessalien, im Westen an Epirus und Illyrien, im Norden an Päonien und Thrakien. Im Osten bildeten die nördliche Ägäis, das thrakische Meer und die heiß umkämpfte Chalkidike, die Heimat des Aristoteles,

die Grenze. Im Gegensatz zur Stadtstaaten-Kultur Griechenlands kannte Makedonien anfangs keine Städte. Es war ein Großflächenstaat, eine Vor- oder Zwischenform zwischen Stadtstaat und römischem Weltreich, dem nicht mehr die griechischen Stadtstaaten, sondern Makedonien ernsthaften Widerstand leistete, den jedoch die Römer 168 v. Chr. in der Schlacht bei Pydna endgültig brachen.
In Makedonien herrschten noch praktisch die Verhältnisse der homerischen Zeit: Königtum, Adelsgesellschaft, Menge des Volkes (laos), das zwar in Makedonien eine Art Widerstandsrecht besaß, sonst aber so wenig bedeutete wie bei Homer, Siedlung in Dörfern. Erst unter dem König Archelaos (414–399), dem »Hellenenfreund«, kam es zu intensiveren Kontakten mit hellenischer Wirtschaft und Kultur sowie zu Stadtgründungen. Der griechische Tragödiendichter Euripides starb 406 in Pella.
Das Verhältnis Makedoniens zu Athen war ziemlich wechselvoll. Unter Amyntas III. (394 – 70) hielten beide zusammen gegen Sparta (375), ebenso unter Perdikkas III. (365 – 59). Philipp II. (359 – 36) kämpfte gegen die Athener um Amphipolis (357), einen Zugang zum thrakischen Meer, sowie gegen das mit Athen verbündete Olynth (349). Die Athener verloren wichtige Stützpunkte ihres Handels in der nördlichen Ägäis. Philipp II. gewann Thessalien und Thrakien für Makedonien hinzu, wollte aber den völligen Bruch mit Athen vermeiden. Als Makedonien seine thrakischen Stützpunkte bis zum Schwarzen Meer ausdehnte, sorgten sich die Athener um ihre Getreidezufuhr und verbündeten sich mit Byzanz (342). Philipp besiegte jedoch das griechische Heer bei Chaironeia (338) und nahm den Athenern die thrakische Chersonnes. Der 2. Attische Seebund (377 – 338) wurde aufgelöst. Damit war Athen als beherrschende See- und Handelsmacht in der Ägäis ausgeschaltet. Alexanders Erfolge und die Zerstörung Thebens (335) reichten aus, um die Athener von weiterem Widerstand zurückzuhalten.
Allerdings schwelte ihr Haß gegen die Makedonen, den auch Aristoteles zu spüren bekam, kräftig fort. Gleich nach Alexanders Tod (323) brach der Aufstand in Griechenland unter Athens Führung los, wurde aber von Antipater, einem Feldherrn Alexanders, im Lamischen Krieg (323/22) niedergeschlagen, also in dem Jahr, als Aristoteles starb. Wieder einmal hatte eine Landmacht, nach Sparta nun Makedonien, die Seemacht Athen in die Knie gezwungen, wenn auch langfristig Athen beide an Bedeutung übertraf. Makedonien, von Natur aus eine Landmacht, war, ungeachtet seines Dranges zum Meer, seiner Stadtgründungen, seiner Stützpunkte an der Ägäis und am Schwarzen Meer, seiner Berührung mit Handel und Kultur Griechenlands, vor allem Athens, Land-

macht geblieben. Als Rohstofflieferant von Holz, Wachs, Teer und sonstigen, zum Schiffsbau nötigen Materialien, hatte es die griechischen Seemächte, wenn nicht in der Hand, so doch in hohem Maß von sich abhängig gemacht. Sogar der Redner Demosthenes, sonst ein Gegner der Makedonen, plädierte für gute Beziehungen mit den Lieferanten von Rohstoffen für den Schiffsbau. Athen suchte sogar im Holzhandel ein Monopol zu erwerben.[33]

Durch den Zug Alexanders wurde die Wirtschaftskrise Griechenlands in den dreißiger Jahren des 4. Jahrhunderts (Hungersnot 330) ein wenig gemildert, einmal durch direkte Hilfe in Form von Geschenken, aber auch indirekt durch Aktivierung der Handelsbeziehungen, ferner durch Vereinheitlichung des Münzwesens und Schätze aus der Kriegsbeute, die über das reich belohnte Heer nach Griechenland gelangten. »Alexanders politisches System war in der Tat kurzlebig, während die wirtschaftliche Einheit für viele Generationen bestehen blieb.«[34] Zahlreiche Stadtgründungen Alexanders trugen zu dieser Wirkung bei, da sie keine Neugründungen waren, sondern alte Handelszentren, deren Finanz- und Verwaltungswesen er erneuerte, indem er griechische Fachleute als leitende Beamte einsetzte. Die Münztypen der neuen Währung waren griechisch, der Münzfuß attisch, die Amtssprache ebenfalls griechisch. Ein weiteres Werk Alexanders war die Befriedung des Meeres durch Beseitigung der Seeräuber, einer der schlimmsten Plagen des 4. Jahrhunderts. Wenn Alexander auch nur die ersten Schritte auf dem Weg der wirtschaftlichen Einigung der Alten Welt gelangen, setzten später die Römer sein Werk, auch auf politischem Gebiet, fort. Die Zusammenführung von Griechen und Makedonen einerseits, Griechen und Persern andererseits, war vielleicht die bedeutendste geschichtliche Leistung des Synthetikers Alexander. Ähnelt sein Werk nicht mutatis mutandis dem Werk seines Lehrers und Freundes, der großen Synthese von ionischer Natur- und attischer Begriffsphilosophie, wie sie Aristoteles vollzog?

Wir kommen nun zum gesellschaftlichen Aspekt der Welt, in der Aristoteles lebte. Schon jetzt dürfte deutlich geworden sein, daß jede Geschichtsbetrachtung, welche die Mannigfaltigkeit der Phänomene nur auf ein Prinzip zurückzuführen sucht, auf die Wirtschaft als Ökonomismus, auf die Gesellschaft als Soziologismus, auf die Politik als Panpolitismus, auf Kultur als Kulturbiologismus oder -historismus, einseitig und daher verfehlt ist. Aus der Skizzierung der griechischen Wirtschaftsgeschichte, als einem Aspekt des historischen Hintergrunds des Zeitalters von Aristoteles und Alexander sollte zu ersehen sein, daß die Differenzierung des Wirtschaftssystems zur Differenzierung der Gesellschaftsformen beitrug, wobei, wie sich noch zeigen wird, die Wehrverfassung eine zentrale Rolle spielte. Für die gesellschaftliche Entwicklung Griechenlands, wie für die wirtschaftliche, sind wir vor allem auf Quellen zur Geschichte Athens angewiesen. Die Quellen zu anderen griechischen Stadtstaaten, selbst zu Sparta und den kretischen Poleis, sind relativ dürftig. Der aristokratische Grundzug ist den griechischen Gesellschaften, auch den später demokratischen, gemeinsam. Die gesellschaftlichen Veränderungen des alten Griechenland bewegen sich in diesem Spektrum.

Am Anfang der Entwicklung stand das Königtum. Ihm folgte der Land besitzende (Geomoren), nach Geschlechtern aufgeteilte Adel. Die Adeligen hatten die fruchtbaren Ebenen mit Waffengewalt in Besitz genommen. Die unterworfene Bevölkerung verlor ihre Freiheit zunächst nicht völlig, sank aber infolge von Verschuldung und Schuldknechtschaft auf die Stufe der Hörigkeit hinab. Hörige waren Landbebauer mit erblichem Nutzungsrecht, die für die Grundherren arbeiteten. Sie produzierten hauptsächlich Getreide, Wein, Öl und züchteten Rinder, Ziegen, Schafe und Maultiere. Die Pferdezucht, die nach Aristoteles (Pol. 1321 a) großen Besitz voraussetzte, war ein Privileg der Rittergesellschaft, die auf das Königtum folgte. Ursprünglich waren die Ritter, wie bei Homer, Einzelkämpfer mit Streitwagen. Sie verbrachten ihr Leben teils in Kriegen, teils in Muße, mit Jagden und Spielen. Der Wettkampf (Agon) war ein wichtiges Moment ihrer Erziehung. Es ist klar, daß die homerischen Helden keine Truppenmasse bildeten. Sie setzten sich aus einer begrenzten Zahl von Einzelkämpfern zusammen. Ausbildung und Ausrüstung waren so kostspielig, daß nur wenige sich das leisten konnten. Im Zusammenhang mit der Kolonisation entstand das Bedürfnis nach einer breiteren Schicht von Bewaffneten, die für die Sicherheit der alten und neuen Wohnorte zu sorgen hatten. In der Frühzeit war das Heer nach Bindungen der Blutsverwandtschaft organisiert gewesen, in Wehrverbände, Phratrien (Bruderschaften) und Stämme (Phylen), aufgeteilt, woraus sich dann die Adelsgeschlechter und die Gemeinfreien als Gesellschaftsgruppen herauskristallisierten, die großen und die kleinen Grundbesitzer. Je mehr die ›Großen‹ ihre Macht ausdehnten, desto abhängiger, verschuldeter, ärmer wurden die zahlreichen ›Kleinen‹. Am Ende dieser Entwicklung stand dann für die, welche nicht auswanderten, die Hörigkeit, gegen die Solon (ca. 640 – 560) als Sozialreformer auftrat. Er leitete für Attika die Bewegung ein, die von der Herrschaft der Geschlechter, vom adeligen Rittertum, zur Polis der Schwerbewaffneten (Hoplitenpolis) führte, ein Befreiungsprozeß, in dessen Verlauf immer mehr Menschen an den

Grundpflichten, Grundrechten und Gütern der Gesellschaft beteiligt wurden.
Solon hat zwar noch nicht die Demokratie in Athen eingeführt, aber die ersten Schritte auf einem Weg getan, der zur Demokratie führte. Zunächst waren die befreiten Bauern die Nutznießer dieser Entwicklung. Die alten Adelsgeschlechter verloren an Bedeutung, ein Teil der Adeligen verarmte seinerseits, und eine Schicht von ›Neureichen‹, meistens Kaufleute und ›Unternehmer‹, entstand. Nur die unterste Schicht der Bevölkerung, die Theten, erhielten keinen Zugang zu den höchsten Ämtern im Staat, die dem Geld-Adel, vorher dem Land- und Blutsadel, vorbehalten waren. Bedeutsam ist in diesem Zusammenhang, daß immer mehr Bürger in den Stand der Wehrbürger oder Schwerbewaffneten und damit in die obere Schicht aufrückten. In Griechenland wurden nicht die Adeligen Bürger und dann Demokraten, sondern Teile der unteren Bevölkerungsschichten arbeiteten sich nach und nach zu Vollbürgern und schließlich in gewisser Weise zu ›Aristokraten‹ empor. Die athenische Gesellschaft ist auch als demokratische, von ochlokratischen Auswüchsen besonders in der Zeit des Peloponnesischen Krieges einmal abgesehen, ihrem Wesen und ihren Wertmaßstäben nach eine aristokratische geblieben.
Auf religiösem Gebiet übernahm man ebenfalls die Göttervorstellungen der Adeligen. Das Ergebnis war eine freie, undogmatische, tolerante und menschliche Göttergesellschaft, eine Religion ohne Priesterstand. »Die kriegerische adelige Gesellschaft zieht die Götter in eine frivole menschliche Sphäre herab, wie Homer es zeigt, dessen Göttergesellschaft nur eine vergöttlichte Adelsgesellschaft ist.«[35] An dieser olympischen Einstellung der Griechen zur Religion hat sich auch im bürgerlich-demokratischen Zeitalter nicht viel geändert, und Platons Moralkritik an den griechischen Göttervorstellungen blieb ohne nachhaltige Wirkung.
Für den Übergang zur bürgerlich-demokratischen Gesellschaftsform war zunächst der Zerfall der adeligen Gesellschaft verantwortlich, dann auch der Aufstieg des Volkes (demos), das den adeligen Ständestaat allmählich in eine Gemeinschaft freier Bürger verwandelte. Die nach dem Prinzip jährlichen Wechsels (Annuität) wechselnden Ämter wurden somit einer immer größeren Anzahl von Bürgern zugänglich. Dieses stabilisierende Prinzip verlieh der Gesellschaft Zusammenhalt, Solidarität und machte Bürger selbst zu Amtsträgern, Mitverantwortlichen, Timokraten, Aristokraten und manchmal auch zu Plutokraten. Die Tyrannis kann man als Zwischen- oder Verfallsform der Adelsgesellschaft verstehen, wobei das große Individuum noch einmal königliche Macht erstrebt

und in Gegensatz zu den Oligarchen tritt. Die Tyrannen verbündeten sich daher gern mit dem Demos, und zwar den unteren Schichten der Gesellschaft, dem »vagabundierenden Proletariat«. Auf diese Weise förderten auch sie, wenngleich ungewollt, den Demokratisierungsprozeß, beschworen aber auch das Demagogentum herauf.
War die griechische Gesellschaft eine Sklavenhalter-Gesellschaft? Daran ist so viel richtig, daß es in Griechenland, wie später in Rom, Sklaven gab. Aber die Bedeutung der Sklaverei war sowohl zeitlich als auch in ihrem gesellschaftlichen Stellenwert begrenzt. Zunächst – das unterscheidet die antike von der modernen Sklaverei – handelte es sich nicht um eine gesellschaftliche Klasse, die von einer oder mehreren anderen Klassen ausgebeutet wurde. In der Antike konnte jeder freie Bürger, Adelige, ja sogar König, von einem Tag auf den anderen zum Sklaven werden, wenn er das Mißgeschick hatte, einen Krieg zu verlieren. Die Sklaverei war also keine gesellschaftliche Institution im neuzeitlichen Sinn, vielmehr ein durch elementare Ereignisse wie Krieg bedingtes Schicksal, das grundsätzlich jeden treffen konnte. Schon hier wird deutlich, wie weit die marxistische ›Theorie‹ davon entfernt ist, historische Gesellschaftsformen wie die griechische ›erklären‹ zu können, wie wenig sie überhaupt die Voraussetzungen einer Theorie erfüllt. Zudem hat die Sklaverei erst im Lauf der griechischen Geschichte stellenweise und zeitweise an Bedeutung gewonnen. Manchen verschuldeten Kleinbauern ging es viel schlechter als den Sklaven reicher Familien. Insgesamt hat auch nicht die Sklaverei den größten Beitrag zum Wohlstand griechischer Stadtstaaten geliefert, sondern, verglichen mit Handel, Eroberung, Schätzen, Gold und Silber, Beute, eigener Arbeit, Leistung und Initiative, eher einen minimalen. Mithin ist es verfehlt, die wirtschaftlichen, gesellschaftlichen, politischen und kulturellen Errungenschaften der Griechen in erster Linie auf die Sklaverei zurückzuführen.[36]
Die Polis als Raum griechischer Gesellschaftsbildung entstand nicht als Markt oder Produzentenzentrum. Ursprünglich Zufluchtsort vor feindlichen Angriffen (Burg), eine Siedlungsgemeinschaft von Kriegern, weitete sie sich durch Zusammensiedlung (synoikismos) zu einer mehr oder weniger einheitlichen größeren Ortschaft aus, und zwar zu einem Konsumentenzentrum. Da die Polis Adelige wie Nichtadelige umfaßte, minderte sie diesen Gegensatz durch das Leben in Gemeinschaft auf engem Raum. Ein verbindendes Glied zwischen den Gesellschaftsschichten war der gemeinsame Kult. Schon früher hatten Nichtadelige am Kult der Adelsgesellschaft teilnehmen dürfen. Als »Kulturgemeinschaft aller Freigeborenen« entwickelte sich die Polis zur sozialen Einheit.

»Unter den mannigfachen Faktoren, die, soweit wir es zu erkennen vermögen, zur Auflösung der griechischen Geschlechterherrschaft und zum Aufstieg der nichtadeligen Gesellschaftsschicht und damit zur Konstituierung einer neuen Gesellschaft führten, stehen in erster Linie, wie in der römischen Entwicklung und wie auch bei der Demokratisierung der germanisch-romanischen mittelalterlichen Stadt, technisch-militärische: die Fortschritte der Metallurgie führten zu einer Umwälzung der militärischen Taktik und zur Entstehung der *Hoplitenphalanx*, der geschlossenen Schlachtreihe der schwergerüsteten Krieger, wie sie uns auf dem Höhepunkt griechischer Kultur in ihrer letzten Vollendung entgegentritt. Mit dem griechischen Ritterheer versank auch der griechische Adelsstaat.«[37]
Für das soziale Gefüge der griechischen Polis, speziell Athens, waren primär militärische, nicht ökonomische Gründe ausschlaggebend, wie denn der Bereich elementarer Sicherheit, des Seins oder Nichtseins, von jeher wichtiger war als diese oder jene Wirtschaftsform. Die Wirtschaft stand im Dienst der Sicherheit, die Sicherheit im Dienst der Wirtschaft. Danach richtete Platon seinen Staatsentwurf, so war es die Grundauffassung der Griechen. Schon bei Solon gab nicht die Steuerklasse, der Zensus, den Ausschlag, sondern die Wehrhaftigkeit. Reichtum, so lehrte Sokrates, garantiert keine Tapferkeit, wohl aber die Tüchtigkeit Reichtum. Platons Einteilung der Gesellschaft in drei Stände, den Nähr-, Wehr- und Lehrstand, reflektiert die solonische Gesellschaftsstruktur, wenn auch an Stelle der Könige, Archonten, Fünfhundertscheffler (pentakosiomedimnoi) die Wissenden, Gebildeten oder Philosophen traten. Die traditionelle Einteilung der Gesellschaft legte eine Drei- oder Vierteilung zugrunde. Ritter (hippeis, mindestens 300 Scheffel), von denen die Fünfhundertscheffler die Spitze bildeten, Bauern (Zeugiten, mindestens 200 Scheffel) und Tagelöhner (Theten). Ritter und Bauern bildeten den Wehrstand, die Tagelöhner arbeiteten auf dem Land, waren als Händler oder Handwerker tätig und leisteten im Krieg Hilfsdienste als Leichtbewaffnete, Schleuderer oder Ruderer. Als sich Athen zur Seemacht entwickelte, gab es auch den Theten Gelegenheit, ihren Platz im Wehrdienst zu finden.
»Der Charakter der Gesellschaft als militärischer Verband läßt die Hoplitenpolis ins Leben treten, er schafft aber auch in seiner fortschreitenden Ausgestaltung die demokratische Polis und erklärt damit gleichzeitig die wunderbare Erscheinung der antiken Demokratie, die im Prinzip das Wiedererstehen der alten Wehrverfassung der kriegerisch-erobernden Urzeit mit ihrer Gleichheit aller Freien bedeutet, die durch die Geschlechterherrschaft durchbrochen worden war.«[38]

Damit war gleichsam der aus der allgemeinen Wehrfunktion aller Bürger ableitbare demokratische Urzustand wieder hergestellt. Allerdings ist die Gleichstellung der Bürger im griechischen Bereich nur in Sparta und Kreta erreicht. Dort blieb auch der Charakter der hellenischen Gesellschaft, die eine Kriegergemeinschaft war, am reinsten erhalten. Wir haben dort die Syssitien, Speisegemeinschaften der Männer, denen Platon in den ›Gesetzen‹ die Symposien, Trinkgemeinschaften mit dem Ziel, Selbstbeherrschung zu üben, an die Seite stellte. Wie das religiöse Leben in der griechischen Polis bis in die Zeit des Hellenismus, also des Aristoteles, nicht vom politischen zu trennen ist, bleibt auch der militärische Rang eng mit dem sozialen Status verbunden. Sparta war auf sozialem Gebiet demokratischer als Athen und, dank seiner gemischten Verfassung, auf politischem.

Wir kommen somit zum politischen Aspekt. Auch in Sparta und Kreta hatte sich der Demos seine politischen Rechte erst gegen die Adelsherrschaft erkämpfen müssen. Aristoteles hebt hervor, daß in Kreta wie in Sparta »jeder erste beste« das höchste Amt im Staat bekleiden konnte (Pol. 1272a). In der ›Großen Rhetra‹ ist der Verfassungszustand Spartas um das Jahr 700 festgehalten. Danach ergaben monarchische, oligarchische und demokratische Elemente in ihren Wechselbeziehungen eine ausgewogene Synthese der Machtverhältnisse im Staat. Doppelkönigtum, Rat der Alten (Gerusia) und Heeresversammlung entschieden in diesem Staat über außen- und innenpolitische Fragen, die seit der zweiten Hälfte des 6. Jahrhunderts von den fünf Ephoren mitentschieden wurden. An der Heeresversammlung (Apella) nahmen, im Gegensatz zu den Umwohnern (Periöken) und den rechtlosen Ackerbauern (Heloten) nur die spartanischen Vollbürger teil, die nach drei Phylen (Hylleis, Dymanes, Pamphyloi) und fünf Bezirken (Limnai, Mesoa, Kynosura, Pitane, Amyklai) gegliedert erscheinen. Periöken und Spartaner waren im Krieg zur Heeresfolge verpflichtet. Die Könige führten das Heer, und die Heeresversammlung wählte die Gerusia, die gegenüber der Apella ein Vetorecht besaß, ferner die fünf Ephoren, oberste Beamte, die den Königen zur Seite standen.

Die athenische Verfassung ist komplizierter. Ein konstantes Element dieser Verfasssung war die Volksversammlung (Ekklesia). Sie bestand bei Solon aus 400 Vertretern von vier Phylen und aus vier Klassen. Die Volksversammlung wählte die Beamten, Archonten und Schatzmeister, entschied über Krieg und Frieden, saß zu Gericht und beschloß Gesetze. An der Spitze des Staates standen die Wächter der Gesetze, der Areopag, der für Erb- und Blutgerichtsbarkeit zuständig war, aber allmählich zugunsten des Volksgerichts an Bedeutung verlor. Kleisthenes schuf, wie gesagt, zehn Phylen, von denen jede zu je einem Drittel (Trittys) aus Stadt-, Land- und Küstenbewohnern bestand, die nach dem Los miteinander verbunden wurden. Jede Phyle entsandte 50 Vertreter in den ›Rat der Fünfhundert‹. Eine solche Prytanie führte 36 Tage die Geschäfte bei täglich wechselndem Vorsitz (Prytanen). Die Trittys gliederten sich wieder in kleinere Verwaltungseinheiten, die Demen, welche die Bürgerlisten führten. Jeder Bürger war Mitglied der Volksversammlung. Analog der Phylenordnung war das Heer in zehn größere Einheiten gegliedert, denen je ein Stratege vorstand. Die Archonten bestimmten die Strategen und unterstellten sie dem Archon Polemarchos.

Wenden wir uns nun der außenpolitischen Entwicklung der Welt zu, in die Aristoteles hineingeboren wurde! Neben Sparta und Athen waren die Hauptmächte in der politischen Arena jener Zeit Persien, Makedonien, Syrakus, daneben Karthago, Theben und Korinth. Persien war eine Despotie, Syrakus eine Tyrannis, Makedonien ein Königtum. Während in diesen Ländern die Macht in einer Hand lag, zeichneten sich die griechischen Stadtstaaten durch eine mehr oder weniger differenzierte Machtverteilung im Staat aus. Dies war der fundamentale Unterschied zwischen griechischen Poleis und den umliegenden Reichen. Der wirtschaftliche und militärische Aufschwung Athens, wie wir ihn im ersten Teil dieses Kapitels dargestellt haben, führte zu Spannungen mit Sparta, das sich seit den Perserkriegen als Vormacht Griechenlands (prostates tes Hellados) fühlte und ausgab. Der Peloponnesische Krieg löste die Pentekontaëtie ab, die unbestrittene Glanzperiode athenischer Seegeltung, Machtentfaltung und Kulturschöpfung.

Weder die Erklärung, Perikles habe den Krieg vom Zaun gebrochen, weil er innenpolitisch am Ende war, ist richtig, noch die von Thukydides und denen, die ihm folgen, vertretene These, daß der Dualismus Sparta–Athen zwangsläufig zum Krieg führte. Danach war niemand schuld, allenfalls das beiderseitige Hegemoniestreben. Tatsache ist, daß Athen wirtschaftspolitisch aus freier Entscheidung einen Weg beschritten hat, dessen Dynamik und Expansionismus die übrigen Stadtstaaten Griechenlands überflügelte, in die Abhängigkeit drängte, wenn nicht sogar militärisch bedrohte. Die Athener hatten ein Novum in ihre Politik eingeführt, das Konflikte heraufbeschwor. Letzten Endes war es ihre Maßlosigkeit im Gewinn- und Machtstreben das, wie Sokrates, Platon und Aristophanes richtig erkannten, Immer-mehr-haben-Wollen (pleonexia), die Zügellosigkeit, Unwahrhaftigkeit, Skrupellosigkeit, am Ende die Gesetz- und Gottlosigkeit, kurz ihre Titanen-Natur (physis titanike), welche die Katastrophe herbeiführte. Sparta gewann zwar den Krieg, aber es war zu schwach, eine gesamtgriechische Friedensordnung zu schaffen.

Der eigentliche Gewinner war der Perserkönig. Er spielte einen griechischen Stadtstaat gegen den anderen aus, machte die ionische Befreiungsbewegung rückgängig, indem er das westliche Kleinasien wieder unterwarf, und mischte sich in die inneren Angelegenheiten der Griechen ein. Die selbstzerstörerische Politik Athens und Spartas stellte auch das großartige Befreiungswerk von Marathon, Salamis und Platää, die erfolgreiche Abwehr der Perser, weitgehend wieder in Frage. Die griechischen Stadtstaaten vermochten sich aus eigener Kraft nicht mehr aus ihrer verzweifelten Lage zu befreien, aus Schwäche, wirtschaftlicher Not, Zwietracht und Ratlosigkeit. Erst eine auswärtige Macht, weder eine Republik noch eine Demokratie, vielmehr die Könige von Makedonien, soweit sie echte Freunde hellenischer Kultur und Geistesart waren, wandten das Blatt wieder zugunsten der Griechen, die zum Teil aber auch jetzt ihre wahren Interessen nicht erkannten und sich in falsch verstandenem Freiheitsstreben gegen ihre tatsächlichen Befreier aufwiegeln ließen.

Eine endlose Kette von Mißverständnissen, falschen Voraussetzungen, pervertierten Idealen, von Egoismus, Verbohrtheit, Neid, Haß, Korruption, Verrat und Wahnsinn markierte die breite Straße des Verfalls, der Selbstauflösung, des Untergangs der griechischen Stadtstaaten: Athen gegen Sparta, Sparta gegen Persien (399 – 394), Persien, Athen, Korinth und Argos gegen Sparta (395 – 387), Sparta gegen Theben (377), Theben gegen Sparta (371), Sparta und Athen gegen Theben (369), Phoker gegen Makedonen (356 – 346), die später Theben zerstörten (335), Diadochenkriege (323 – 280). Im Westen kämpften die Athener gegen Syrakus auf Sizilien (415), die Karthager eroberten Akragas (406), mußten aber vor den Tyrannen von Syrakus, die Platon für eine neue Politik zu gewinnen suchte, zeitweise zurückweichen. Nach blutigen Bürgerkriegen verlor aber Syrakus seine Selbständigkeit. Die Römer gliederten es in die Provinz Sizilien ein (201).

Waren somit der Ausbreitung des Griechentums im Westen und Norden Schranken gesetzt, gelang dem Aristoteles-Schüler Alexander ein beispielloser Feldzug, der den gesamten Vorderen Orient in die griechische Wirtschafts- und Kultursphäre einbezog und damit einen weltgeschichtlichen Sieg des Griechentums erbrachte. Alexander hatte seinen Krieg gegen die Perser zunächst als Rachefeldzug verstanden und deklariert. Bei Ilion, an dem vor rund 800 Jahren heiß umkämpften Ort, wo so viele tapfere Griechen und

Trojaner gefallen waren, legte er am Grab des Achill einen Kranz nieder und erneuerte damit den Waffenbund der Griechen gegen die Gegner in Asien. Wie Achill zornentbrannt nicht eher ruhte, bis er den Tod seines Freundes Patroklos gerächt hatte, stürmte nun auch Alexander voran und errang einen Sieg nach dem anderen, am Granikos (334), bei Issos (333), in Tyros (332), Gaugamela (331) und in Persepolis (330). Damit war der panhellenische Rachefeldzug beendet, Alexander aber marschierte weiter und, hätten seine Truppen in Indien nicht gemeutert, wäre wohl damals schon die Erde umrundet und die Weltherrschaft verwirklicht.
Die Stationen Alexanders waren Denkmale seiner Siege: Unterwerfung Ost-Irans, Überschreitung des Hindukusch (329), Kämpfe in Baktrien und Sogdiana (328), Zug nach Indien (327), Sieg über den indischen König Poros am Hydaspes (Jhelam). Am Hyphasis (Bias) erreichte Alexander den östlichsten Punkt seines Eroberungszuges. Hier demoralisierte ein 70tägiger Tropenregen die Truppen dermaßen, daß sie den Gehorsam verweigerten und die Rückkehr verlangten. Alexander mußte wohl oder übel darauf verzichten, den Ganges und das östliche Weltmeer zu erreichen. Achteinhalb Jahre hatten seine Soldaten treu zu ihm gehalten, hatten tapfer gekämpft und waren bis zur Erschöpfung marschiert. 18000 km hatten sie dabei zurückgelegt. Wer die Strecke von Griechenland bis Indien nur mit dem Auto durchfahren hat, kann heute noch ermessen, was das bedeutet. Am Hyphasis konnten die Soldaten einfach nicht mehr, und damit war auch der Vormarsch zu Ende.
Aristoteles hat zwar nicht an diesem Feldzug teilgenommen, aber er dürfte aus den Informationen, die über dieses Unternehmen und die damit verbundenen Entdeckungen nach Griechenland gelangten, manches gelernt und in seinen späten Schriften vielleicht auch verwertet haben. So trafen sich der unersättliche Erkenntnistrieb des Aristoteles und der unbändige Eroberungsdrang seines weltberühmten Schülers an den Grenzen der Welt, deren theoretische Erfassung und praktische Bewältigung zwei komplementäre Akte einer Antwort des Menschen auf die sich immer wiederholende Herausforderung seiner Umwelt darstellen. Versteht man die Initiative Alexanders als letzten explosionsartigen Ausbruch politischer Energien Großgriechenlands, bevor die Römer die Gestaltung der Alten Welt in die Hand nahmen, kann man das Werk des Aristoteles als abschließende begriffliche Synthese der kulturschöpferischen Kräfte des hellenischen Geistes verstehen. Philosophie ist ein Teil der Kultur. Bevor wir uns der Entwicklung des philosophischen Denkens in Griechenland zuwenden, besonders

der Periode von Sokrates bis Aristoteles, also der attisch-athenischen Philosophie, sei uns gestattet, einen Blick auf die allgemeine kulturelle Entwicklung Griechenlands am Vorabend des Hellenismus zu werfen. Lassen wir die Philosophie im Augenblick beiseite, bleiben vom Kulturleben der Griechen in erster Linie Religion und Kunst übrig, von den Künsten wiederum die bildenden Künste und die Dichtung, denn über die griechische Musik wissen wir zu wenig. Zum Glauben der Hellenen bemerkt Thassilo von Scheffer in seiner bekannten Kulturgeschichte:

»Die Stellung des Menschen dem Göttlichen gegenüber ist viel freier, als wir das bei den asiatischen Religionen (das Christentum gehört durchaus dazu) gewohnt sind. Die Abhängigkeit ist anders; nur durch die größere Macht der Götter, nicht durch ihre Art wird sie erzeugt. Die Götter sind eigentlich zuhöchst gesteigerte Menschen, jedenfalls ein Stück Natur. Im hellenischen Glauben liegt Stolz bei aller Ehrfurcht, aber keine Demut. Man muß sich mit den hohen Herren abfinden, man muß sie besänftigen, aber durchaus immer befragen, denn sie sind weiser, sind die alles durchdringende höhere Potenz, sie sind das Ideal, die Vollkommenheit, die Schönheit selbst und damit die anerkannten Gebieter und Erzieher. Alles Quälerische, alles Fanatische, Dogmatische muß man sich aus der griechischen Religion ganz wegdenken, wie auch den allgemeinen Begriff der Sünde im christlichen Sinn; das Bewußtsein des Unrechts liegt auf ethischem und praktischem Gebiet, wenn auch die Götter, die ja selbst gar nicht davon frei sind, Frevel im Einzelfall bestrafen; denn meist verstößt er gegen sie selbst oder gegen eine gewollte Ordnung und Sitte und ruft die Vergeltung aus Gründen der Harmonie herbei, eben weil eine naturgewollte Schranke, eine zutiefst verwurzelte Bindung durchbrochen ist.«[39]

Die größere Freiheit der griechischen Religion gegenüber den asiatischen Religionen, ihren olympischen Zug als Erbe einer aristokratischen Weltbetrachtung, haben wir bereits erwähnt. Hinzu kommt ihre Menschlichkeit, ihr Verständnis für menschliche Schwächen, mit denen sie die Götter, ungeachtet ihrer Überlegenheit über die Menschen, ausstattet. Die Götter der Griechen sind unsterblich, zum Teil personifizierte Naturkräfte, zum Teil idealisierte Werte. Sie sind höhere Wesenheiten, Intelligenzen höherer Ordnung, Erscheinungen der anderen Welt in dieser Welt, des Kosmos noëtos, der geistigen, wahren Wirklichkeit in unserem Schattendasein, ewiger Jugend, Stärke und Vollkommenheit im Reich der Vergänglichkeit, Ausdruck eines allumfassenden Weltgesetzes, göttlicher Harmonie, einer kosmisch fundierten Gerechtigkeit, die jeden Verstoß ahndet. Für Goethe war diese hellenische

Schau des Göttlichen eine Offenbarung. Seine Begeisterung müssen wir verstehen, wenn das griechische Kulturerbe, wozu die Religion der Hellenen gehört, für uns lebendig bleiben soll. Nicht Sünde sondern Frevel, nicht Demut sondern Ehrfurcht, nicht Strafe sondern Ausgleich, nicht Gnade sondern Gerechtigkeit, nicht Liebe sondern Selbstbeherrschung und Weisheit, nicht Autorität und Glauben sondern Vernünftigkeit, nicht Hoffnung sondern Voraus-schau sind die Kategorien griechischer Religiosität im Unterschied zur jüdisch-christlichen. Hybris und Nemesis, menschliche Überheblichkeit und göttliche Vergeltung stehen einander gegenüber, titanische Auflehnung und göttliches Maß, prometheische Selbstherrlichkeit und tragisches Leid. Diese religiösen Vorstellungen kommen auch in der Ethik der Griechen zum Ausdruck. Der aristotelische Gedanke der sittlichen Handlung als Mitte zwischen den Extremen ist eine Synthese religiöser Erfahrung, medizinischer Einsicht und philosophischer Erkenntnis.

Wenden wir uns nun der Dichtung und den bildenden Künsten zu! Um mit den letzteren zu beginnen, wird wohl niemand ernsthaft bestreiten wollen, daß den Griechen auf diesem Gebiet Vollkommenes gelang. Weit davon entfernt, das Geheimnis, das diese weltgeschichtliche Ballung schöpferischer Kräfte umgibt, zu enträtseln, können wir doch einige Faktoren nennen, die mit dazu beitrugen, den schöpferischen Prozeß auszulösen. Zunächst einmal waren die wirtschaftlichen Voraussetzungen günstig. Durch den Sieg über die Perser, die Annahme der Herausforderung, eine Seemacht zu werden, die Konkurrenz mit anderen Seemächten, durch das Einsetzen von Handel und Gewerbe in großem Stil, nicht zuletzt infolge der klugen Einwanderungspolitik seit Solon, durch die intensive Ausbeute der Silberminen von Laurion, den vermehrten Einsatz von Sklaven und die Mittel des ersten Attischen Seebundes schufen die Athener die materiellen und finanziellen Voraussetzungen zur Ausführung kostspieliger Bauten und ihrer künstlerischen Ausgestaltung. Zudem war ihr Selbstbewußtsein nach den Siegen über die Perser erheblich gestiegen. Es verband sich mit den religiösen Kräften der frommen Bevölkerung Attikas, die das Bedürfnis verspürte, ihren Schutzgöttern, allen voran der Göttin Athene, Dank für die Retttung abzustatten, und dafür war kein Preis zu hoch. Neben den religiösen, psychologischen und ökonomischen Faktoren bekamen soziale und politische ein nicht geringes Gewicht. Bauernbefreiung, Ausbildung eines Handel und Gewerbe treibenden ›bürgerlichen‹ Mittelstandes, eine merkliche Anhebung des Lebensstandards, wenn auch nicht für alle Bürger gleichermaßen, sowie der Stolz, trotz trennender Besitz-

schranken einem großen, mächtigen, fortschrittlichen und demokratischen Staat anzugehören, schlossen die Bevölkerung Athens zu einer relativ einheitlichen Polisgemeinschaft zusammen. Trotz oder gerade wegen der Mannigfaltigkeit ihrer Herkunft, ihres Berufs, ihres Ansehens und Besitzes entstand bei den Athenern eine Art Zusammengehörigkeitsgefühl, das sich auf die gemeinsame Freiheit, auf Autonomie und Autarkie, auf zweifellose Erfolge und günstige Aussichten für die Zukunft gründen ließ. Politisch waren die Athener damals im Begriff, die erste Macht Griechenlands, Sparta, nicht nur einzuholen, sondern zu überholen, gestützt auf die größte und modernste Flotte der damaligen Welt, schnell anwachsenden Reichtum, ein ausgeklügeltes Bündnissystem und feste Stützpunkte an den wichtigen Meeresstraßen.
Das alles reicht jedoch nicht aus, jene einmalige kulturelle Blüte des perikleischen Zeitalters zu erklären, auch nicht der Hinweis auf die Genialität der Griechen, denn was ist ein Genie? Bezeichnenderweise stammten fast alle großen Maler und Bildhauer dieser Zeit, eine Ausnahme war Pheidias, nicht aus Athen: Polygnot kam von der Insel Thasos, Zeuxis aus Heraklea in Italien, Polyklet aus Sikyon, Skopas von Paros, Lysipp, ein Zeitgenosse Alexanders, wieder aus Sikyon, um nur einige zu nennen. Athen selbst war nicht sonderlich mit bildenden Künstlern gesegnet, aber es war ein Zentrum der Künste, ein Ort, vergleichbar Paris, der Künstler immer wieder anzog, ein geistiges Zentrum, das anregte, und nicht zuletzt eine reiche Stadt, denn auch die größten Künstler brauchen Auftraggeber, Mäzene, Geld. Die Entwicklung der Architektur, Malerei und Plastik verlief in einem atemberaubenden Tempo. Wir können hier nur die Höhepunkte bezeichnen.
In der Architektur verlagerte sich im 5. Jahrhundert, entsprechend der Änderung der politischen Machtverhältnisse, der Schwerpunkt der Bautätigkeit von Kleinasien nach Attika, das auch geographisch, gleichsam als Auffangbecken, günstig lag. An Baumaterialien verwandte man bei zunehmendem Reichtum statt Holz und Kalkstein immer mehr Marmor. Da das religiöse Gefühl im öffentlichen Leben dominierte, baute man in erster Linie Tempel. Hier ist zunächst der 457 vollendete Zeus-Tempel in Olympia zu erwähnen. Sein Ernst und seine Strenge zeugen von einem entsprechenden, dem archaischen Lebensgefühl. Die Metopen stellen die zwölf Taten des Herakles dar, gingen doch Religion, Kunst und Erziehung eine für griechische Verhältnisse typische Verbindung ein: Herakles der Befreier war ein Heros oder Gottmensch. Die westlichen Giebelfelder zeigen den Kampf der Lapithen und Kentauren, ins Psychologische übersetzt, die Selbstbefreiung des Menschen aus

den dämonischen Bindungen der Urzeit, philosophisch betrachtet, die allmähliche Gewinnung der Kontrolle des Menschen über sein Dasein. Von Olympia ist im alten Griechenland Delphi nicht zu trennen. Delphi und Olympia bezeichnen sozusagen die beiden Pole in der Einheit des Hellenentums, das Innen und Außen, hier religiöse Mystik und Visionen, dort der Kult des schönen Körpers. In Delphi zogen die Schatzhäuser der Siphnier und Athener die besondere Aufmerksamkeit der Betrachter auf sich. In Athen beauftragte Perikles die Architekten Iktinos und Kallikrates mit dem Bau des Parthenon. Mit dem »Perserschutt« der 480 von den Persern verwüsteten älteren Bauwerke erbaute man die Burgfläche der Akropolis. Unter der Leitung des Atheners Pheidias entstand in 15 Jahren (447–32) aus pentelischem Marmor der Parthenon, ein der jungfräulichen Göttin Athene geweihter Tempel. Pheidias und der Dorer Polyklet traten als Bildhauer hervor, Polygnot von Thasos als Maler. Pheidias schuf Standbilder von Zeus und Athene aus Gold und Elfenbein, Polyklet u.a. den Speerträger (Doryphoros). Polygnot besorgte die monumentale Wandmalerei, von der allerdings nichts im Original erhalten ist. Die im 6. Jahrhundert von Christen, 1456 von Türken durchgeführten Umbauten sowie die Explosion von Pulvervorräten im Tempel (1687) konnten das Werk nicht völlig verderben. 1834 begann man mit seiner Wiederherstellung. Der Architekt Mnesikles baute die neuen Propyläen, Philokles begann 434 mit dem Bau des Erechtheions. Korenhalle und Niketempel vervollständigen das Bild. Etwa zur gleichen Zeit wie der Parthenon-Tempel entstand am Fuß des Felsens einer der besterhaltenen Tempel des Altertums, das Theseion, benannt nach Theseus, dem legendären König von Attika und Gründer der Hauptstadt Athen. Neben diesen bekannten Bauwerken entstanden Theater, Herrscherpaläste und Grabmäler. Im 4. Jahrhundert kamen gelegentlich Rundbauten (Tholoi) vor, und die korinthische Säule konnte sich in Athen neben der dorischen sehen lassen. Im ganzen hatte die Baukunst des 5. Jahrhunderts so Großartiges hervorgebracht, daß sie eine Art schöpferischer Pause nötig hatte. Von der Malerei dieses Zeitraums ist nichts gegenständlich erhalten. Wir müssen uns also mit indirekten Zeugnissen begnügen. Die Malerei stand in Griechenland der Skulptur keineswegs an Bedeutung und Popularität nach. Man zahlte für einzelne Bilder sehr hohe Preise. Naturgetreue Nachahmung bis zur Sinnestäuschung und Freiheit der Beobachtung gaben hier den Ausschlag. Die aristokratische Bewertung, die auch in der Hochschätzung der Theorie durch Aristoteles zum Ausdruck kommt, stellte den Maler als weniger stofflich gebundenen Künstler über den Bildhauer.

Man malte Szenen aus der mythisch-heroischen Zeit wie Theseus und die Amazonen, die Eroberung Trojas oder den Freiermord (Odyssee), aber auch historische Ereignisse wie die Schlacht bei Marathon. Neben Fresken und Vasenmalerei begegnen uns Theater- und Genremalerei, Enkaustik, eine heute nicht mehr bekannte Art, bei der die Farben mit Wachs zubereitet und nach dem Auftragen mit glühenden Stäbchen bearbeitet wurden, Mosaiken und Tafelbilder.

Die eigentliche Domäne der Griechen im Bereich der bildenden Künste war jedoch die Skulptur. Auch hier dominieren zunächst religiöse Motive. Nach einer weitverbreiteten Meinung bestätigt die griechische Skulptur die Maxime des Protagoras: ›Der Mensch ist das Maß aller Dinge‹. Richtiger müßte man aber den Satz mit Platon umkehren, damit er auf die Skulptur zutrifft: ›Nicht irgendein Mensch, sondern Gott ist das Maß aller Dinge‹.[40] Nur in seiner Bestform, nur als Typus, unabhängig vom Einzelnen, Partikulären, Individuellen, konnte das intelligente Lebewesen eine Modellfunktion für die Darstellung der Götter übernehmen. Schönheit, Wahrheit und Güte im Sinn von Trefflichkeit, Vollendung, Bestheit sind für den Griechen untrennbar miteinander verbundene Werte. Ob der Mensch nackt oder im Gewand erscheint, dem ›tausendfachen Echo der Gestalt‹ (Goethe), macht dann keinen wesentlichen Unterschied mehr. Wesentlich sind Klarheit, Harmonie von Ruhe und Bewegung. Natürlichkeit, Gesetzmäßigkeit, Freiheit in der Vollendung. Landschaft und Licht des Südens haben diese Klarheit der Form gefördert. Ebenfalls kam der Übergang vom Erz zu Stein, von der Bronze zum Marmor der griechischen Skulptur zugute, insofern die größere Freiheit bei der Metallbearbeitung manche Anregung für die Steinbearbeitung gab. Dank ihres Sinns für Maß, Mitte und Mäßigung nahmen die griechischen Bildhauer weitgehend vom überdimensionalen Kolossalstil Abstand, wie man ihn im Orient und in Ägypten pflegte. Demgegenüber kristallisierten sich als Merkmale griechischer Plastik heraus: Lebendigkeit, Angemessenheit in Haltung und Gebärde, Typik, Wesenhaftigkeit, Struktur und gleichzeitig Dynamik. Größe wird als Ausdruck sichtbar, nicht durch die Masse. Nicht Prunk und Pracht, sondern Eleganz und Elastizität faszinieren. Vornehmheit stellt sich nicht in Pathos und Pose dar, sondern in Ethos und Verhaltenheit. Myron, Pheidias und Polyklet überzeugten durch Präzision, Wahrhaftigkeit und Gleichgewicht ihrer Figuren. Bei Praxiteles, Skopas und Lysipp veränderte sich die Einstellung. Die Kunst des 4. Jahrhunderts, des beginnenden Hellenismus, hob sich von der Kunst des ausgehenden 5. Jahrhunderts, der hellenischen Hoch- bzw. Spätklassik merklich ab. Gelöstheit, Gelassenheit und spielerische Stoffbeherrschung neben Anmut, Schwermut und Schwerelosigkeit zeichnen diese Kunst aus. »Polyklet«, so soll Lysipp gesagt haben, »stellt die Menschen dar, wie sie sind, ich aber, wie sie zu sein scheinen.« Damit ist der klassische Realismus überwunden. Die platonische Unterscheidung von Sein und Schein hat sich durchgesetzt, Wirklichkeit wird zur Erscheinung, die Welt der Wahrheit trennt sich vom Reich der Illusionen, das wissenschaftliche Zeitalter, die Ära des Aristoteles beginnt. Auf dem Gebiet der Skulptur verbreiten sich Votivtafeln, Grabstelen, Terrakotten und Münzen, also Kleinkunst. Das Schöne löst das Erhabene ab, das Liebliche und Zierliche wieder das Schöne.

»So sehen wir in der Kunst das ganze Leben dieser Zeit in wunderbarem Fluß, der sich zwar senkt, aber in gleichem Maße verbreitet. Das Höchste war erreicht, und alles Höchste kann nur einmalig sein. Mit dem Untergang der hellenischen Freiheit, mit Alexander dem Großen und seiner siegreichen Eroberung der damaligen Welt begann naturgemäß eine ganz neue Einstellung der Geister, eine neue Art, das Leben künstlerisch zu meistern und künstlerisch zu durchtränken. Es gibt keinen Bruch in der Kultur, keine messerscharfen Grenzen; und so auch hier. Aber eine besondere Empfindung war abgelaufen mit den Bedingungen, aus denen sie erwuchs. Die ungeheure Konzentration wird zur welterobernden Expansion, das heimatstarke, gläubige Schaffen wird ›international‹ und aufgeklärt. Das spezifisch Hellenische wird über Alexander und später über Rom europäisch, wozu noch im breitesten Maße die meisten das Mittelmeer begrenzenden Länder treten.«[41]

Wir kommen nun zur Dichtung, dem letzten Teilgebiet griechischer Kunst im Rahmen hellenisch-hellenistischer Kultur. Die älteste Dichtungsgattung ist das Epos. ›Ilias‹ und ›Odyssee‹ sind die ersten literarischen Dokumente des Abendlandes. Ob Homer der Verfasser beider Epen war, ist umstritten. Die moderne Forschung neigt dazu, ihn als Urheber beider Werke anzuerkennen, von kleineren Einschüben abgesehen. Die ›Ilias‹ ist das Gedicht vom Zorn des Achill, die ›Odyssee‹ schildert die Irrfahrten des Odysseus auf seiner Heimreise nach dem trojanischen Krieg. Die Eroberung Trojas selbst kommt in den Gedichten nicht vor. Sie wurde in verlorengegangenen Werken des epischen Zyklus behandelt. Aristoteles, der die ›Ilias‹ und ›Odyssee‹ niemand anderem als Homer zuschreibt, hält ihn für den fähigsten Dichter, da er sowohl die ernste als auch die lustige (›Margites‹) Muse beherrscht habe, wegen der Ökonomie seiner Darstellung und aus vielen anderen Gründen. Homer lebte, wie jetzt allgemein angenommen wird, im 8. Jahrhundert. Die ›Ilias‹, zweifellos sein bedeutendstes Werk, schildert Ereignisse des 12. Jahrhunderts, der Heroenzeit. So heißt denn auch der Hexameter, das Versmaß jener Epen, ›heldisches Maß‹ (metron heroïkon). Es besteht aus sechs Versfüßen (Daktylen) und verleiht dem Vortrag einen ernsten, feierlichen, manchmal erhabenen Charakter. Die ›Ilias‹ liefert ein ungetrübtes Spiegelbild der aristokratischen Gesellschaft auf dem Höhepunkt ihrer Macht. Die ›Odyssee‹ stellt dem geraden, makellosen, göttlichen Heldentyp dieser Glanzzeit, das Achill verkörpert, ein neues Heldenideal gegenüber, den listenreichen, schlauen, nicht immer ganz fairen ›Alleskönner‹ Odysseus, der lange nicht so stark und trefflich ist wie Achill, aber ihn dank seiner Klugheit überlebt, auch wenn er viel leiden muß.

Eine andere Dichtungsgattung, die Lyrik, erzählt nicht von Heldentaten der Vorzeit, sondern bringt die Gefühle der Menschen zum Ausdruck: Freude und Leid, Lust und Schmerz, Heiterkeit, Besinnlichkeit und Trauer. Simonides von Keos (556 – 468) gehört hierher, Bakchylides (505 – 450), ebenfalls von Keos, und der Thebaner Pindar (522 – 442), berühmt durch seine Epinikien, Gedichte auf die Sieger bei den Olympischen und anderen Festspielen. Bakchylides zeichnete sich weniger durch Festgedichte als durch Chorgesänge aus, die Dithyramben, Tanzweisen, die an Götterfesten gesungen wurden.

Eine Art Synthese aus Epik und Lyrik stellte die Tragödie dar, denn sie enthielt erzählende und gesungene Bestandteile, Chorlieder und Berichte, Gespräche, meist Dialoge. Wie aus den volkstümlichen Bocksgesängen (tragos: Bock), der Keimzelle des Dramas, die ernsthafte Tragödie erwuchs, ist allerdings noch ziemlich unklar. Vielleicht geschah dies, als sich die lustige Muse auf die große Vergangenheit besann, auf die unerschöpfliche Fülle griechischer Mythen, die schon Homer für seriösere Zwecke benutzt hatte. Für die Entwicklung in Griechenland ist auch auf diesem Gebiet typisch, daß nicht einmal in der Demokratie der schlechtere Geschmack, das Vulgäre, die Posse oder gar die Zote die Oberhand behielten, sondern das Ethos, Edelmut und Vornehmheit, Wahrhaftigkeit und Größe. So konnte sich gerade in Athen, wo so viele Voraussetzungen erfüllt waren, die Tragödie optimal entwickeln. Als ihr Geburtsjahr gilt das Jahr 534. Damals kam Thespis aus dem Gau Ikaria (Attika) mit einem Chor zu den Dionysien, einem Fest zu Ehren des Gottes Dionysos, nach Athen. Den Sängern der Dithyramben stellte er einen Sprecher gegenüber, wodurch es zu einem Wechsel von Gesangs- und Sprechpartien kam. So entstand der dramatische Dialog. Pratinos aus Phleious (Peloponnes) brachte dann noch Satyrspiele, die in seiner Heimat zu Ehren des Hirtengottes Pan aufgeführt wurden, hinzu, und Phrynichos aus Athen kam auf die Idee, die Eroberung Milets durch die Perser (494) dramatisch darzustellen. Religiöse, politische und künstlerische Momente erscheinen von Anfang an mit dem Phänomen der griechischen Tragödie verknüpft. Sie bestimmen ihr Gesicht bis zum Schluß. Zu Mythos und Musik gesellten sich weitere Bestandteile der tragischen Muse: Mimik, Maske, Theater, Preisverleihung, Choregie und nicht zuletzt ein unersättlich schaulustiges Publikum, das nach drei Tragödien noch ein Satyrspiel sehen konnte. Die Hauptvertreter der erhabenen tragischen Kunst waren die Athener Aischylos (525 – 456), Sophokles (496 – 406) und Euripides (480 – 406) aus Salamis. Zusammen haben sie ungefähr 300 Stücke geschrieben, von denen allerdings nach dem Kanon der Alexandriner nur 32 erhalten sind, aber auch aus den wenigen erhaltenen Stücken ist noch zu ersehen, wie groß die künstlerische Gesamtleistung der drei Tragiker war. 2000 Jahre abendländischer Kultur und Dichtung haben kaum etwas Vergleichbares hervorgebracht. Die Stücke im einzelnen zu würdigen, ist hier nicht möglich. Aristoteles hat in seinem Buch ›Über die Dichtkunst‹, auf das wir noch zurückkommen, auch zur Tragödie Treffliches zu sagen. Von der attischen Tragödie – das deutet bereits jene, von Nietzsche so ganz anders interpretierte Anekdote an, die Euripides und Sokrates zusammenarbeiten läßt –, führt eine unverkennbare geistige Entwicklungslinie zur attischen Philosophie. Bei Euripides verdrängte der Dialog schon weitgehend die Chorlieder. Platon schrieb seine Werke in Dialogform. Hatten religiöse Tradition und politisches Erleben wesentlich zum Aufkommen einer tragischen Weltansicht der Griechen und damit zur Entstehung der tragischen Kunst beigetragen, erscheint in der Philosophie von Sokrates bis Aristoteles jene künstlerische Version der Weltdarstellung ins Begriffliche transponiert. Sokrates, der tragische Held im platonischen Dialog, kämpft gegen die Mächte der Unwahrheit, Ungerechtigkeit und Schlechtigkeit. Aristoteles faßt sokratische Lebensweisheit und platonische Wahrheitserkenntnis zu einer wissenschaftlichen Theorie zusammen, die zwar äußerlich nicht mehr an die Tragödie erinnert, aber zutiefst mit dem Geist Melpomenes verbunden bleibt.

3. *Von Sokrates zu Aristoteles*

Aus der Zeit vor Platon ist uns im Bereich der griechischen Philosophie kein zusammenhängender Text überliefert. Was wir haben, sind Fragmente, also Berichte, Zusammenfassungen oder Zitate späterer Autoren, die natürlich von deren Standpunkten bzw. Auswahlkriterien mitgeprägt sind. Das gilt für Platon, der die Lehren seiner Vorgänger in seine Dialoge einbezogen hat, aber auch für Aristoteles, der sie von seiner eigenen Philosophiekonzeption aus beurteilt. Die chronologischen Angaben des antiken Philosophiehistorikers Diogenes Laërtios (2. Jahrhundert n. Chr.) stützten sich auf Apollodors Chronik (2. Jahrhundert v. Chr.) und die Chronographie des Eratosthenes (3. Jahrhundert v. Chr.). Auch diese Quellen liefern oft nur geschätzte Werte und sind daher für heutige Begriffe sehr ungenau. Von den Vorsokratikern erscheinen uns in diesem Zusammenhang, d. h. im Hinblick auf die Entwicklung der attischen Philosophie, vor allem die älteren ionischen Naturphilosophen erwähnenswert: Thales, Anaximander, Heraklit, die italischen Philosophen Pythagoras, Parmenides, Empedokles sowie Anaxagoras aus Athen und Demokrit von Abdera, das nicht weit von der Heimat des Aristoteles entfernt, in Thrakien, gegenüber der Insel Thasos, lag. Thales (ca. 639 – 562 Milet) gehörte mit Anaximenes (um 550) und anderen zu der Gruppe der sog. Arche-Denker. Sie versuchten, die Mannigfaltigkeit der Erscheinungen auf die vier Elemente Wasser, Erde, Feuer, Luft zu reduzieren und inaugurierten damit eine naturwissenschaftliche Weltbetrachtung, die in der Neuzeit durch die Entdeckung des periodischen Systems der Elemente und der Elementarteilchen ihren Wert bewiesen hat. Wesentlich daran ist das Bemühen, alle Stoffverbindungen auf möglichst wenige Grundstoffe zurückzuführen und die ganze Welt aus diesen Grundstoffen entstanden zu denken. So hielt Thales das Wasser für den Urstoff, aus dem alles entstand. Anaximander (geb. um 610 in Milet) unterschied sich darin von den übrigen Arche-Denkern, daß er nicht ein bestimmtes Element als Ursubstanz ansah, sondern das Unbegrenzte (Apeiron), einen schwer zu fassenden Begriff, in dem religiöse, kosmische, ethische und politische Komponenten enthalten sind.

Einen anderen Weg gingen die Pythagoreer. Sie erklärten die Zahl zum Urgrund aller Dinge und glaubten, in den nach Zahlenverhältnissen geordneten Bewegungen der Himmelskörper die Harmonie der Sphären zu vernehmen. Die Pythagoreer[42] erfanden also, im Gegensatz zur gegenständlichen Welterklärung der alten ionischen Philosophen (Hylozoïsten), zum ersten Mal ein abstraktes Welterklärungsmodell und wurden dadurch zu Vorläufern des modernen mathematisch-naturwissenschaftlichen Weltverständnisses, nicht dagegen als Sekte mit strengen religiösen Vorschriften, z. B. dem

Vegetarismus. Zu den Pythagoreern zählen, außer dem Archegeten Pythagoras (ca. 570–496), Philolaos (um 430), Simmias und Kebes (um 400) sowie Archytas von Tarent (380). Heraklit (um 500) und Parmenides (um 500) waren entgegengesetzter Meinung, was den Grundzustand der Welt betrifft. Parmenides glaubte an das unveränderliche Sein aller Dinge, Heraklit machte sich zum Anwalt der Bewegung. Über diese beiden metaphysischen Grundauffassungen ist die abendländische Physik weder in der Antike noch in Mittelalter und Neuzeit hinausgelangt, wenn auch die moderne Naturwissenschaft durch weitgehende mathematische Analyse der Bewegung eine Brücke zwischen der pythagoreischen und der heraklitischen Weltbetrachtung geschlagen hat. Empedokles (geb. in Agrigent) nimmt in verschiedener Hinsicht eine vermittelnde Stellung ein, einmal zwischen Parmenides und Heraklit, dann auch zwischen den Materialisten und denen, die zu einer seelisch-geistigen Welterklärung neigten. Letztere nahmen neben den Grundstoffen auch Grundkräfte an. Mit seiner psychologisierenden Lehre von Liebe und Haß als weltbewegenden Kräften näherte sich Empedokles (ca. 490–430) einer psychologischen Grundauffassung des Weltgeschehens. Anaxagoras (500–428) ging auf diesem Weg sogar noch einen Schritt weiter, indem er den Geist (Nous) als weltbewegendes Prinzip einführte, nur daß er den Nous nicht, wie später Platon und Aristoteles, rein geistig verstand, sondern als eine Art Stoff. Insofern nimmt auch Anaxagoras eine Mittelstellung zwischen den materialistischen und den idealistisch-noetischen Welterklärungen ein. Von den jüngeren vorsokratischen Naturphilosophen vertrat einzig Demokrit (460–361) eine konsequente materialistische Grundauffassung, sofern er das gesamte Welt- und Lebensgeschehen auf letzte kleine Teile, die Atome und deren Bewegungen, reduzierte. Platon, sein idealistischer Antipode, hat ihn vielleicht aus diesem Grund nie namentlich erwähnt.
In der griechischen Naturphilosophie vor Sokrates finden wir also zwei grundsätzlich verschiedene Welterklärungsmodelle: das pythagoreisch-numerische und das demokritisch-atomistische, das mathematische und das materialistische. In anderer Hinsicht erhalten wir eine Reihe zunehmend abstrakter Varianten der Grundpositionen, von der primitiven, grob-materialistischen Version der älteren Ioner, die von den Stoffen ausgingen, zu Parmenides und Heraklit, die ihre Hauptaufmerksamkeit nicht mehr auf die vier Grundstoffe richteten, vielmehr auf deren Grundzustände Sein und Bewegung, dann zur psychologisierenden Erklärung des Empedokles, die neben den Stoffen auch Kräfte gelten ließ, und schließ-

lich zur subtilen Nous-Theorie des Anaxagoras, die allerdings nach der übereinstimmenden Meinung von Platon und Aristoteles an dem Mangel litt, daß sie den Geist nach Art der Stoffe vorstellte. Anaxagoras lehrte die unendliche Teilbarkeit der Stoffe, die er sich nicht, wie Demokrit, aus kleinsten qualitativ einfachen Atomen zusammengesetzt dachte, sondern aus zusammengesetzten Substanzen (Homoiomeren), in denen wieder ähnliche Teile enthalten waren. Nach ihm war »alles in allem« vorhanden. Zwischen den Auffassungen Demokrits und der Pythagoreer einerseits sowie Platon andererseits liegt ein beträchtlicher Abstand.

Diese Kluft zwischen Ionern und Attikern überbrückt niemand anders als Sokrates, vielleicht die rätselhafteste Erscheinung des Altertums. Aber auch Sokrates hatte seine Vorgänger. Sein seltsames Tun läßt sich nur auf dem Hintergrund der Sophistik verstehen. Zunächst also die Frage: Wer waren die Sophisten? Nicht zuletzt durch die Sokratiker, zu denen auch Platon zählte, sind die Sophisten als Vertreter unseriöser Praktiken in Verruf geraten: sie bieten ihre Lehren gleich Waren für teures Geld an, ohne wirklich etwas von dem zu verstehen, worüber sie sprechen. Sprechen aber mögen sie über alles. Sie benutzen die Sprache, um aus schwarz weiß zu machen, verdrehen also den Sinn der Worte und dienen damit der Unwahrheit, Verstellung, Lüge, dem Betrug und Verbrechen. Dieses Urteil war vernichtend und hat gewirkt. Die geistesgeschichtliche Bewegung der Sophistik blieb auf das Altertum beschränkt, was nicht heißt, daß das Unwesen der Sophisten für alle Zeit beseitigt war. Als historisch klar umrissenes Phänomen ist jedoch die Sophistik dank der Kritik der Sokratiker aus der Kulturlandschaft verschwunden. Das ist eine weltgeschichtliche Leistung der Sokratiker, eine Tatsache, an der es nichts zu rütteln gibt.

Über die Bewertung kann man verschiedener Meinung sein. So hat in der 2. Hälfte des 19. Jahrhunderts Friedrich Nietzsche gegen das negative Bild der Sophistik rebelliert. Er ging noch weiter als Hegel, der Sokrates als Sophisten verstand, und erklärte Sokrates nicht nur zum Mörder der Tragödie, sondern auch zum Prototyp des theoretischen Menschen, der die Errungenschaften der Sophistik verdrängte. Nietzsche plädierte demzufolge für eine Wiederbelebung sophistischer Argumentationskunst und lieferte in seinen Schriften Musterbeispiele dafür. Nietzsches Rehabilitierungsversuch der Sophisten hatte jedoch nicht den gewünschten Erfolg. Auch heute erweist sich die Wissenschaft, im Bunde mit der Technik, noch als die überlegene Kraft sowohl in der Gestaltung menschlicher Verhältnisse als auch in der Erklärung der Welt. Die Sophisten behaupteten, daß zwischen Natur und Gesellschaft, Natur und Gesetz, Natur und Moral, ein fundamentaler Gegensatz bestehe. Dabei entfernte sich sowohl ihr Natur- als auch ihr Gesetzesbegriff immer weiter von seinem Ursprung. Ihre Sprech- und Denkweise wurde zusehends vager, gegenstandsloser, nichtssagender. Dieser Vorgang der Sprachverderbnis ist jedoch nicht isoliert zu betrachten und muß als Ausdruck eines allgemeinen Verfalls der Poliskultur, wie wir ihn an der Wende vom 5. zum 4. Jahrhundert einsetzen sahen, verstanden werden. Krieg, wirtschaftliche Not, gesellschaftliche Nivellierung bzw. Erstarrung sowie Erlahmen der künstlerisch-schöpferischen Kräfte sind der Wurzelboden, auf dem eine Erscheinung wie die der Sophistik gedeihen konnte. Sokrates versuchte nun, den Kampf mit den Kräften der Zerstörung aufzunehmen und – unterlag. Das macht ihn zum tragischen Helden, als der er in Platons Dialogen fortlebt. Soweit deckt sich die Gestalt des historischen Sokrates mit dem platonischen, aber nur so weit. In den Einzelheiten, in der Ausgestaltung seiner Persönlichkeit und Tätigkeit ist Platon eigene Wege gegangen, was dem Künstler niemand verwehren kann. Aristoteles berichtet über die Tätigkeit des Sokrates, den er natürlich nur vom Hörensagen kannte:

»Sokrates befaßte sich nicht mit der Natur insgesamt, sondern mit ethischen Problemen. Er suchte das Allgemeine und versuchte auch, Definitionen aufzustellen. Platon folgte ihm darin, meinte aber, daß sich Definitionen auf etwas anderes als sinnlich Wahrnehmbares bezögen, denn es sei unmöglich, eine allgemeine Bestimmung von Sinnendingen zu geben, da sie sich ständig veränderten. Er nannte daher solche nicht wahrnehmbaren Gegenstände Ideen.«[43]

Aristoteles zeigt in dieser Darlegung Ähnlichkeiten bzw. Übereinstimmungen und Unterschiede zwischen Sokrates und Platon auf. Gemeinsam ist ihnen die Ausrichtung auf das Allgemeine. Bei Platon kommen als Novum die Ideen hinzu. Die Ideen gehören nicht zu den wahrnehmbaren Gegenständen. Ideen und Wahrnehmungen verhalten sich wie unveränderliches und veränderliches Sein zueinander. Was unterscheidet indessen Sokrates von seinen Vorgängern? Die Abwendung von der Naturphilosophie und die Hinwendung zur Ethik, mithin zur Philosophie der Gesellschaft oder des menschlichen Zusammenlebens, war ihm mit den Sophisten gemeinsam, der Ernst seiner Bemühungen dagegen mit den älteren Denkern. Neu war bei ihm der Versuch – denn er formulierte keine Ergebnisse und stellte auch keine Theorien auf –, ein

Medium der Konstanz von Worten und Verhalten zu erzeugen, in dem Menschen einander verstehen, in dem sie miteinander leben und handeln können, und damit der Gesellschaft jenen Halt wiederzugeben, den sie beim Verfall ihrer Sprache, ihrer Bindungen und Verhaltensnormen verloren hatte. Sokrates erweist sich daher als Sozialreformer im letzten und tiefsten Sinn der Erneuerung menschlicher Verantwortlichkeit. Seine Hoffnung auf eine Wiedergeburt der griechischen Polis mit ihrem Leben, ihren Denk- und Wertmaßstäben erfüllte sich zwar nicht, aber er fand in Platon einen Gefährten, der sein Werk begriffen hatte, fortzusetzen bereit war und auch die geistigen, gesellschaftlichen, politischen und wirtschaftlichen Voraussetzungen für den Beginn eines solchen Vorhabens mitbrachte.

Es war vom historischen und platonischen Sokrates die Rede. Die neuere Forschung hat die Frage, wer Sokrates wirklich war, immer wieder gestellt. Die einen glaubten, daß Platon in seinen Dialogen die von Sokrates tatsächlich gehaltenen Erörterungen aufgezeichnet hat, also nach Art eines Reports den historischen Sokrates zu Wort kommen ließ. Andere wieder meinten, der platonische Sokrates habe mit dem historischen, von dem man nur wisse, daß er 399 den Giftbecher trank, so gut wie nichts zu tun. Sokrates war danach nur eine Erfindung des Dichters Platon, ein Sprachrohr seiner Meinungen und Theorien. Beide Meinungsextreme dürften die Wirklichkeit verfehlen. Außerdem wäre wenig damit gedient, nur den historischen Sokrates kennenzulernen, denn der würde kaum die Wirkung erklären, welche die Sokratesgestalt in der abendländischen Kultur gehabt hat. Wäre der platonische Sokrates hingegen lediglich ein Produkt dichterischer Freiheit, forderte man mit Recht eine Erklärung dafür, warum Platon die Hauptfigur seiner Dialoge so und nicht anders dargestellt hat. Auch die alle Unterschiede verwischende Redeweise von der sokratisch-platonischen Philosophie nützt wenig. Das Kernproblem ist die Frage, weshalb Sokrates, von dem nichts Geschriebenes erhalten ist, und dessen Leben keinerlei auffällige Züge erkennen läßt, eine so ungeheure geschichtliche Wirkung haben konnte. Kein anderer als Nietzsche, ein leidenschaftlicher Gegner des Sokrates, hat dessen Wirkung wie folgt beschrieben:

»Wer sich einmal anschaulich macht, wie nach Sokrates, dem Mystagogen der Wissenschaft, eine Philosophenschule nach der anderen wie Welle auf Welle sich ablöst, wie eine nie geahnte Universalität der Wissensgier in dem weitesten Bereich der gebildeten Welt und als eigentliche Aufgabe für jeden höher Befähigten die Wissenschaft auf die hohe See führte, von der sie niemals seitdem

wieder völlig vertrieben werden konnte, wie durch diese Universalität erst ein gemeinsames Netz des Gedankens über den gesamten Erdball, ja mit Ausblicken über die Gesetzlichkeit eines ganzen Sonnensystems, gespannt wurde; wer dies alles, samt der erstaunlich hohen Wissenspyramide der Gegenwart, sich vergegenwärtigt, der kann sich nicht entbrechen, in Sokrates den einen Wendepunkt und Wirbel der sogenannten Weltgeschichte zu sehen.«[44]
Sokrates, der Sohn eines Bildhauers, stammte nach griechischen Begriffen aus der unteren Bevölkerungsschicht, übte selbst eine Zeitlang den Beruf seines Vaters aus, gab dann aber aus ungeklärten Gründen diese Tätigkeit auf und führte, im Besitz eines kleinen ererbten Vermögens, ein ungeregeltes Leben auf dem Markt, in den Straßen und Gymnasien von Athen. Durch seine fortwährenden Fragen nach dem Sinn ihrer Tätigkeit brachte Sokrates so manchen rechtschaffenen Bürger in Verlegenheit, weigerte sich aber, im Gegensatz zu den Sophisten, Geld für seine Tätigkeit zu nehmen, ein häßlicher Mensch noch dazu und für viele ein Ärgernis: dieser Sokrates soll der eine »Wendepunkt und Wirbel der sogenannten Weltgeschichte« gewesen sein?
Wie sahen ihn andere griechische Autoren, wie sah ihn der Komödiendichter Aristophanes (ca. 452–388), wie sah ihn der ›Soldat‹ und Historiograph Xenophon (ca. 431–354)? Aristophanes stellte Sokrates, im Gegensatz zu Aristoteles, als Naturforscher dar, als einen seltsamen Kauz, der in seiner »Denkanstalt« (phrontisterion) die Geheimnisse der Natur zu enträtseln sucht oder lustwandelt, einen Erzsophisten, der die jungen Leute verunsichert und ›Gut‹ und ›Böse‹ verdreht. Dieser Darstellung steht nicht nur das ausdrückliche Zeugnis des Aristoteles gegenüber, Sokrates habe sich überhaupt nicht mit Naturforschung befaßt, sondern auch die Unvereinbarkeit der Konzeptionen des Naturforschers und des Wanderlehrers Sokrates. Offensichtlich hat Aristophanes beide Typen nicht leiden können und sie recht bühnenwirksam zu einer Figur, seinem Sokrates, zusammengezogen. Einzelheiten, die Aristophanes und andere Komödiendichter wie Ameipsias und Eupolis erwähnen, in deren Stücken Sokrates steif und tolpatschig erscheint, als er sich vergeblich bemüht, das Tanzen zu lernen, oder als Dieb, der eine silberne Schale stiehlt, stammen offensichtlich aus dem allgemeinen Komiker-Repertoire.
Obwohl keines dieser Sokrates-Bilder ernsthafte Verfehlungen des Dargestellten enthielt oder gar aufdeckte, hat doch wohl alles dies zusammen seinen Teil zur Diffamierung des Sokrates beigetragen, ebenso wie der Strauß von Anekdoten über das Verhältnis des Sokrates zu seiner Frau Xanthippe ihn als Ehetrottel durch die

Jahrhunderte abgestempelt hat. Man wird weder behaupten wollen, daß Sokrates, wenn er nur ein Steifschoß, Dieb oder ungeschickter Ehemann gewesen wäre, mit Recht zum Tode verurteilt wurde noch daß er die Bedeutung in der Geschichte gewonnen hätte, die er tatsächlich erlangte. Die Komödiendichter haben – das ist ihr gutes Recht – nicht Sokrates wie er war dargestellt, sondern Karikaturen von ihm geliefert. So wenig Sokrates ein Naturforscher, Sophist oder Dieb war, war er ein Hellseher oder einfältiger Spießer, wie ihn Xenophon, nicht zuletzt aus apologetischen Gründen, verharmlosend darstellte. Xenophon war fest von der Unschuld und Tugendhaftigkeit des Sokrates überzeugt. Er selbst hatte sich bei ihm vor wichtigen Entscheidungen Rat geholt, und immer hatte die göttliche Stimme des Sokrates (daimonion) recht behalten. Für Xenophon war es absurd, einen so braven und noch dazu mit seherischen Gaben ausgestatteten Menschen wie Sokrates zum Tode zu verurteilen. Er haßte die Athener deswegen und zog auf Abenteuer aus, die er auch reichlich erlebte und tapfer bestand. Die Spartaner schenkten ihm später ein Landgut, wo er in Ruhe Bücher schreiben und seinen aristokratischen Neigungen nachgehen konnte. Es ist nicht zu verkennen, daß das Sokrates-Bild Xenophons in wesentlichen Punkten ein Selbstportrait ist, eines etwas naiven, braven und biederen Zeitgenossen, der die Hintergründe sokratischer Existenz gar nicht ahnte und weder den Sinn seiner Fragen noch die Tragik seines Schicksals erfaßte.
Es bleibt also Platon übrig, der berühmteste ›Schüler‹ des Sokrates. Platon hat Sokrates an mehreren Stellen seiner Werke ausführlich vorgestellt, zunächst in den frühen Dialogen ›Euthyphron‹, ›Apologie‹, ›Kriton‹, dann auch in den Schlußteilen der mittleren Dialoge ›Phaidon‹ und ›Symposion‹. Die drei erstgenannten Schriften gruppieren sich um den Sokrates-Prozeß. Im ›Euthyphron‹ unterhält sich Sokrates mit einem Vertreter der traditionellen Religion, nach dem der Dialog benannt ist, über Frömmigkeit. Es stellt sich heraus, daß dieser »Pfaffe« keine Ahnung von dem hat, worüber er redet, aber er versteht es, im Gegensatz zu Sokrates, sich durch Anpassung an die bestehenden Verhältnisse der Kritik oder gar der Verfolgung zu entziehen. Im Hinblick auf mögliche Feinde plädiert er für die Anwendung der gleichen schmutzigen Methoden der Verleumdung, welche jene anwenden. Sokrates lehnt solche Methoden ab, wodurch er sich gefährlich exponiert.
In der ›Apologie‹ erfahren wir etwas über Anklage und Ankläger des Sokrates, aber auch einige historische Tatsachen aus seinem Leben. Die Verteidigungsschrift als solche ist ein literarisches Werk Platons. Ein Ankläger, Meletos, war ein ziemlich schlechter Dich-

ter, den Aristophanes verspottete. Er soll Tischlieder (Skolien), Tragödien sowie Gedichte mit erotischem Inhalt geschrieben haben und, bald nach dem Tod seines Opfers Sokrates, selbst zum Tode verurteilt worden sein. Über den zweiten Ankläger, Lykon, wissen wir wenig. Er vertrat bei der Anklage die Gruppe der Redner. Sokrates hatte zeitlebens gegen Sophisten und Rhetoren gekämpft. Kein Wunder also, daß sie sich nicht die Gelegenheit entgehen ließen, diesen unbequemen Gegner zur Strecke zu bringen. Anytos, ein Gerbereibesitzer, vertrat die ›kleinbürgerliche‹ Opposition gegen den ›Intellektuellen‹ Sokrates, in dem er nur, wie Hegel später, einen Erzsophisten sah, und er haßte alle, die ihn an Intellekt übertrafen. Was ihn besonders gegen Sokrates einnahm, war der Rat, den dieser ihm im Hinblick auf die Erziehung seines Sohnes gegeben hatte. Der Sohn war an einer höheren Bildung interessiert. Sokrates verstand das und unterstützte seinen Wunsch beim Vater. Der aber wollte nichts davon wissen und verschloß seinem Sohn den selbst gewählten Bildungsweg. Darauf verfiel der Sohn der Trunksucht und nahm ein schlimmes Ende. Anytos sah natürlich nicht in sich den Schuldigen am Schicksal seines Sohnes, sondern in Sokrates, den er als Verführer der Jugend brandmarkte. Entsprechend lautete die offizielle Anklage gegen Sokrates auf Verführung der Jugend und Gottlosigkeit, da er nicht an die Götter der Stadt glaube.

Gerade weil die Anklagepunkte so allgemein waren, wurden sie Sokrates gefährlich. Gegen Verleumdungen und verleumderische Vorwürfe dieser Art hat jeder, der die Wahrheit liebt, einen schweren Stand, denn sie lassen sich nicht so einfach widerlegen. Sokrates liebte die Wahrheit und berief sich auf Tatsachen: seine Weigerung, unter der Herrschaft der Oligarchen (404) Leon von Salamis, einen Demokraten, mitzuverhaften. Die Oligarchen wollten ihn auf diese Weise in ihre Verbrechen an politischen Gegnern verstricken. Sokrates hatte abgelehnt, und wäre die Regierung der ›Dreißig‹ nicht kurz darauf gestürzt, hätte er wohl schon einige Jahre früher den Becher nehmen müsen. Sokrates wies ferner auf seine Rolle beim Arginusenprozeß (406) hin. Die Athener hatten bei den Arginusen-Inseln, am Südeingang des Lesbischen Sundes, die Spartaner in einer Seeschlacht besiegt, aber hohe Verluste an Menschen erlitten. Die Volksversammlung machte den verantwortlichen Offizieren den Prozeß und verurteilte sie überstürzt zum Tode, weil sie die Schiffbrüchigen nicht gerettet hatten. In Wirklichkeit hatte hoher Seegang die Rettungsaktion unmöglich gemacht. Sokrates, damals Prytan, stimmte als einziger gegen die Verurteilung, die er für ungerechtfertigt und unmenschlich hielt. Was seine Fragen an die Bürger betraf, die man ihm so übel nahm, konnte sich Sokrates sogar auf einen Bescheid des Gottes von Delphi berufen, wohin Chairephon, einer seiner Schüler, gegangen war und eine für Sokrates ermutigende Antwort des Gottes erhalten hatte. Selbst dieser Hinweis auf das Orakel des Delphischen Apollon (Chairephon-Orakel) rettete ihn nicht vor dem Schuldspruch. Als Sokrates dann noch sagte, er sei sich keiner Schuld bewußt, habe nur seine, von Gott ihm aufgetragene Pflicht getan und deshalb eher verdient, wie die Sieger bei den Olympischen Spielen, auf Staatskosten gespeist zu werden, empfand die Mehrzahl der Abstimmungsberechtigten das als eine Frechheit und verhängte die Todesstrafe, die Sokrates gelassen entgegennahm.

Im Dialog ›Kriton‹, so stellt es Platon dar, machte ein Freund des Sokrates, nach dem der Dialog benannt ist, ihm den Vorschlag, aus dem Gefängnis zu flüchten. Er, Kriton, habe alles vorbereitet, und Sokrates brauche nur mitzukommen. Für einen sorgenfreien Aufenthalt im Ausland sei gesorgt. Sokrates lehnte das gutgemeinte Angebot seines Freundes mit der Begründung ab, daß er sich widerspreche, wenn er zeitlebens gelehrt habe, man müsse den Gesetzen gehorchen, und jetzt vor einem legalen Richterbeschluß davonlaufe. Außerdem sei er siebzig Jahre alt und mache sich lächerlich, wenn er mehr am Leben hänge als an der Bürgertugend, für die er sich stets eingesetzt habe. Nietzsche machte daraus, Sokrates habe bei den athenischen Richtern sein Todesurteil durchgesetzt, weil er lebensmüde gewesen sei. Im Schlußteil des ›Phaidon‹ erfahren wir etwas über die letzten Stunden des Sokrates, bevor er den Schierlingsbecher trank. Phaidon, nach dem der Dialog betitelt ist, war, wie Kriton, ein Freund des Sokrates, der bis zum Ende bei ihm aushielt. Platon selbst war krank, als Sokrates starb, und daher nicht anwesend. Im ›Phaidon‹ wird aus Sokrates, den seine Freunde, so gut sie es vermochten, trösten wollten, ein Tröster, denn nicht er hat vor seinem bevorstehenden Tod Angst, sondern die Anwesenden, die weiterleben dürfen, müssen, fürchten den Tod. Ob Sokrates an die Unsterblichkeit der Seele glaubte, läßt sich nicht mit Sicherheit sagen, denn Platons Aussagen darüber, einmal in der ›Apologie‹, sodann im ›Phaidon‹, stimmen nicht völlig überein. Wahrscheinlich hat Sokrates dem Tod illusionslos entgegengesehen, jenseits von Furcht und Hoffnung, wie es sein Standpunkt des Nichtwissens forderte.

Im letzten Teil den ›Gastmahls‹ (›Symposions‹) geht Platon auf das Verhältnis des Sokrates zu dem athenischen Politiker Alkibiades ein. Man vermutete wohl eine homosexuelle Beziehung hinter der Freundschaft dieser beiden Männer. Alkibiades, anfangs ein begeisterter Anhänger des Sokrates, entfernte sich, je mehr er politisch Erfolg hatte, von der Person und den Lehren seines älteren Freundes. Er überredete die Athener zur Sizilischen Expedition, die ein Fiasko wurde. Wegen religiösen Frevels in seiner Heimatstadt angeklagt, flüchtete Alkibiades nach Sparta, arbeitete mit den Gegnern zusammen und gab ihnen Ratschläge, wie man Athen in die Knie zwingen könne. Als es für eine Wendung ihres Schicksals zu spät war, holten die Athener Alkibiades ehrenvoll zurück. Auch er vermochte den Zusammenbruch seiner Vaterstadt nicht mehr abzuwenden. Aus Angst vor einem Prozeß flüchtete er zu den Persern, die dem Verräter ein schimpfliches Ende bereitet haben sollen. Das also war das Ende eines ehemaligen Sokrates-Schülers. Sprach dies nicht gegen den Lehrer? Im ›Gastmahl‹ legte Platon offen dar, was sich abgespielt bzw. nicht abgespielt hatte. Von all dem Gerede und den Verleumdungen der Gegner des Sokrates bleibt nichts übrig. Die Tatsachen sprechen für sich: eine homosexuelle Beziehung zwischen Sokrates und Alkibiades hat es nie gegeben, denn Sokrates widerstand den wiederholten Angeboten des verführerischen jungen Mannes. Homosexuelle Beziehungen, das muß hier gesagt werden, waren im Altertum durchaus keine Seltenheit und zeitweise sogar die Regel.

Schließlich vergleicht Platon im Dialog ›Theaetet‹, benannt nach einem begabten Mathematiker, einem Freund Platons und Mitglied der Platonischen Akademie, der aber in einem Feldzug der Athener gegen die Thebaner (369) schwer verwundet wurde und an den Folgen der Verwundung bald darauf starb, im ›Theaetet‹ also vergleicht Platon die Fragetechnik des Sokrates mit der Hebammenkunst. Sokrates war es nicht gegeben, selbst Bücher zu schreiben, Theorien aufzustellen, Wahrheiten zu ›gebären‹, aber er verstand es, bei der Entstehung neuer Gedanken und Erkenntnisse wertvolle Hilfsdienste zu leisten. Als Sohn einer Hebamme brachte er die im Geist Schwangeren dazu, ihre Ideen zu gebären. Soviel zum Leben und zur Persönlichkeit des Sokrates!

Fassen wir das wenige zusammen, was die zuverlässigen Quellen enthalten, läßt sich sagen: Sokrates war ein Mann aus dem einfachen Volk, rechtschaffen, freundlich, tapfer und nicht ohne Zivilcourage, von Natur aus ein Sucher, der jedoch in der korrupten Gesellschaft seiner Zeit keinen rechten Platz fand. Er diagnostizierte den Verfall der Sprache, der Sitten und Gesetze. Sein Versuch, die Menschen durch geschickte Fragen wieder zu sich selbst zu bringen, sie auf den Sinn ihres Lebens aufmerksam zu machen und sie zu veranlassen, das Wesentliche vom Unwesentlichen zu unterscheiden, blieb in Athen ohne Ergebnis. Insofern scheiterte Sokrates. Indem er aber einen Schülerkreis fand, vor allem Platon, den er zu außergewöhnlichen geistigen Leistungen anregte, half er, die Grundlagen für eine zeitlose Kultur der Wahrheit, Wahrhaftigkeit und Menschlichkeit zu legen. Sokrates, der in seiner eigenen Existenz wenig vom Schönheitsideal der Griechen verkörperte, entdeckte, daß Schönheit ohne Tugend nichts taugt, Worte ohne Wahrheitsgehalt mehr schaden als nützen und Macht ohne Recht jede Gesellschaft korrumpiert. Eine Gesellschaft aber ist dann korrupt, wenn sie, wie im Fall des Sokrates, ehrlichen und wahrheitsliebenden Menschen keine echte Lebenschance, keine Möglichkeit zur Selbstverwirklichung mehr läßt. Zu dieser Einsicht waren Platon, Xenophon und andere Sokratiker im Hinblick auf die athenische Gesellschaft an der Wende vom 5. zum 4. Jahrhundert gelangt.

Damit kommen wir zu Platon und seinem Werk, soweit wir es, als Quelle für Sokrates, nicht schon behandelt haben. Zu den frühen Dialogen Platons zählen im allgemeinen ›Ion‹, ›Hippias Minor‹, ›Laches‹, ›Lysis‹, ›Charmides‹, ›Protagoras‹, ›Euthydemos‹ und ›Kratylos‹. Kratylos war ein Herakliteer, der sich mit Sprach-Theorie befaßt hatte. Ist die Sprache ein Abbild der Dinge oder beruht sie auf Konvention? Der Dialog läßt den Prozeß des Sprachverfalls erkennen und kommt zu keinem eindeutigen Ergebnis. Euthydemos, ein Zeitgenosse des Sokrates, vertritt die Eristik. Die Eristiker waren Sophisten, und zwar Virtuosen im Streitgespräch. Platon stellt dieser Kunst, die sich in Spitzfindigkeiten erschöpft, die Philosophie, wie Sokrates sie betrieb, gegenüber. Hippias von Elis, auch ein Zeitgenosse des Sokrates, war ein berühmter Sophist, ein Gedächtniskünstler und Vielwisser, der vorgab, jede ihm gestellte Frage in beliebiger Zeit beantworten zu können, aber das scheint ihm in der Diskussion mit Sokrates nicht viel genützt zu haben. Im ›Hippias Minor‹ führt Sokrates nämlich die Theorie der Sophisten anhand ihrer Konsequenzen ad absurdum. Eine davon war, daß der, welcher wissentlich fehlt, besser ist als der, welcher unwissentlich fehlt. Der Dialog endet, wie alle frühen Werke, in einer Aporie, also ausweg- bzw. ergebnislos. Im ›Protagoras‹ geht es um ein zentrales Thema der damaligen Erziehungstheorie: Ist die Tugend lehrbar? Sokrates und sein Gegner, der Sophist Protagoras, haben am Ende der Diskussion ihre Standpunkte vertauscht. Der Dialog ist ein Kabinettstück der Disputierkunst und zeigt die heillose Verwirrung der Begriffe in der damaligen Gesellschaft. Im ›Ion‹ nimmt Platon die Rhapsoden oder Vortragskünstler aufs Korn. Ihre Tätigkeit deckte sich nicht völlig mit der der Sophisten, wenn auch manche Sophisten als ›Interpreten‹ auftraten. Ion, mehr Schauspieler als Künstler, läßt die Gefahren suggestiver Beeinflussung des Bewußtseins, wie sie im Gefolge derartiger Darbietungen geschah, erkennen. Der ›Ion‹ war vielleicht die erste Schrift Platons überhaupt. Im ›Laches‹ und ›Charmides‹ erörtert Platon die beiden unteren der vier klassischen griechischen Tugenden, Tapferkeit und Besonnenheit oder Selbstbeherrschung. Die beiden höheren Tugenden sind Gerechtigkeit und Weisheit. Die Gerechtigkeit ist Thema des ›Staates‹, und die Weisheit behandelt Platon implizit in fast allen Dialogen. Der Dialog ›Lysis‹ enthält eine Debatte über Liebe und Freundschaft (philia). Laches, ein bekannter ahtenischer Feldherr, fragt Sokrates um Rat wegen der Erziehung seiner Kinder. Charmides, ein Verwandter Platons, der besonders gut ausgesehen und sich durch sehr gutes Benehmen ausgezeichnet haben soll, also ein Prototyp des Schönen-und-Guten (kaloskagathos), vermag seine Ansichten über die Tugend nicht zu begründen, ebensowenig Lysis, der die Knabenliebe pflegt, aber nichts Treffendes über die Liebe zu sagen weiß. ›Gorgias‹ und ›Menon‹ gelten als Dialoge der Übergangszeit von der frühen zur mittleren Schaffensperiode Platons. Im ›Gorgias‹ läßt Platon drei Vertreter der Rhetorik mit Sokrates diskutieren, Gorgias von Leontinoi, der 428 Athen besuchte und dort Vorträge hielt, als gemäßigten Vertreter der älteren Generation, Polos, einen Schüler des Gorgias, der sich ziemlich erregt mit Chairephon, einem Schüler des Sokrates, unterhält, und Kallikles, einen radikalen Vertreter der Rhetorik, der lautstark das Recht des Stärkeren verkündet. Den visionären Schlußteil bildet ein Mythos, der dort, wo kein sicheres Wissen mehr möglich ist, das Wahrscheinliche einführt. Der Triumph der Gewalt wird im Mythos sub specie aeternitatis oder angesichts der Ewigkeit in Frage gestellt. Der ›Menon‹ leitet insofern von den frühen zu den mittleren Werken über, als er das sokratische Thema der Tugend mit psychologischen Erkenntnissen der Pythagoreer zu verbinden sucht und so die Grundlage für die Ideenlehre legt, die vor allem in den Dialogen ›Phaidon‹, ›Symposion‹ und im ›Staat‹ entwickelt wird. Menon war ein anderer Schüler des Gorgias und stammte aus Thessalien, Phaidon war ein Philosoph aus Elis. ›Phaidon‹ und ›Symposion‹ verhalten sich komplementär zueinander. Der eine Dialog, der, wie schon gesagt, am Schluß über die letzten Stunden des Sokrates berichtet, handelt vom Tod, der andere, der aus locker zusammengefügten Lobreden auf den Eros besteht und das bereits erwähnte Verhältnis von Sokrates zu Alkibiades klarlegt, befaßt sich mit der Liebe.

Blicken wir auf die literarische Tätigkeit Platons vor dem ›Staat‹

zurück, können wir festhalten, daß alle Themen, die in der damaligen Gesellschaft aktuell waren, zur Sprache kommen: Sprachtheorie, Interpretationskunst, Sophistik, Eristik und Rhetorik, Tugend und Untugend, Wahrheit, Schönheit, Bestheit sowie Leben, Liebe und Tod. Bezeichnend für die Thematik der frühen Schriften und die der Übergangsperiode ist das fast völlige Fehlen naturphilosophischer Erörterungen. Platon stand noch zu tief unter dem Eindruck, den Sokrates auf ihn gemacht hatte. Sokrates aber hatte sich nicht mit naturwissenschaftlichen Problemen befaßt. Sein Denken war auf praktische Fragen der Erziehung, Ethik, Politik und Gesellschaft ausgerichtet. Bis zum ›Staat‹ einschließlich ist Platon seinem Lehrer in dieser Grundorientierung gefolgt. Wesentlich für das Verständnis platonischen Philosophierens ist auch die Tatsache, daß seine Dialoge nicht bloße Erfindungen, Produkte dichterischer Freiheit sind, sondern, wie schon die Titel der Gespräche zeigen, unzertrennlich mit der politischen und gesellschaftlichen Wirklichkeit verbunden bleiben. Hinter fast allen Namen stehen zentrale Persönlichkeiten der griechischen Kulturgeschichte, die wirklich gelebt und zum Teil Erstaunliches geleistet haben. Ebenso wie mit den Personen bleibt die Philosophie Platons mit den Tatsachen, Gegenständen und Problemen verbunden. Es gibt kein einziges Detail darin, das zu behandeln nicht von der Sache her berechtigt und nötig ist.

Der ›Staat‹ faßt nun die gesamte Thematik der vorhergehenden Dialoge in einer monumentalen Synthese zusammen, die wir hier im einzelnen nicht erörtern wollen und können. Beschränken wir uns also auf das Allerwichtigste und für die Philosophie des Aristoteles Bedeutsame: im ›Staat‹ legte Platon zum ersten Mal seine Ideenlehre in relativ geschlossener Form dar. An der Spitze der Ideen-Hierarchie steht die Idee des Guten. Im Mittelpunkt der Tugendlehre steht die Frage nach der Gerechtigkeit, die ethische, politische, pädagogische, psychologische und soziologische Dimensionen umfaßt. Das Höhlengleichnis bündelt diese Mannigfaltigkeit der Aspekte gleichsam und verdichtet sie zu einer einzigartigen Vision. In der Einteilung der Gesellschaft folgte Platon, wie angedeutet, weitgehend solonisch-kleisthenischen Prinzipien, bezog aber auch, wie das von Aristoteles kritisierte Beispiel der Frauen- und Kindergemeinschaft zeigt, Bestandteile dorischer ›Gesellschaftssysteme‹ in seinen Entwurf ein. In der Einteilung der Seele in Bereiche oder Schichten ging, wie wir noch sehen werden, Aristoteles andere Wege als Platon, der drei Hauptteile unterscheidet, den begehrlichen, mutigen und vernünftigen Teil. Die klassische Lehre der Aufklärung hat sich mit der Dreiteilung Gefühl,

Wille, Verstand wieder mehr Platon angeschlossen. In der Ethik und Politik wird dagegen bei Aristoteles der Einfluß Platons fast überall deutlich. Zur mittleren Periode gehört wohl auch der Dialog ›Phaidros‹, der von den einen ganz an den Anfang der platonischen Schriften gerückt, von den anderen zu den Spätwerken Platons gezählt wird. Phaidros, der auch als Gesprächsteilnehmer im ›Symposion‹ erscheint, stammte aus ärmlichen Verhältnissen und war zunächst ein Schüler Platons, erlag dann aber wohl der Anziehungskraft der Rhetorik. Im ›Phaidros‹ widerruft Platon in dichterischer Form (Palinodie) seine allzu negative Darstellung der Rhetorik im ›Gorgias‹. Es werden nunmehr negative und positive Aspekte der Rhetorik unterschieden.

Zu den Spätwerken zählen ›Timaios‹, ›Theaetet‹, ›Parmenides‹, ›Sophistes‹, ›Politikos‹, ›Kritias‹ (unvollendet), ›Philebos‹ und ›Nomoi‹. Im ›Timaios‹, benannt nach einem Pythagoreer aus Lokroi, machte Platon, so gut es ging, einen Fehler früherer Jahrzehnte wieder gut, als er die Naturphilosophie unter dem Einfluß des Sokrates vernachlässigt hatte. Der ›Timaios‹ beweist, daß Platon sich in seinen späteren Jahren ausführlich mit kosmologischen Fragen befaßt haben muß. Von den Pythagoreern konnte er auf diesem Gebiet viel lernen. Den ›Theaetet‹ erwähnten wir im Hinblick auf die Maieutik des Sokrates bereits. Im übrigen erörtert Platon in dem Dialog erkenntnistheoretische Probleme und die Lehre des Sophisten Protagoras vom Menschen als Maß aller Dinge. Damit hängt die Begriffsbestimmung des Sophisten im ›Sophistes‹ zusammen, wo auch ontologische Probleme zur Sprache kommen. Im ›Politikos‹ stellt Platon dem Sophisten den echten Staatsmann gegenüber. Ihm sollte noch ein Dialog, der ›Philosophos‹, folgen, aber Platon ließ diesen Plan wahrscheinlich wieder fallen, um den Gegenstand ausführlicher und in anderem Zusammenhang in den ›Gesetzen‹ (›Nomoi‹) behandeln zu können. Der ›Parmenides‹, nach einem Schulhaupt der Eleaten in Unteritalien benannt, stellt u.a. so etwas wie eine Selbstkritik Platons an seiner Ideenlehre dar. Es läßt sich mit gutem Grund annehmen, daß auch Aristoteles durch seine Kritik an den platonischen Ideen zu dieser Überprüfung beigetragen hat. Der Dialog ›Philebos‹ ist dem Problem der Lust gewidmet und kann als vorbereitende Schrift für das letzte große Werk Platons, die ›Nomoi‹, verstanden werden. Einen Mann namens Philebos kennt die Überlieferung nicht. Die ›Gesetze‹ sind in 12 Bücher eingeteilt und behandeln ein breites Themen-Spektrum, Natur- und Gesellschaftsphilosophie, psychologische und soziologische Fragen, ethische und politische, aber auch religiöse, juristische und pädagogische. Aristoteles hat dieses Werk

sehr genau gekannt, und seine ethisch-politischen Schriften zeigen viele Spuren, die auf Platons Alterswerk zurückführen.
Damit beenden wir den Überblick über das Gesamtwerk Platons, aber noch ein paar Worte zu seinen sizilischen Reisen! Auf die Gründung der Akademie und das Leben in ihr, soweit darüber etwas bekannt ist, werden wir im letzten Abschnitt dieses Kapitels kurz eingehen. Platon hat Sizilien dreimal besucht, 388 unter dem Tyrannen Dionysios I., 367/65 und 361 unter dessen Sohn Dionysios II. Zu den Herrschern entwickelte sich kein gutes Verhältnis, wohl aber zu Dion, dem Schwager des älteren Dionysios. Dion nahm den Philosophen ernst, während die Tyrannen nur an ihr Prestige dachten. Der jüngere Dionysios schmückte sich mit fremden Federn, als er ein Buch über Philosophie schrieb, von der er äußerst wenig verstanden hatte. Als Platon dem Hof der Tyrannen endgültig den Rücken kehrte, war er um einige Illusionen ärmer. Er hatte geglaubt, Machtmenschen zum Vernunftgebrauch bewegen zu können, und war damit, wie Sokrates in Athen, gescheitert. Die bitteren Erkenntnisse, die er dabei gewann, legte er vor allem in seinem letzten Werk, den ›Gesetzen‹, nieder, wenn er auch stets daran festhielt, daß der schnellste Weg zur Besserung einer Gesellschaft über die Herrschaft eines klugen und einsichtigen Monarchen führt. Platons Erfahrungen mit der Macht, den Mächtigen und ihren Gehilfen, haben wesentlich zur Erkenntnis und somit zur Entschärfung des Machtkomplexes beigetragen. Als Anwälte der Tugend, des Rechts und der Gesetze gegenüber Macht, Gewalt und Willkür haben Sokrates und Platon letztlich doch gesiegt, denn sie legten die Grundlagen für den abendländischen Rechtsstaat, der bis jetzt weder durch Nietzsches intellektuelle Rehabilitierung des Machtwillens noch durch den Machtmißbrauch politischer Extremisten beseitigt werden konnte. Was den Akademiker, wie Platon ihn verstand, auszeichnet, sind vor allem zwei Grundsätze, nach denen er urteilen und handeln muß: der Vorrang der geistigen Werte vor den materiellen und der Vorrang des Rechts vor der Macht. In diesem Sinn ist Aristoteles stets Akademiker und damit Platoniker geblieben.

4. Die Platonische Akademie

Die Gründung der Akademie (387) war eine weltgeschichtliche Tat Platons. Er erwarb vor den Toren Athens am Kephisos-Fluß ein Schulgrundstück. Die Schule erhielt ihren Namen nach dem Heros Akademos, dessen Hain ganz in der Nähe lag. Im Altertum unterscheiden wir die ältere (387–250), mittlere (250–150) und neuere Akademie (ab 150). Zur älteren Akademie gehörten, neben den schon genannten Speusipp, Xenokrates, Eudoxos, Herakleides Pontikos, Polemon, Krates, Krantor, Hermodoros und Chion. Die Entstehung der mittleren Akademie ist mit dem Namen des Arkesilaos (ca. 315–240) verbunden, die der neueren mit dem Namen Karneades (214–129). Arkesilaos neigte zur Skepsis und legte den Akzent auf das sokratische Nichtwissen, den Zweifel, Karneades entwickelte eine Art Wahrscheinlichkeitstheorie. Von der Mitte des 3. bis zum Anfang des 6. Jahrhunderts herrschte der Neuplatonismus in der philosophischen Geisteswelt der Antike. Im Jahr 529 n. Chr. ließ der christliche Kaiser Justinian (527–565) die platonische Akademie in Athen schließen. Im gleichen Jahr begründete Benedikt von Nursia in Monte Cassino das erste Kloster des Benediktinerordens.

Es sollte fast 1000 Jahre dauern, bis im Gefolge der Wiederentdekkung des Altertums, der Renaissance und des Humanismus, das Werk Platons fortgesetzt werden konnte. Um 1470 ließ Cosimo de Medici die platonische Schule als Academia Platonica in Florenz wiedererstehen. Von Italien griff die akademische Bewegung auf Frankreich und England, schließlich auch auf Deutschland und Rußland über. Kardinal Richelieu gründete 1635 die Académie Française in Paris, 1662 entstand die Royal Society in London und 1700, unter der Präsidentschaft des Philosophen G. W. Leibniz, die Berliner Akademie der Wissenschaften, 1725 die Akademie von Petersburg. Die Platonische Akademie wurde zum Leitbild abendländischer Hochschulen, theologischer, philosophischer, wissenschaftlicher und technischer, von Musik-, Kunst- und Sporthochschulen, Militär-Akademien, Akademien für Wirtschaft, Politik, Verwaltungs- und Gesellschaftskunde, evangelischen, katholischen Akademien und Volkshochschulen sowie Akademien für Singen, Tanzen, Fechten und Reiten. Eine Akademie der Wissenschaften gibt es heute in fast allen Kulturnationen der Erde. Auch die neuesten Forschungszweige wie Raumfahrt verfügen über Akademien. Akademikervereinigungen und -verbände haben sich über die ganze Welt verbreitet und sind, wie die Olympischen Spiele, ein Vermächtnis der Griechen an die zivilisierte Menschheit. Die Keimzelle all der zahllosen Hochschularten war die Platonische Akademie in Athen.

Leider wissen wir über Organisation und Arbeit dieser Schule nur sehr wenig. Schon das läßt darauf schließen, daß es dort frei und zwanglos zuging: keine Aufsichtsbehörde, kein Verwaltungsapparat, keine Autoritäten, keine Servilität, keine Orthodoxie, keine

Parteilichkeit, kein exklusiv-elitärer Nimbus, aber auch kein revolutionäres Pathos. Auch das Denken in Kategorien wie Arbeit, Leistung, Effizienz, Erfolg, Nutzen lag den alten Akademikern fern. Man forschte nicht unter Zeitdruck, wollte mit seinen Ideen nicht reich werden oder Karriere machen, sondern nur die Wahrheit erkennen. Erkenntnis, das galt für Platon wie für Aristoteles, war Selbstzweck, Gottesdienst und Selbstverwirklichung zugleich, Liebe zur Wahrheit, zur Weisheit, zur Freiheit: Philosophie. Die ältere Platonische Akademie war weder eine Universität im heutigen Sinn, an der Vorlesungen und Seminare gehalten werden, noch ein College mit Master, Scholars und Fellows. Auch an eine Einteilung in Fakultäten ist nicht zu denken. Es ging den Platonikern nicht in erster Linie um Systematik und Organisation des Wissens, auch ging es ihnen nicht um die Bildung einer Sekte oder einer mystischen Vereinigung. Gemeinsame Mahlzeiten (Syssitien) und Trinkgelage (Symposien) nach festen Regeln stärkten die Gemeinschaft nicht weniger als Diskussionen und Gespräche. Im übrigen war jeder sein eigener freier Herr. Man übte sich in der Unterscheidung, Zergliederung und Klassifikation von Begriffen, im Definieren und Diskutieren. Platon dozierte nicht nach Art eines Magisters etwa seine Ideenlehre, Sprach- oder Naturphilosophie. Wahrscheinlich beschränkte er sich auf »allgemeinen Rat und methodische Kritik«, soweit dies gewünscht wurde.

»Es war nicht die praktische Lösung von Problemen, nicht die fachliche Virtuosität, deren Ausübung den Könner und sein Publikum begeistert, nicht das mathematische Wissen um seiner selbst willen, worauf es ihm ankam, sondern die Mathematik als Propädeutik für die Philosophie; denn er glaubte, daß das Studium dieser Wissenschaft das beste Mittel sei, den Geist im abstrakten Denken zu üben, durch das allein die wahrhaft realen Gegenstände, die Ideen erreicht, in »Erinnerung« gerufen und begriffen werden könnten. Das ist der Grund, warum ihn die Methodenfrage so sehr beschäftigte: die Wirkung und der Zweck, die er mit der Mathematik verband, – so meinte er – würden gänzlich verlorengehen und verkehrt werden, falls diese so ausgeübt werde, daß sie den Geist hinab zu den Sinnendingen führe statt hinauf zu den unkörperlichen und unwandelbaren Realitäten.«[45]

Für Platon war die Mathematik so wenig wie ein anderes Wissensgebiet Selbstzweck. Die Mathematik eignete sich seiner Meinung nach besonders als Vorschule für die Ideenlehre, für Begriffsanalyse und Dialektik, als Übung für logisches Denken und nicht zuletzt als Mittel zur Erziehung des Charakters, denn sie fördert Sachlichkeit, Geduld und vielleicht auch Selbsterkenntnis.

Platon leitete etwa 40 Jahre die Akademie. Als er starb, bedeutete das auch in der Entwicklung seiner Schule einen tiefen Einschnitt. Es fand sich, abgesehen von Aristoteles, kein vergleichbarer universaler Denker im Umkreis der Akademie, nicht ein einziger, der auch nur annähernd Platons Weit- und Tiefblick, seinen Scharfsinn, seinen vornehmen Charakter, seine wissenschaftlichen Fähigkeiten, seine künstlerische Begabung aufwies. Die Akademie stand nach dem Tode Platons gleichsam verwaist da. Es gab zwar einen, noch von Platon bestimmten Nachfolger, Speusipp, aber schon mit ihm begann ein einschneidender Wandel des Bewußtseins: Breite auf Kosten der Tiefe, Unschärfe in den Prinzipien, Vermengung platonischer und pythagoreischer Vorstellungen, Neigung zur Spekulation, mangelnde Kritik in der Unsterblichkeitsfrage sowie eine Mischung von Gemeinplätzen und Einseitigkeiten in der Ethik.

Xenokrates scheint nicht weniger konservativ und einseitig gewesen zu sein. Mit Speusipp teilte er die Neigung zum Pythagoreïsmus und überbewertete die Mathematik. Er schrieb viel, suchte alles in ein System zu zwängen und seinen Mangel an Phantasie durch Sittenstrenge auszugleichen, verknüpfte die Prinzipienlehre mit der Theologie, nannte die Einheit Zeus und die Zweiheit Göttermutter. Platons Ideen setzte er mit mathematischen Zahlen gleich und ließ alle Figuren nicht aus Atomen, sondern aus unteilbaren Linien entspringen. Er faßte die Seele als eine Zahl auf, die sich selbst bewegt, zugleich als Dämon, die Dämonen aber siedelte er in der unteren Himmelssphäre an. Auf dem Gebiet der Ethik, die er sehr ausführlich behandelte, war er, wie Speusipp, wenig originell. Alle Dinge, so lehrte er, sind entweder Güter oder Übel oder weder das eine noch das andere. Der Mensch kann nur durch die Tugend glücklich werden. Der Philosoph tut das freiwillig, was das Gesetz befiehlt. Xenokrates unterschied, mit Aristoteles, zwischen wissenschaftlicher Erkenntnis und praktischer Einsicht.

Herakleides Pontikos (um 340), ein anderes Mitglied der älteren Akademie, war, wie der Name schon andeutet, einer der relativ zahlreichen ›Ausländer‹ in der Akademie. Er war reich, stammte aus einer edlen Familie, studierte bei Platon und Speusipp Philosophie und beteiligte sich am Sturz des Tyrannen Klearchos in seiner Vaterstadt. Herakleides ließ die Welt aus kleinsten verbindungslosen Teilchen bestehen und arbeitete dabei sowohl mit pythagoreischen als auch mit demokritischen Vorstellungen, aber erklärte das Weltgeschehen nicht materialistisch, vielmehr durch göttliche Einwirkung, also theologisch. Er lehrte die Achsendrehung der Erde sowie den Sonnenumlauf von Merkur und Venus, beeinflußte Aristarch von Samos (um 260) und ist daher als einer der Vorläufer des kopernikanischen Systems anzusehen. Die Seele hielt er für lichtartig und das Weltall für unbegrenzt. Vom zeitgenössischen Hedonismus rückte er mit der Begründung ab, bei Verrückten finde sich ein Höchstmaß von Lust. Herakleides hatte auch Aristoteles gehört. Eudoxos von Knidos (geb. um 408) war ein Schüler Platons, neigte aber in der Physik dem Anaxagoras, in der Ethik dem Hedonisten Aristipp (geb. 404) zu. Mit Anaxagoras nahm er Homoiomeren an, wonach die Eigenschaften der Dinge auf Beimischung von Stoffen beruhen, die jene Eigenschaften besitzen. Die Ideenlehre gab er auf. Philippos von Opus, ein anderer Schüler Platons, verfaßte wahrscheinlich die ›Epinomis‹, welche Platons ›Nomoi‹ abschließen sollte und als 13. Buch dieses Werkes aufgeführt wurde. Philippos von Opus ging es offensichtlich um eine Verschmelzung pythagoreischer und platonischer Auffassungen. Mathematik, Astronomie, Theologie vermischen sich bei ihm mit Ideenlehre, Dialektik und platonischer Kosmologie zu einem reichlich verworrenen Weltbild, in dem neben den platonischen Sterngöttern auch pythagoreische Dämonen ihren Platz finden. Das Leben des Menschen erscheint als mühselig, chaotisch und unvernünftig. Die Glückseligkeit ist eher im Jenseits als im Diesseits zu erreichen. Wie man dann trotz allem noch an eine Vernunft glauben soll, welche die Welt regiert, bleibt schleierhaft. Polemon (Scholarch von 315–270) und Krates (Scholarch von 270–268), beide aus Athen, verhielten sich konservativer gegenüber der platonischen Lehre. Sie propagierten das naturgemäße Leben und ließen neben der Tugend auch materielle Güter als Voraussetzungen für ein glückliches Dasein gelten. Krantor (um 320) aus Soloi in Kilikien studierte mit Xenokrates und Polemon zusammen. Er verfaßte als erster Kommentare zu Platon, die jedoch nicht erhalten sind. Ebensowenig ist sein Buch ›Über die Trauer‹ erhalten, das Cicero (›De consolatione‹) anregte. Im Gegensatz zur Leidenschaftslosigkeit (Apathie) der Kyniker und Stoiker hielt er die Mäßigung der Affekte (Metriopathie) für wichtiger und näherte sich damit der Position des Aristoteles (Mesotes). An die erste Stelle der Güter setzte er die Tugend. Darauf folgen Gesundheit, Lust und Reichtum. Gegenüber Platons (›Nomoi‹) detaillierter Wertetafel bedeutete Krantors Vierheit eine Vereinfachung, wenn nicht gar Nivellierung vor allem der höheren oder göttlichen Werte. Sein Glaube, daß die Seelen der Menschen, zur Sühne an Körper gefesselt, auf der Erde weilen müssen, erinnert an orphische Vorstellungen, denen auch Platon bisweilen eine gewisse Überzeugungskraft zugesteht.

Fassen wir zusammen, was sich über die philosophische Orientierung der älteren Platoniker sagen läßt! Wir können die Neigung feststellen, platonische Lehren mit denen anderer Denker zu vermischen, vor allem mit denen der Pythagoreer und denen Demokrits. Neben die Zahlen und die Atome treten seit Platon die Ideen als Urelemente des Seins. Diese drei Modellvorstellungen vom elementaren Aufbau der Welt, Zahlen, Atome, Ideen, sind für die griechische Philosophie charakteristisch. Die Nachfolger Platons versuchten nun, durch Annäherung an die eine oder andere Konzeption die Ideenlehre mit ihr zu verschmelzen. Viel ist dabei nicht herausgekommen. Die typischen, wesentlichen und unverzichtbaren Unterschiede gingen bei diesen Harmonisierungsbemühungen weitgehend verloren. Keiner der genannten ›Schüler‹ oder Nachfolger Platons, das hat sich gezeigt, besaß das Format, die Mannigfaltigkeit und Tiefe platonischen Denkens fortzusetzen oder auch nur hinreichend zu verstehen. Insgesamt tritt Aberglauben an die Stelle des Vernunftglaubens, die Erklärungen des Naturgeschehens werden unwahrscheinlicher, abenteuerlicher, Erkenntniszusammenhänge verschwinden, Problemstellungen verschwimmen, Denk- und Wertstrukturen lösen sich auf, die Methodik wird vernachlässigt oder zum Selbstzweck erhoben, das Wertbewußtsein trübt sich, die Urteilskraft läßt nach, Empirismus oder Spekulationssucht nehmen überhand, die Ethik verliert sich in Trivialitäten oder Spitzfindigkeiten, das Interesse an der Wahrheit nimmt ab. So können wir, mit Zeller, Aristoteles als den einzigen legitimen geistigen Erben Platons ansehen. Der Schlußsatz seines Platon-Bandes gilt auch heute noch:

»Nur ein Teil von Plato's geistiger Hinterlassenschaft vererbte sich mit dem Garten in der Akademie: der volle Besitz derselben ging an den über, welcher gerade dadurch in den Stand gesetzt wurde, über Platon hinauszugehen, an Aristoteles.«[46]

III Das Werk des Aristoteles

1. Sprachphilosophie

Von den Lehrschriften (Pragmatien) des Aristoteles sind die Gespräche (Dialoge) zu unterscheiden, eine Gruppe früher Werke, in denen er sich noch der platonischen Darlegungsform seiner Gedanken bediente. Die meisten dieser Gespräche sind entweder teilweise oder ganz verlorengegangen. Die erhaltenen Fragmente tragen mehr zur Erkenntnis der Entwicklung des Aristoteles als zum positiven Gehalt seiner endgültigen Lehren bei und können daher von uns zwar nicht vernachlässigt, aber müssen in der gebotenen Kürze dargestellt werden.
Für die Dialoge des Aristoteles im Unterschied zu Platon ist charakteristisch, daß die Gesprächspartner wenig Individualität zeigen. Auch konnte Aristoteles dem Sokrates nicht die zentrale Rolle in seinen Dialogen zugestehen, die Platon ihm durchweg gegeben hatte. Aristoteles, so bemerkten bereits die antiken Kritiker,[47] übernahm in seinen Gesprächen die Rolle des Gesprächsführers weitgehend selbst. Ihrer Thematik nach beschränkten sich die Dialoge, wie bei Platon, nicht auf ein fest umrissenes Wissensgebiet, sondern gaben eher Längsschnitte durch das Gesamtspektrum philosophischer Problematik oder doch großer Bereiche davon. An solchen Dialogen sind zu nennen der ›Eudemos‹, ›Über die Philosophie‹ und ›Über die Gerechtigkeit‹. Dieser Gruppe stehen auch der ›Protreptikos‹, ›Über das Gute‹ und ›Über die Ideen‹ nahe, wenn sie auch nicht in Dialogform verfaßt waren. Aristoteles hatte den ›Eudemos‹ seinem gleichnamigen Freund gewidmet, der 353 in Sizilien gefallen war. Kurz darauf muß also der Dialog entstanden sein. In ihm wird das Thema der Unsterblichkeit der Seele behandelt. Die Nähe zu Platons ›Phaidon‹ ist unschwer zu erkennen. Der Dialog ›Über die Philosophie‹ enthält neben Platonischem, wie dem Götter- und Sternenglauben, auch Kritik an Platons Ideenlehre und eigene Denkansätze des Aristoteles, z. B. den Glauben an die Ewigkeit der Welt und eine Art geschichtsphilosophischer Betrachtungsweise bei der Kritik der Lehren seiner Vorgänger. Hatte Aristoteles in den vier Büchern ›Über die Gerechtigkeit‹ mit Platons ›Staat‹ konkurrieren wollen, der ja diesen Untertitel trägt? Dann hätte sich Aristoteles wahrscheinlich etwas zu viel zugetraut. Jedenfalls kritisierte schon der Stoiker Chrysipp (ca. 280–205) und später der Akademiker Karneades (ca. 214–129) diese Früh-

schrift des Aristoteles. Der ›Protreptikos‹, eine zur Philosophie ermutigende Schrift aus der Zeit des ›Eudemos‹, richtete sich an den kyprischen Fürsten Themiso. Cicero nahm sich das Werk für seinen ›Hortensius‹ zum Vorbild, der wiederum den Kirchenvater Augustin stark beeindruckte und von der Rhetorik zur Philosophie bekehrte. Der Titel ›Über das Gute‹ erinnert wieder sehr an Platon. Die Schrift ist nur aus Kommentaren und Verzeichnissen bekannt, erlangte aber bei Rekonstruktionsversuchen der esoterischen Philosophie Platons in der modernen Forschung vorübergehend Bedeutung, nämlich als Wiedergabe platonischer Vorträge über das besagte Thema.

Eine Zusammenfassung und Kritik (?) platonischer Lehren wird wohl auch die Schrift ›Über die Ideen‹ enthalten haben, die schwieriger als die übrigen genannten Frühschriften zu datieren ist. Sie gehört wahrscheinlich zu der Gruppe der Exzerpte, die aus den Verzeichnissen als ›Das aus Platons Gesetzen‹, ›Das aus dem Staat‹ und ›Das aus Timaios und denen um Archytas‹ bekannt geworden sind. Wichtiger für die Kenntnis der aristotelischen Philosophie sind zunächst jene Werke, welche antike Interpreten unter der Bezeichnung ›Organon‹, d.h. ›Werkzeug‹, zusammenfaßten und die wir unter der Überschrift Sprachphilosophie behandeln können, denn diese Werke befassen sich in erster Linie mit Worten und ihren Bedeutungen, mit Begriffen, Aussagen, Schlüssen, Beweisformen und dienen samt und sonders der Wahrheitsfindung bzw. Wahrheitssicherung. Zu ihnen gehören die ›Kategorien‹, die ›Topik‹, die ›Hermeneutik‹, die beiden ›Analytiken‹, die ›Rhetorik‹ und in gewissem Sinn auch das Buch ›Von der Dichtkunst‹. Das neunte Buch der ›Topik‹ trägt seit der Spätantike den Titel ›Sophistische Widerlegungen‹. Die Unterscheidung von erster und zweiter Analytik geht wahrscheinlich auf Andronikos von Rhodos (geb. 70 v.Chr.) zurück, den namhaften Sammler und Herausgeber aristotelischer Schriften.

In den ›Kategorien‹ trifft Aristoteles einleitend (1–3) terminologische Unterscheidungen wie Homonyme, Synonyme und Paronyme. Homonyme sind Worte, deren Bezeichnung (onoma) die gleiche, deren Wesen oder Definition (logos) aber verschieden ist. Im Deutschen heißt z.B. Schimmel sowohl weißes Pferd als auch eine Art von Pilzen. Im Griechischen, dies Beispiel wählt Aristoteles, kann das Homonym Tier (zoon) sowohl den Menschen als auch das Gemälde bezeichnen, das Synonym Tier dagegen sowohl den Menschen als auch das Rind, das Paronym den nach der Tapferkeit tapfer Genannten. Ausdrücke von Aussagen können verbunden (kata symploken) oder unverbunden auftreten, wie der

Mensch läuft bzw. der Mensch und läuft. Man kann Aussagen von etwas machen, das zugrunde liegt, sich aber nicht in einem Zugrundeliegenden befindet, wie Mensch von einem bestimmten Menschen, oder von etwas, das sich zwar in einem Zugrundeliegenden befindet, nicht aber von diesem ausgesagt werden kann wie die Schreibkunst, die sich zwar im Grammatiker befindet, aber nicht von etwas ausgesagt werden kann, d. h., es gibt nichts, zu dem die Schreibkunst als Prädikat treten könnte wie ein Wesen oder Ding ist Schreibkunst. Etwas kann von einem anderen wie von einem Zugrundeliegenden ausgesagt werden, z. B. Mensch von einem bestimmten Menschen und vom Menschen wieder Tier. Gegenstände, die nicht unter den gleichen Gattungsbegriff fallen, sind auch der Art nach verschieden, denn die Allgemeinbegriffe werden von den weniger allgemeinen, untergeordneten Begriffen ausgesagt. Aristoteles unterscheidet nun zehn Grundbegriffe oder allgemeinste Bezeichnungen: Seiendheit (ousia), Quantität (poson), Qualität (poion), Relation (pros ti), Ort (pou), Zeit (pote), Lage (keisthai), Haben (echein), Tun (poiein) und Leiden (paschein). Wie kam Aristoteles gerade auf zehn Kategorien? Wahrscheinlich aufgrund von Beobachtung von Dingen, Wesen, Menschen, also aufgrund von Erfahrung. Da ist z. B. dieses Wesen, dieser Mensch Platon, eine Seiendheit (ousia), ein Wesen, eine Substanz, ein Zugrundeliegendes (hypokeimenon), ein Subjekt. Über dieses Subjekt kann man Aussagen machen (kategorein), wie groß es ist, wie es beschaffen ist, wie es aussieht, wozu es in Beziehung steht, wo es sich befindet, wann es dort ist, ob es steht, liegt oder sitzt, was es hat, anhat oder besitzt, was es tut oder leidet. Die Kategorien ›liegen‹ und ›besitzen‹ hat Aristoteles später aufgegeben, wohl weil er sie als unwesentlich betrachtete. Er erhob keineswegs den Anspruch auf Vollständigkeit seiner Kategorien. Acht Kategorien blieben mehr oder weniger zufällig übrig.

Ausgangspunkt seiner Kategorienlehre waren Beobachtungen an der Sprache (legetai). Platon verfuhr gegenüber der logisch-semantischen Analyse des Aristoteles eher ontologisch, indem er seine obersten Begriffe (megista gene) im idealen Sein verankerte. Der ontologische Aspekt geht auch bei Aristoteles nicht ganz verloren, sofern er nämlich an gewissen Sprachstrukturen festhält und die Sprache als Abbild einer so und nicht anders geordneten Wirklichkeit auffaßt. So entfiel für ihn das Begründungsproblem. Der Sprachgebrauch, die Verständigung ist für Aristoteles die Grundlage seiner Theoriebildung. Nach den einleitenden terminologischen Klärungen erörtert er die (damals noch 10) Kategorien (4–9). Gegen Ende der Schrift befaßt er sich mit den Postprädikamenten, wie die Scholastiker später sagten (10–15). Die Seiendheit ist nach Aristoteles mit sich selbst identisch und Träger aller weiteren, auch gegensätzlicher Bestimmungen, aber der Seiendheit selbst ist nichts engegengesetzt. Allen Seiendheiten ist gemeinsam, daß sie nicht einem Zugrundeliegenden inhärieren. Ein Subjekt ist nicht Subjekt eines Subjekts, sondern selbst der Bezugspunkt, reale Einheit, Monade. Für Aristoteles existiert nur der einzelne Gegenstand, nicht, wie bei Platon, das Allgemeine. Hier liegt der Grund für das spätere Auseinandertreten von Wesen und Sein, essentia und existentia. Sprachlich gesehen ist die Seiendheit Subjekt, auf das sich alle Prädikate beziehen, selbst aber kein Prädikat. Hier liegt der Ursprung sowohl der Subjekt-Objekt-Spaltung als der Subjekt-Prädikat-Logik. B. Russell hat diese Auffassung kritisiert und die traditionell-aristotelische Logik durch eine Relationen-Logik zu ersetzen versucht.

Bei Aristoteles ist die ousia, Seiendheit, Substanz oder das Subjekt die wichtigste Kategorie. Es gibt bei ihm erste und zweite Seiendheiten. Ousiai zweiter Ordnung sind die Gattungsbezeichnungen, und zwar sind die Arten mehr seiend als die Geschlechter, die eide mehr ousiai als die gene. Ousia erster Ordnung ist immer nur das Einzelwesen, das Einzelding. Die Gewichtung zugunsten des konkreten Gegenstandes, die realistische Tendenz ist erkennbar. Die Seiendheit kann danach sowohl zur Klassifizierung von einzelnen Gegenständen verwandt werden als auch zur Ordnung von Begriffen. Zwischen der Wirklichkeit und den Begriffen und damit der Sprache herrscht nach griechischer Auffassung ein Verhältnis unumstößlicher Zuordnung. Sprachliche Wahrheit ist Wirklichkeit und umgekehrt. Eine (primäre) Seiendheit ist nicht mehr Seiendheit als jede andere. Ein Mensch ist nicht mehr Mensch als ein anderer. Bei den Größen muß man die mit Abstand (thesis, z. B. Zahlen, Worte) von denen ohne Abstand (syneches, z. B. Linien) unterscheiden. Bei Zeitbestimmungen erscheint die Größe z. B. nur nebenbei (kata symbebekos), im übertragenen, nicht im eigentlichen Sinn. Der Größe ist nichts entgegengesetzt. ›Groß‹ und ›klein‹, ›viel‹ und ›wenig‹ drücken nur ein Verhältnis aus. Die Größe läßt sich durch gleich oder ungleich bezeichnen, nicht durch mehr oder weniger. Bei den Qualitäten oder Eigenschaften (poiotetes) sind Verfassungen (hexeis) und Stimmungen (diatheseis) zu unterscheiden. Erstere sind dauerhafter, wie die Tugenden und Wissenschaften. Sinnliche Wahrnehmungen sind z. B. passive (pathetikai) Qualitäten, Eindrücke. Eine andere Art von Qualität ist die Gestalt. Eigenschaften lassen sich nach mehr oder weniger klassifizieren und lassen entgegengesetzte Bestimmungen zu. Die

Kategorie der Beziehung (pros ti-kath'hauto) hat das geringste Sein, da mehr oder weniger nichts ist. Diese Kategorie hat nur im Vergleich von Größen und Beschaffenheiten einen Sinn und läßt sich nur auf Unterschiedliches, Entgegengesetztes anwenden. Da ›Lage‹ und ›Haben‹ entfallen können und ›Raum‹ und ›Zeit‹ zur Physik, also zur Naturphilosophie gehören, bleiben hier noch ›Tun‹ und ›Leiden‹ sowie die sog. Postprädikamente zu erörtern. ›Tun‹ und ›Leiden‹ drücken Gegensätzliches aus und erlauben den Unterschied von mehr und weniger. Sich freuen und Schmerz empfinden bilden z. B. einen Gegensatz und lassen sich nach mehr und weniger unterscheiden. In den Kapiteln 10 – 15 unterscheidet Aristoteles vier Arten von Gegensätzen: relative, konträre, kontradiktorische und privative, vier Arten von Priorität: zeitliche, ontische, gesetzte und axiologische, sechs Arten von Bewegung: Entstehen, Vergehen, Wachsen, Schwinden, Wandel und Ortsveränderung. Die Analyse der Bewegung verweist auf entsprechende Teile der Physik, ebenso die Erörterung des Begriffs gleichzeitig im 13. Kapitel.
Wir wenden uns nun der ›Topik‹ zu!
Wenn unsere Annahme zutrifft, daß das Grundanliegen der Wahrheitssicherung Sokrates mit Platon und Platon mit Aristoteles verband, trug Sokrates durch seine Widerlegung unwahrer Behauptungen der Sophisten im Gespräch zu diesem Ziel bei, durch den Elenchos, Platon durch die in den Ideen fundierte Dialektik und Aristoteles durch seine an die Sprache anknüpfende Logik bzw. Analytik. Hatte er in den ›Kategorien‹ eine Analyse des Begriffs versucht und war zu einer begrenzten Anzahl von Grundbegriffen durchgedrungen, setzte er seine Bemühungen in der ›Topik‹, seiner Art der Dialektik, mit einer Analyse des Urteils fort. In den ›Analytiken‹, in denen er sich durch zunehmende Methoden-Reflexion seiner neuen, sprachlich orientierten Argumentationskunst bewußt geworden war, setzte er in der Analyse der Urteilsverknüpfung oder der Syllogistik sowie in der Theorie vom wissenschaftlichen Beweis sein Werk fort, das von den Elementen der Sprache, den Worten, ausgeht, über die Begriffe zu den Grundbegriffen vordringt, von dort zur nächst größeren Einheit, dem Urteil gelangt, danach zur einwandfreien Verknüpfung von Urteilen in den Schlüssen fortschreitet und in der Beweistheorie als Möglichkeit der Wahrheitssicherung für die Sprache der Wissenschaft sein vorläufiges Ziel erreicht. Aristoteles erweist sich dabei insofern als Systematiker, als er folgerichtig den Weg vom Einfachen zum Zusammengesetzten beschreitet und immer kompliziertere Strukturen aus einer begrenzten Zahl von Elementen bzw. Annahmen herleitet.
Die ›Topik‹ ist, wie die übrigen logischen Schriften, aus dem

philosophischen Forschungs- und Lehrbetrieb der Akademie herausgewachsen. In der Dialektik bzw. Topik befaßt sich Aristoteles vor allen Dingen mit Begriffen und Definitionen. Topos heißt Ort. Topica (scripta) sind Schriften, die sich auf bestimmte Lehrgegenstände wie Mathematik oder Redekunst beziehen, eine Art Stellen- oder Beispielsammlungen, die wesentliches Material aus verschiedenen Wissensgebieten vermitteln, das als Ausgangspunkt für die Theoriebildung dienen kann. In der Rhetorik bemerkt Aristoteles zu den Topen: »Diese Topen sind nämlich die *allgemein* anwendbaren Gesichtspunkte über Gegenstände des Rechts, der Natur, der Politik und über viele andere Gegenstände verschiedener Gattung, wie z.B. der Gesichtspunkt des Mehr oder Minder, denn aus diesem kann man ganz ebensowohl einen Schluß als ein Enthymem bilden über Gegenstände des Rechts oder der Natur oder über was es sei, obschon diese Gegenstände der Art nach verschieden sind. *Eigentümlich-besondere* dagegen sind alle diejenigen Gesichtspunkte, welche aus solchen Sätzen abgeleitet werden, die den speziellen Arten und Gattungen ausschließlich angehören.«[48] Die Bezeichnung ›Ort‹ bedeutete für Aristoteles soviel wie Element.[49] Elemente in diesem Sinn waren Sätze, aus denen man Prinzipien oder Vordersätze zu irgendwelchen Schlüssen gewinnen kann. Das erste Kapitel der ›Topik‹ enthält eine Einleitung, das zweite erörtert Fehlerquellen beim Streitgespräch, das dritte befaßt sich mit Entscheidungen, die Bücher vier und fünf geben Hinweise für die Feststellung der Gattung (genos) und des Eigentümlichen (idion), das sechste Buch behandelt die Definition, das siebte Identität und Verschiedenheit. Am Schluß des siebten Buches steht eine Zusammenfassung. Das achte Buch bringt Ausführungen zum Übungsgespräch, das neunte und später abgetrennte die ›Sophistischen Widerlegungen‹.

»Unsere Arbeit verfolgt die Aufgabe, eine Methode zu finden, nach der wir über jedes aufgestellte Problem aus wahrscheinlichen Sätzen Schlüsse bilden können und, wenn wir selbst Rede stehen sollen, in keine Widersprüche geraten. Demnach müssen wir zuerst erklären, was ein Schluß ist und welches seine verschiedenen Arten sind, damit wir den dialektischen Schluß erhalten. Denn dieser ist es, den wir in der vorliegenden Arbeit suchen. Ein Schluß ist also eine Rede, in der bei bestimmten Annahmen etwas anderes als das Vorausgesetzte aufgrund des Vorausgesetzten mit Notwendigkeit folgt. Es ist nun eine Demonstration (apodeixis), wenn der Schluß aus wahren und ersten Sätzen gewonnen wird oder aus solchen, deren Erkenntnis aus wahren und ersten Sätzen entspringt. Dagegen ist ein dialektischer Schluß ein solcher, der aus wahrscheinlichen Sätzen gezogen wird. Wahre und erste Sätze sind solche, die nicht erst durch anderes, sondern durch sich selbst glaubhaft sind. Denn bei den obersten Grundsätzen der Wissenschaften darf man nicht erst nach dem Warum fragen, sondern jeder dieser Sätze muß durch sich selbst glaubhaft sein. Wahrscheinliche Sätze aber sind diejenigen, die allen oder den meisten oder den Weisen wahr scheinen, und auch von den Weisen wieder entweder allen oder den meisten oder den Bekanntesten und Angesehensten ... Auf das Gesagte mag passend eine Andeutung darüber folgen, für wie viele und was für Dinge diese Kunst nützlich ist. Sie ist für dreierlei Dinge nützlich: für die Übung, für den Gedankenaustausch und für die philosophischen Wissenschaften. Daß sie für die Übung nützlich ist, versteht sich von selbst: wenn wir im Besitz einer festen Methode sind, so werden wir einen vorgelegten Gegenstand leichter in Angriff nehmen können. Und auch für den Gedankenaustausch muß sie nützlich sein. Denn wir werden, wenn wir mit ihr vertraut sind, im Verkehr mit anderen die Meinungen der Menge aufzählen und alles, was uns von der Gegenseite nicht recht gesagt scheint, nicht auf fremde Ansichten, sondern auf die eigene gestützt, widerlegen können. Endlich ist sie für die philosophischen Wissenschaften nützlich. Denn wenn wir imstande sind, nach beiden Seiten Bedenken zu erheben, werden wir leichter erkennen, was hier und was dort wahr oder falsch ist. Sie kann uns aber auch für die Erkenntnis dessen nützlich sein, was bei den Prinzipien der Einzelwissenschaften das erste ist. Hierüber läßt sich aufgrund der besonderen Prinzipien einer gegebenen Wissenschaft unmöglich etwas ausmachen, weil die Prinzipien das erste von allen sind; man muß hier vielmehr mit Hilfe der wahrscheinlichen Sätze über den jeweiligen Gegenstand der Sache beikommen. Das ist aber die eigentümliche oder doch ihr besonders zukommende Leistung der Dialektik. Sie ist eine Kunst der Erfindung, und darum beherrscht sie den Weg zu den Prinzipien aller Wissenschaften.«[50] Die Schrift ›Peri hermeneias‹, ›De interpretatione‹, ›Über den sprachlichen Ausdruck‹ läßt sich insofern an dieser Stelle einfügen, als sie nach den Kategorien und Urteilen die Arten der Sätze oder Aussagen behandelt. Die Schrift ist ebenfalls aus den sprachphilosophischen Erörterungen Platons bzw. der Akademie herausgewachsen, speziell im Anschluß an die platonischen Dialoge ›Kratylos‹, ›Theaetet‹ und ›Sophistes‹, nämlich an die Lehren von der Benennung, wobei sich Aristoteles nicht an die Befürworter der Natur, sondern an die der Konvention anschließt, an die platonische Auffassung, nach der das Denken ein im Inneren geführter Dialog ist, sowie die im Gegensatz zu Platon vertretene

Auffassung, daß Wahrheit oder Falschheit nicht von den Worten, sondern ausschließlich von der Verbindung der Worte abhängt. Aristoteles lehnte jede Verankerung der Sprache im Sein ab, was eine Verselbständigung des Logischen gegenüber dem Ontologischen zur Folge hatte. Wie Aristoteles die Sphäre der Worte gegen die der Gegenstände abgrenzte, grenzte er sie auch, schärfer als Platon, gegenüber den Bedeutungen ab. Die platonischen Ideen verblaßten bei Aristoteles zum Bedeutungsgehalt von Begriffen. In der Einleitung zur Schrift ›Über den sprachlichen Ausdruck‹ heißt es: »Was die Stimme ausdrückt, symbolisiert Affekt-Zustände der Seele, die Schrift dagegen gibt das Gesprochene wieder. Schrift und Sprache sind nicht bei allen Menschen gleich, wohl aber die darin ausgedrückten seelischen Zustände und die äußeren Gegenstände ... Ein Name (onoma) ist ein unteilbarer Laut, der nach Vereinbarung etwas zeitlos benennt, ein Verbum (rhema), ebenfalls unteilbar, fügt die Zeitbestimmung hinzu ... Im Gegensatz dazu ist der Satz eine teilbare Lautfolge, die nach Vereinbarung etwas bedeutet ... Jeder Satz für sich bejaht entweder oder verneint ... Eine Bejahung sagt etwas von etwas aus, eine Verneinung spricht etwas ab.«[51] In gewisse Schwierigkeiten geriet Aristoteles bei dem Versuch, negative und positive Aussagen zu unterscheiden. Die platonische Aufwertung des Nichtseins nach Art des ›Sophistes‹, wonach S non P zu S Non-P würde, lehnt er ab, gelangt aber noch nicht zu einer mit seinen Ansichten konsistenten Theorie, nach der ›ist‹ nur als Kopula zu verstehen wäre. Auch fehlt in der ›Hermeneutik‹ noch die in der ›Ersten Analytik‹ durchweg vertretene Zuordnung ›S in P‹.
Die beiden Analytiken gelten mit Recht als Hauptwerke der aristotelischen Logik bzw. Sprachphilosophie. Charakteristisch für die Entwicklung der Analytiken ist einmal die Entgegensetzung zur platonischen Diärese und Dialektik, sodann die Verwendung von Buchstaben als Symbolen. Aristoteles wollte nicht mehr durch fortlaufende Unterteilung eines wie auch immer gearteten Ganzen zur Erkenntnis der Teile gelangen. Seine Methode führte zur Verselbständigung der Sprache, wobei nurmehr die Zuordnung von Merkmalen zu Begriffen interessierte. Dadurch gewann er gegenüber Platon mehr Bewegungsfreiheit des Denkens, verlor aber auch den Halt im idealen Sein. Die Verwendung von Symbolen statt Worten bedeutete den Anfang der formalen Logik und den Beginn der Mathematisierung der Sprache, insofern schon damals die Mathematiker mit Symbolen operierten. Die Trennung von Sprache und Wirklichkeit ist jedoch nicht nur negativ zu sehen. Die Abgrenzung der Welt der Sprache und ihre Etablierung als ein

selbständiger Wirklichkeitsbereich führte zu einer entsprechenden Abgrenzung der nun von der Begriffsphilosophie befreiten Wirklichkeit, zu einem eigenständigen Reich der Natur. Schon bei der Erörterung sprachphilosophischer Phänomene war Aristoteles auf Probleme wie Zeit und Bewegung gestoßen, die auf den selbständigen Bereich der Physis verwiesen. Aristoteles konnte aufgrund seiner sprachphilosophischen Abgrenzung auch die physikalische Wirklichkeit präziser abgrenzen als Platon und konnte sie damit zum Gegenstand einer den Objekten adäquaten Wissenschaft machen. Doch davon später! Hier geht es um die Tatsache, daß die aristotelische Methode mit innerer Folgerichtigkeit eine präzisere Abgrenzung von Wirklichkeitsbereichen, um mit einem typisch aristotelischen Ausdruck zu sprechen, eine Durchgestaltung (diarthrosis) der zu erforschenden Seinsgebiete erlaubte. Für die verlorene Gesetzmäßigkeit des Seins, für die platonische Ideenhierarchie, die auch der Rede festen Halt bot, mußte eine neue Art von Gesetzmäßigkeit eintreten, deren schwierigstes Problem in der Verknüpfung von Aussagen und damit in der notwendigen Verbindung von Merkmalen lag.
Das Hauptziel seiner Analytiken war daher der Nachweis solcher sprachlichen Gesetzmäßigkeiten, die den Ansprüchen wissenschaftlicher Erkenntnis genügten. Mit Recht konnte Aristoteles gegen die platonische Dialektik einwenden, daß die Diärese keinen gültigen Schluß ermöglicht. Neben der Ablehnung der Ideenlehre, des Chorismus und einer platonischen Universalwissenschaft war dies ein wesentlicher Punkt seiner Platon-Kritik. Aristoteles mußte, da er einen Rückgang ins Unbegrenzte (regressus in infinitum) scheute, irgendwo die von den Ideen abgelöste platonische Begründungskette unterbrechen, einen Halt, eine Grenze (horos) setzen und die Beziehungen zu den mittelbar benachbarten Begriffen herstellen. Die Fixierung eines solchen Begriffs im platonischen Begründungszusammenhang, die Beschränkung auf einen Ausschnitt aus dem Ganzen, war die eigentliche Leistung des Aristoteles. Es war die Geburtsstunde des Syllogismos.
»Ein Satz ist eine Rede, die etwas von etwas bejaht oder verneint. Sie ist entweder allgemein oder partikulär oder unbestimmt. Allgemein nenne ich sie, wenn etwas jedem oder keinem zukommt, partikulär, wenn es irgendeinem oder irgendeinem nicht oder nicht jedem zukommt, unbestimmt, wenn die Rede etwas zukommen oder nicht zukommen läßt ohne den Zusatz allgemein oder partikulär (so daß sie es unbestimmt läßt, in welcher von beiden Weisen es zu nehmen ist), wie z. B. in dem Satz: Das Konträre fällt unter dieselbe Wissenschaft, oder: die Lust ist kein Gut. Der apodikti-

sche Satz (Prämisse oder Vordersatz in dem wissenschaftlichen Beweis, apodeixis) unterscheidet sich von dem dialektischen (Vordersatz in Disputationen) dadurch, daß der apodiktische Satz die Annahme des einen Gliedes des Widerspruchs ist – denn der Beweisende fragt nach ihm nicht, sondern nimmt ihn an –, während der dialektische Satz die Frage stellt (und beantwortet), ob das eine oder das andere Glied des Widerspruchs gelten soll. Das kann aber für die Weise, wie der Schluß in beiden Fällen zustande kommt, keinen Unterschied machen; denn der Beweisende wie der Fragende schließt aufgrund der Annahme, daß eines dem anderen zukommt oder nicht zukommt. So wird denn ein syllogistischer Satz (Vordersatz in einem Schluß) überhaupt die Bejahung oder Verneinung eines Dinges von einem anderen nach der angegebenen Weise sein; apodiktisch aber ist ein solcher Satz, wenn er wahr und aus den obersten Prinzipien abgeleitet ist, und als dialektischer Satz tritt er auf, einmal, wenn man den Gegner ausholt, als Frage nach dem einen oder dem anderen Gliede des Widerspruchs, und dann auch, wenn man schließt, als Annahme dessen, was ein Ansehen hat und wahrscheinlich ist, wie in der Topik erklärt wurde . . . Begriff (lat. terminus) nenne ich die Bestandteile, in die der Satz als in Prädikat und Subjekt der Prädizierung sich auflöst, mag nun das Sein bei der Bejahung hinzugesetzt oder bei der Verneinung, wo es Nichtsein wird, ausgeschieden werden. Ein Schluß ist eine Rede, in der, wenn etwas gesetzt wird, etwas von dem Gesetzten Verschiedenes notwendig dadurch folgt, daß dieses ist. Mit dem Ausdruck: dadurch, daß dieses ist, meine ich, daß die Folge seinetwegen eintritt, und damit, daß sie seinetwegen eintritt, daß es sonst keines, von außen zu nehmenden Begriffes bedarf, damit sich ihre Notwendigkeit ergibt. Vollkommen nenne ich einen Schluß, der, damit seine Notwendigkeit einleuchtet, außer den Voraussetzungen keiner weiterer Bestimmung bedarf, unvollkommen einen solchen, der noch einer oder mehrerer weiteren Bestimmungen bedarf, die zwar wegen der zugrunde liegenden Begriffe notwendig gelten, aber nicht in den Vordersätzen enthalten sind. Daß das eine in einem anderen als Ganzem ist, und daß das eine von jedem anderen ausgesagt wird, bedeutet dasselbe. Wir sagten aber, daß etwas von jedem ausgesagt wird, wenn sich keines von allen Einzeldingen, die unter das Subjekt fallen, namhaft machen läßt, von dem das andere nicht gelten würde. Dieselbe Bewandtnis hat es mit dem Ausdruck: von keinem ausgesagt werden.«[52]

Der Anschluß an die ›Topik‹ ist nicht zu verkennen, wenn Aristoteles auch in ihr noch keine Methode zur Auffindung richtiger Prämissen besaß. Die erarbeitete er erst in der Theorie von der wissenschaftlichen oder apodiktischen Schlußfolgerung. Der wissenschaftliche Syllogismos wurzelt also zwar im dialektischen, geht aber, was die Wahrheitssicherung betrifft, über ihn hinaus. Es lassen sich 256 (4×4^3) Schlußkombinationen unterscheiden. Aristoteles leitete 24 davon aus seiner ersten Figur ab: Wenn A jedem B zukommt und B jedem C, kommt A auch jedem C zu.

»Wenn sich also drei Begriffe zueinander so verhalten, daß der letzte (der Unterbegriff) in dem mittleren als ganzem ist, und der mittlere in dem ersten (dem Oberbegriff) als ganzem entweder ist oder nicht ist, so ergibt sich notwendig für die Außenbegriffe ein vollkommener Schluß. Mittleren Begriff, Mittelbegriff (terminus medius), nenne ich denjenigen Begriff, der gleichzeitig in einem anderen ist und einen anderen in sich begreift – der auch durch seine Stellung der mittlere wird. Außenbegriffe, äußere Begriffe (termini extremi), nenne ich erstens den, der selbst in einem anderen ist, und zweitens den, in dem ein anderer ist.«[53]

Der Syllogismos des Aristoteles ist auf Axiome gegründet. Sie werden nicht abgeleitet, sondern empirisch durch Hinführung (epagoge) aufgestellt. Warum gewisse Beziehungen zwischen Sätzen notwendig sind, erklärt Aristoteles nicht. Von den vier Fällen, daß der Mittelbegriff entweder Subjekt des Ober- oder Prädikat des Unterbegriffs sein kann, oder Prädikat von beiden oder Subjekt von beiden oder Subjekt des Unter- und Prädikat des Oberbegriffs, vernachlässigt Aristoteles den vierten Fall. Ebensowenig behandelte er hypothetische oder disjunktive Schlüsse. Er beschränkte sich auf drei kategorische Schluß-Schemata. Haben ›Topik‹ und ›Erste Analytik‹ mit ihrer Lehre vom dialektischen und apodiktischen Schluß die Grundlage für die Theorie des wissenschaftlichen Beweises gelegt, erfolgt dieser in der ›Zweiten Analytik‹.

»Demnach sagen wir, daß die erste Analytik so gut wie die zweite der Lehre von dem beweisenden Schluß gilt, nur in anderer Weise. Die erste und die zweite Analytik unterscheiden sich voneinander, wie das auch die allgemeine Ansicht der scholastischen Kommentatoren war, im Grunde nur dadurch, daß die erste den beweisenden Schluß nach Seite der Form, die zweite ihn nach Seite des Inhalts betrachtet; die erste lehrt, wie er aus den Prämissen schließen muß, um ein Schluß, die zweite, aus welchen Prämissen er schließen muß, um ein wissenschaftlicher Schluß und ein Beweis im strengen Sinn des Wortes zu sein. Da nun aber die Regeln für die formelle Korrektheit der Schlüsse dieselben sind, mag es sich um einen wissenschaftlichen oder nur um einen dialektischen Schluß handeln – denn immer müssen die Schlußsätze aus den Vordersätzen mit logischer Notwendigkeit hervorgehen –, so folgt, daß die erste Analytik den Schluß im allgemeinen, die zweite ausschließlich den wissenschaftlichen, apodiktischen Schluß behandelt. Ein Schluß ist wissenschaftlich, wenn seine Vordersätze nicht nur wie immer wahr sind, sondern auch als solche, d. h. wenn sie die wahren und ersten Gründe der Konklusion enthalten. Das, und daß es solche Schlüsse gibt, und wie man sie findet, ist das Thema der zweiten Analytik.«[54]

Danach kann man die zweite Analytik als eine Art Wissenschaftstheorie ansehen. In wesentlichen Punkten stimmte Aristoteles darin mit Platon überein, in der Evidenz der Axiome und ihrer Unableitbarkeit sowie in der Deduktion der Beweise. Aristoteles lehnte zwar die metaphysischen, axiologischen und ontologischen Aspekte der platonischen Ideenlehre ab, gestaltete aber die logischen, psychologischen, semantischen und gnoseologischen Aspekte in seinem Sinn aus, d. h. unter Aufgabe der Ideen, während er die Begriffe (eide) in seine Lehre vom Denken bzw. Sprechen integrierte. Neben den Definitionen, die u. a. in der ›Topik‹ erörtert werden und die von der alten sokratischen Frage: ›Was ist es?‹ ausgehen, kehren auch die Hypothesen, die in Platons ›Staat‹ ideelle Prinzipien waren, bei Aristoteles als spezielle Voraussetzungen der Einzelwissenschaften wieder, gleichsam als Unter-Axiome (idiai archai). An die Stelle der platonischen obersten Prinzipien (megista gene) treten bei Aristoteles die obersten Axiome (koinai archai). Platons Weg der Erkenntnis endet in der Anschauung der Idee des Guten, der aristotelische Weg der Abstraktion beim Allgemeinen (katholou). Das Verhältnis der obersten Axiome zu den speziellen Prinzipien hat Aristoteles nicht hinreichend bestimmt. Die gegenüber Platon verbesserte dimensionale Übersicht war mit der Preisgabe der vertikalen Verbindungslinien und der entsprechenden Zusammenhänge erkauft, mit dem gebieterischen ›Halt‹, mit dem Aristoteles die Folge der Begriffe dank seiner Methode an jedem beliebigen Punkt zum Stehen bringen konnte. In dieser Hinsicht blieb er Parmenideer, Platoniker.

In seinem Denken zeigt sich überall das Streben nach Kompromissen und Synthesen: »Aristoteles erklärt also die Erkenntnis der ersten Begriffe und Sätze als eine Kombination von Erfahrung und Abstraktion. Seine Ansicht kann weder als Empirismus noch als Rationalismus klassifiziert werden. Wie so oft findet er einen intelligenten Kompromiß. In gleicher Weise beschreibt er den Vorgang, wie man durch Argumentation zu wissenschaftlich haltbaren Schlüssen gelangt. Beobachtungen aller Art mit Einschluß des *consensus omnium*, des Ergebnisses der Erfahrung vieler Generationen von Menschen, versehen uns mit dem Daten-Material. Das logische Denken schlägt eine Brücke zwischen den Daten der Erfahrung und den intuitiv erkannten Allgemeinbegriffen und ersten Sätzen. Als Beschreibung des Prozesses betrachtet, ist seine Darstellung richtig und wohl auch heute noch zutreffend. Daß er irrtümlicherweise glaubte, seine Beschreibung erkläre auch die Sache, müssen wir in Kauf nehmen. In der praktischen Anwendung freilich war diese Methode für ihn verhängnisvoll, teils weil er nicht genug Daten zur Verfügung hatte, teils weil er den Begriff ›Data‹ anders als wir faßte. Seine Methode, so wie er sie beschreibt, bedeutet also nicht an sich, daß er in höherem Grade als ein heutiger Wissenschaftler die Forderung nach apriorischer Argumentation stellte. In der Praxis aber akzeptierte er als Data eine Menge von apriorischen Annahmen und auch ganz fehlerhaften Daten, die ihm als *archai* dienten. Viele der von ihm selbst postulierten *archai* sind gar nicht selbstevident – nicht selten ganz falsch. Als seinen dritten Irrtum müssen wir schließlich die Einführung und Verwendung einer Wertskala bei Dingen, die nicht Gegenstand einer Wertschätzung sein können, bezeichnen.«[55]

Auch in dem Glauben, daß durch den Syllogismos aus Bekanntem neue Erkenntnis zu gewinnen ist, dürfte sich Aristoteles getäuscht haben. Es handelt sich beim Schlußsatz um längst Bekanntes. Das gesamte Verfahren nützt weniger zum Erkenntnisgewinn als zum Aufzeigen gewisser Sinnzusammenhänge, Begriffsmerkmale und Beziehungen zwischen Aussagen. Die syllogistische Methode läßt auf sprachlicher Ebene Strukturen wiedererstehen, die Platon im Ideenreich entdeckt zu haben glaubte. Sie verleiht Übersicht über Bekanntes, stiftet Ordnung in den Beziehungen der Begriffe und erleichtert das Klassifizieren. Bedeutete aber die Ablösung der Sprache vom Sein nicht einen Rückschritt gegenüber Platon, einen Schritt in Richtung auf die von Sokrates und Platon in mühevollen Auseinandersetzungen überwundene Sophistik? In gewissem Sinn, sofern nämlich Technik, Methode und Perfektion den Wahrheitswillen verkümmern lassen können, was Aristoteles allerdings nicht beabsichtigte. Immer wieder betont er, daß der Wert einer Philosophie von der Liebe zur Wahrheit abhängt, nicht von technischen Fertigkeiten. Aber auch in der Zeit nach Aristoteles garantiert die Beherrschung der logischen Regeln und Methoden noch nicht die Erkenntnis der Wahrheit. Ein perfekter Logiker kann seine Kunst in den Dienst des Willens zur Macht, seines Machtstrebens oder Machtbesessener stellen und damit genau das Gegenteil von dem bewirken, was Aristoteles mit seinen logischen Untersuchungen bezweckte: Wahrheitssicherung. Ein nicht zu leugnender Vorteil der aristotelischen techne besteht indessen in der Möglichkeit, die sie an die Hand gibt, formale Argumentationsfehler aufzudecken und damit z. B. das Treiben moderner Sophisten, Ideologen oder Demagogen zu erschweren. Durch das Studium derartiger Fehlerquellen entdeckte Aristoteles schon die Schlüsse aus falschen Prämissen, den Zirkelschluß, das proton pseudos, die erste falsche Voraussetzung sowie die petitio principii, eine Vorausnahme des zu Beweisenden. Er erörterte ferner die Umkehrung von Schlüssen, die Widerlegung aus den Folgesätzen und die Beweisführung, nicht dagegen das Zustandekommen von Erfahrung, die Legitimation der Wahrnehmung oder der Axiome.

Aristoteles hat Rhetorik und Poetik sowohl in Dialogform (›Gryllos‹; ›Über die Dichter‹) als auch in Form von Pragmatien behandelt. Der Großteil seiner Schriften zu diesem Themenkomplex dürfte gegen Ende der Periode seiner Tätigkeit in der Akademie fallen. Spätere Ergänzungen sind wahrscheinlich. Während aber die Redekunst, die ›Techne rhetorike‹ oder ›Ars rhetorica‹, wenigstens teilweise ein wohlkomponiertes Werk darstellt und sicherlich zur Veröffentlichung bestimmt war, dürfte die Schrift ›Über die Dichtkunst‹, ›Peri poietikes‹ oder ›Ars poetica‹ in der vorliegenden Form kaum literarischen Ansprüchen genügen. Die Entstehungszeit der ›Poetik‹ deckt sich im großen und ganzen mit der der ›Rhetorik‹. Beide Schriften sind aus der Arbeit in der Akademie erwachsen und tragen sowohl platonische Züge als auch Zeichen einer eigenen Entwicklung des Aristoteles. Seine ›Rhetorik‹ hat im Altertum, im Gegensatz zu verschiedenen trockenen Lehrbüchern, die nur Topoi und Formalien enthielten, keine nennenswerte Wirkung ausgeübt, war es doch nur eine Theorie der Redekunst. Auch hier ist die Frage zu stellen, ob die aristotelische Aufwertung der Rhetorik nicht gegenüber Platon einen Rückschritt bedeutet. Platon hatte die Rhetorik im ›Gorgias‹ einer vernichtenden Kritik unterzogen und sie mit der Kochkunst verglichen. Im ›Phaidros‹, einer Palinodie, einer gewissen Rücknahme seiner Kritik, gesteht er zwar der Rhetorik positive Wirkungsmöglichkeiten zu und unterscheidet eine philosophisch fundierte von der üblichen Redekunst, aber er hätte sie nie als gleichberechtigte Disziplin neben seiner Dialektik gelten lassen. Indem Aristoteles beide nebeneinanderstellt und die Rhetorik rehabilitiert, weicht er beträchtlich von Platons Urteil ab und kritisiert ihn implizit. Andererseits ist nicht zu übersehen, daß Aristoteles die Rhetorik nicht mit den Wissenschaften gleichstellt. Die Wissenschaft liefert nach ihm sichere Erkenntnis, die Rhetorik nur wahrscheinliche.

»Die Rhetorik ist ein entsprechendes Seitenstück zur Dialektik;

denn beide haben es mit Gegenständen solcher Art zu tun, welche in gewisser Beziehung Gemeingut für die Erkenntnis aller sind und keiner bestimmt abgegrenzten Wissenschaft angehören. Daher sind auch in gewisser Beziehung alle Menschen Rhetoriker und Dialektiker; denn alle befassen sich damit, bis zu einem gewissen Grade einerseits die Ansichten anderer zu untersuchen und die eigene Ansicht geltend zu machen, andererseits sich gegen Anklagen zu verteidigen und selbst andere anzuklagen. Die ununterrichtete Masse von Menschen verrichtet diese Tätigkeiten teils unbewußt und zufällig, teils vermöge einer durch Gewohnheit erworbenen Fertigkeit. Da es aber auf beide Weise möglich ist, so ist es klar, daß es auch möglich sein muß, zu derselben Anleitung zu geben. Denn es ist möglich, auf wissenschaftlichem Weg die Ursache zu ermitteln, warum sowohl die gewohnheitsmäßigen als die zufälligen Redner ihre Erfolge erreichen; eine solche Ermittlung aber ist, wie jedermann zugeben dürfte, gerade das, was eine Theorie leistet.«[56]
In diesen einleitenden Worten wird bereits zweierlei deutlich: einmal die Gleichrangigkeit von Dialektik und Rhetorik, sodann der Unterschied beider zur Wissenschaft. Aristoteles will eine wissenschaftliche Theorie der Redekunst geben. Sie ist für ihn weder eine Wissenschaft noch eine bloße Fertigkeit, sondern eine techne. Die bisher darüber geschrieben haben, so heißt es weiter, haben wenig zur Erhellung des Phänomens beigetragen, weil sie sich mit dem Beiwerk begnügten. Das Wesentliche aber sind die Überzeugungsmittel, die Enthymeme, denn sie lassen eine ›wissenschaftliche‹ Behandlung zu. Die Enthymeme sind eine Art Schlußfolgerung und bilden den ›logischen‹ Teil der Redekunst. Aristoteles hat das Enthymem an mehreren Stellen seiner ›Redekunst‹ erörtert, vor allem im 11. Kapitel des 1. Buches und im 22. Kapitel des 2. Buches. Nachdem er dort vom Glauben (pistis) erzeugenden Beweismittel gehandelt hat, geht er zum ›beweisenden‹ rhetorischen Schluß über:
»Der rhetorische Beweis aber ist das Enthymem, und zwar ist dasselbe, um es kurz zu sagen, das stärkste der Überzeugungsmittel; das Enthymem aber ist eine Art von Syllogismos, und über alle Syllogismen ohne Unterschied hat die Dialektik zu handeln, entweder die gesamte unter diesem Namen begriffene Wissenschaft oder ein bestimmter Teil derselben. Daraus ergibt sich, daß derjenige, welcher vorzugsweise befähigt ist, wissenschaftlich zu erkennen, aus welchen Bestandteilen und auf welche Weise ein Syllogismos entsteht, zugleich auch vorzugsweise ein Enthymematiker sein wird, indem er nur noch den weiteren Schritt zu tun hat, sich klarzumachen, von welcher Art die Dinge sind, mit denen es die

Enthymeme zu tun haben, und welches die Unterschiede sind, durch welche sich die letzteren von den logischen Syllogismen unterscheiden. Denn die Erkenntnis des Wahren und dessen, was dem Wahren ähnlich ist, ist Sache einer und derselben Geistesfähigkeit, und überdies sind die Menschen von Natur mit einem hinlänglichen Gefühl für das Wahre begabt und treffen daher in den meisten Fällen die Wahrheit. Darum ist die Anlage, das nach den geläufigen Vorstellungen allgemein Gültige zu treffen, immer auch Eigenschaft dessen, der die Wahrheit selbst zu finden versteht.«[57]
An späterer Stelle heißt es:
»Daß das Enthymem eine Art von Syllogismos sei, ist bereits früher ausgesprochen worden, desgleichen in welcher Weise es ein Syllogismos sei und wie es sich von den dialektischen Schlüssen unterscheide. In Enthymemen darf man nämlich weder von einem fernliegenden Satz ausgehen, noch alle Mittelglieder ausführlich beibringen; denn das erstere führt zur Undeutlichkeit, weil der auffassende Verstand einen zu langen Weg zu machen hat, und das letztere wird Geschwätzigkeit, weil man die Dinge sagt, die von selbst einleuchten. Dies ist denn auch der Grund, weshalb die Ungebildeten mit ihren Reden bei den Massen mehr Eindruck machen als die Gebildeten, wie denn auch die Dichter sagen, daß der Ungebildete – *beim Pöbel leichter trifft den rechten Ton:* denn die Gebildeten sprechen allgemein und abstrakt, die Ungebildeten dagegen halten sich an das, was sie wissen und an das Naheliegende. Daraus folgt also, daß der Redner nicht aus allem und jedem, was für wahr gilt, seine Schlüsse ziehen darf, sondern sich innerhalb der oben angegebenen Grenzen zu halten hat, also z. B. innerhalb des Gedankenkreises seines richtenden Publikums oder derjenigen Personen, welchen dieses Publikum Glauben schenkt; und zwar muß es im letzteren Fall entweder allen oder doch der Mehrzahl bekannt sein, daß jene, auf welche man sich beruft, dieser Ansicht sind. Desgleichen muß der Redner nicht bloß aus dem unbedingt Notwendigen, sondern auch aus dem, was in der Mehrzahl der Fälle eintrifft, seine Schlüsse ziehen.«[58]
Das verbindende Glied zwischen der Rhetorik und der Wissenschaft ist also das Enthymem, eine Art Syllogismos. Er verleiht der Argumentation des Redners in erster Linie Überzeugungskraft. Der Redner, welcher Enthymeme in seinen Darlegungen bevorzugt, der Enthymematiker, kommt dem Wissenschaftler am nächsten. Was sie verbindet, ist das Streben nach Wahrheit. Das war vielleicht der Hauptgrund dafür, daß in der hellenistischen Redepraxis die aristotelische Theorie wenig Anklang fand. Ferner muß der Redner die Extreme der Undeutlichkeit und Geschwätzigkeit

meiden. Er soll einen Mittelweg zwischen Wissenschaftlichkeit und Alltäglichkeit einschlagen. Neben dieser logischen Technik, seiner Beweiskunst, muß der Redner psychologische Kenntnisse besitzen, d.h. vor allem praktische Menschenkenntnis. Er muß das für die einzelnen Altersstufen typische Denken, Fühlen und Wollen kennen, die Denkweise der Alten, die Einstellung der mittleren Altersgruppe sowie vor allem Stimmungen und Gefühle der jungen Leute, denn diese lassen sich am leichtesten von Affekten bestimmen. So wird die Steuerung der Affekte zu einem wesentlichen Bestandteil rhetorischer Kunst. Aristoteles hat in seiner Rhetorik ein Meisterstück in der Analyse und Klassifizierung der Affekte geleistet:

»Affekte sind alle solche Gemütsbewegungen, infolge deren die Menschen je nach dem Wechsel derselben in ihren Urteilen wechseln und mit welchen Lust und Unlust verbunden sind, wie z.B. Zorn, Mitleid, Furcht und dergleichen mehr, sowie die Gegensätze derselben. Bei jedem einzelnen Affekt hat man dreierlei zu unterscheiden. Ich meine folgendes. Beim *Zorn* z.B. ist erstens zu untersuchen, in welcher Verfassung und unter welchen Umständen der Mensch zornmütig ist, zweitens über welche Menschen er gewöhnlich in Zorn gerät und drittens über welche Art Dinge. Denn gesetzt, wir hätten nur eins oder zwei von diesen Stücken inne, nicht aber alle zusammen, so dürfte es uns unmöglich sein, den Zorn nach Belieben zu erregen, und ebenso ist es mit den anderen Affekten. Wie wir nun in den vorhergehenden Untersuchungen immer die betreffenden Grundsätze gleichsam übersichtlich hingezeichnet haben, so wollen wir es auch hier ebenso machen und die einzelnen Gegenstände nach besagter Weise abhandeln.«[59]

Im folgenden analysiert Aristoteles die Affekte Zorn, drei Arten der Geringschätzung: Verachtung, Verletzung und Beleidigung, die oft dem Übermut entspringt, Liebe und Haß. Als Ursachen der Feindschaft nennt er Zorn, Mißhandlung und Verleumdung. Hoffnung, Furcht und Mitleid sind Affekte, die in der Poetik an zentraler Stelle wiederkehren. Außerdem ist die Rede von Scham, Schamlosigkeit, Freundlichkeit, Freundschaft, Neid und Eifersucht. Von den Leidenschaften lassen sich die Eigenschaften unterscheiden. Bei diesen, bereits zum ethischen Bereich überleitenden Topoi sind Lebensalter und Lebensumstände mitzuberücksichtigen, ferner die sozialen Verhältnisse sowie die Gewohnheiten. Nach dem logischen und psychologischen Aspekt kommen wir damit zum ethischen Aspekt der Rhetorik. Zweifellos hat Aristoteles mit seinen praktischen Studien zur Affektlehre, die er für die Rhetorik benötigte, wesentlich zum Gedankenreichtum seiner

Ethiken beigetragen, die es nicht in erster Linie mit Affekten (pathe) zu tun haben, sondern mit Charaktereigenschaften, festen Gewohnheiten bzw. Verhaltensweisen (hexeis). Zudem war diese Aufteilung der Materien für ihn recht praktisch. Wenn er in der Rhetorik die Affekte behandelte, konnte er sich ihre Erörterung in der Psychologie sparen. Auch für diese Wissenschaft leistete Aristoteles in der Redekunst wichtige Vorarbeiten. Was den ethischen Aspekt der Rhetorik betrifft, sind folgende Einzelerkenntnisse festzuhalten: die Kenntnis der Motive für Lob und Tadel verbinden den Rhetoren mit dem Ethiker. Der Redner muß ein allgemeines Wissen von Tugenden und Lastern haben. An Tugenden erscheinen in der ›Redekunst‹: Gerechtigkeit, Tapferkeit, Mäßigung, Großmut, Hochherzigkeit, Freigebigkeit, Milde, Klugheit und Weisheit, also der Grundstock der auch in den Ethiken behandelten Werte. Auch der Begriff der Glückseligkeit (eudaimonia) kommt schon vor, wenn auch nicht in der zentralen Bedeutung wie in den Ethiken. Die Ausrichtung der Handlungen auf Ziele (tele) zeichnet sich ebenfalls schon ab, und Ansätze einer Entscheidungstheorie (vgl. proairesis) kommen zum Vorschein. Die Herausarbeitung affektiver Extreme deutet auf die Lehre der Ethiken von der Tugend als Mitte (mesotes) zwischen extremen Verhaltensweisen voraus. In der Auffassung der Gerechtigkeit weicht Aristoteles bereits hier von der platonischen Sicht ab. Unter Gerechtigkeit versteht er weniger Ordnung, Harmonie, Proportion oder Gleichgewicht als eine Haltung gegenüber anderen Menschen. Er faßt sie also weniger individualistisch, dafür mehr sozial auf. Dem entspricht die relativierende Funktion der Billigkeit.

Als Aristoteles die Rhetorik schrieb, diskutierte man in der Akademie vor allem zwei Lust-Theorien. Eudoxos hielt die Lust für das höchste Gut, Speusipp dagegen für einen Unwert. Platons Lehre von der Lust hatte sich von radikaler Ablehnung z. B. im ›Gorgias‹ und ›Phaidon‹ zu einer sehr differenzierten Einstellung gegenüber diesem Phänomen fortgebildet, wie im ›Philebos‹ und in den ›Nomoi‹ zu erkennen ist. Die Erörterung der Lust fällt in ein Grenzgebiet zwischen Psychologie, Ethik, Pädagogik und Politik. In seiner ›Rhetorik‹ scheint Aristoteles eine provisorische Lösung dieses heiklen Problems bevorzugt zu haben. In den Ethiken distanzierte er sich dann später schrittweise von der ursprünglich pythagoreischen Theorie, wonach der Mensch Lust empfindet, wenn sich sein inneres Gleichgewicht wiederherstellt.

Welches ist der theoretische Ertrag der ›Rhetorik‹? Die Rhetorik hat sich, wie die Dialektik, als eine Art vorwissenschaftlicher Kunst erwiesen. Sie will überreden, nicht belehren, aber auch

beweisen. Sie verwendet dazu nicht, wie die Logik, Syllogismen, sondern Enthymeme, Wahrscheinlichkeitsschlüsse, und arbeitet mit Beispielen, Gleichnissen, Sprüchen, Bildern sowie Analogien. Es gibt eine beratende (symbouleutische, deliberative), gerichtliche (iudiziale, dikanische) und eine Lob- oder Festrede (demonstrative, epideiktische). In der beratenden Rede geht es besonders um politische Entscheidungen, in der Gerichtsrede um Recht und Unrecht, in der Festrede um Lob und Tadel. Die Festrede verwendet gern die Steigerung (Amplifikation), die Gerichtsrede den Beweis (Enthymem) und die beratende Rede das Beispiel (Paradigma). In allen drei Gattungen kommen die Fragen vor: Was ist möglich? Was wird oder ist geschehen? Was ist mehr oder weniger wert? Die Lehre von der Redekunst befaßt sich mit Beweisführung (apodeixis), Redeweise (lexis) und Aufbau (taxis) der Rede. Bei den Beweismitteln sind kunsthafte (entechnoi) und kunstlose (atechnoi) zu unterscheiden, ferner solche, die sich auf den Gegenstand, von solchen, die sich auf den Redner oder den Zuhörer beziehen. Die Beweisführung befaßt sich mit dem Gegenstand, der persönliche Eindruck nützt oder schadet dem Redner, die Stimulierung der Affekte bewegt die Zuhörer. Die Sprache des Redners muß sich von der des Dichters unterscheiden. Sie muß angemessen (prepon) sein, gleich weit entfernt von Schmucklosigkeit und Überhäufung mit schönen Worten. Sie muß sprachlichen Ausdruck, Rhythmus und Satzbau aufeinander abstimmen. Außerdem muß sie anschaulich und gefällig sein sowie der Art nach zwischen schriftlicher Darlegung und mündlichem Vortrag differenzieren. Bei der Anordnung der Rede ist vor allem auf die Herausarbeitung des Sachverhalts und die Beweisführung zu achten. Mit Einleitung und Schluß ergeben sich danach vier Hauptteile. Neben den Beziehungen zur ›Topik‹, zu den ›Analytiken‹ und ›Ethiken‹ läßt sich unschwer auch eine Beziehung der ›Rhetorik‹ zur ›Poetik‹ feststellen. Die ›Poetik‹ ist, so sagten wir, wie die ›Rhetorik‹ aus der Arbeit in der Akademie erwachsen, wenn auch ungleich formloser als diese gearbeitet.
Die Unterschiede zu Platons Auffassung vom Dichter werden sogleich sichtbar. Platon hatte die Dichterfrage in seinen großen Staatsentwürfen, im ›Staat‹ und in den ›Gesetzen‹ vom Standpunkt des philosophischen Politikers aus erörtert. Manche übereifrigen Fürsprecher der modernen Demokratie glaubten, die ›offene Gesellschaft‹ gegenüber angeblich totalitären Tendenzen Platons verteidigen zu müssen, offensichtlich infolge einer Reihe von Mißverständnissen.[60] Platon kritisierte die Dichter, sofern sie sich nicht auf ihr Metier beschränkten, pseudophilosophische Ansichten propagierten und politischen Parolen in die Welt setzten, die zur Zer-

störung der Demokratie, wie jedes geordneten Staatswesens, führten. Seine Kritik galt ferner nicht den immoralistischen Tendenzen einiger Dichter als solcher, sondern ihrer nur aus den Verhältnissen der Polis verständlichen Rolle als Volkserzieher. Platon warf den Dichtern vor, daß sie statt guter Dichtung schlechte Philosophie in ihren Werken verbreiteten, daß sie die Wahrheit mißachteten, nach Art der Sophisten ›gut‹ in ›böse‹ und ›ungerecht‹ in ›gerecht‹ umfälschten sowie einem hemmungslosen Illusionismus huldigten. Platon wollte, modern ausgedrückt, den möglichst ideologiefreien, unvoreingenommenen, unsophistischen Künstler in seinen Staatsentwürfen wieder zu Ehren bringen und damit der Kunst als solcher einen Dienst erweisen. Platon schloß von seiner Gesellschaft die pseudophilosophischen Dichter aus, die mehr Rhetoriker und Sophisten waren als Künstler, die politischen Parteigänger und Wegbereiter der Demagogen. Gegen sie kämpfte Platon, nicht ohne Leidenschaft, zeitlebens an. In seinem letzten und längsten Dialog, den ›Gesetzen‹, stellte er den Tragödiendichtern seiner Zeit sein eigenes Werk als tragische Dichtung entgegen.[61] Er kämpfte also mit den Professionellen um die Palme in der Beantwortung jener universalen Frage, die alle geistig regen Menschen der Zeit beschäftigte: Welches ist die beste Art zu leben? Platon verstand sich nicht ausschließlich als Denker oder Theoretiker, sondern auch als Künstler, nämlich als Vorkämpfer für eine neue Lebensform, als Reformer der bestehenden Gesellschaft und als Künder einer besseren und menschlicheren Lebensweise.
All diese Intentionen oder, wenn man will, Ambitionen fehlen Aristoteles. Er beschränkte sich auf die Theorie der Dichtkunst wie er sich auf eine Theorie der Redekunst beschränkt hatte. Sein Werk ist, wie sich gleich zeigen wird, vorwiegend analytisch, empirisch, phänomenologisch bzw. morphologisch, nicht revolutionär, reformerisch, gesellschaftskritisch oder erzieherisch. Das bedeutete, wie im Fall der Rhetorik, gegenüber der platonischen Dialektik, eine Aufwertung der traditionellen Poesie gegenüber der Dichter-Konzeption, speziell der Tragödien-Interpretation Platons. In der Deutung der Kunst als Nachahmung (mimesis) stimmt Aristoteles mit Platon überein, nicht aber in der Bewertung des Mimetischen. Platon sah in der materiell-zeitlichen Wirklichkeit nur ein Abbild des Ideenreichs, der wahren Welt, in der Kunst nur ein Abbild des Abbilds, das noch weniger Wahrheit enthält als dieses. In dieser Perspektive betrachtet, verloren alle Künste viel von ihrem Glanz. Aristoteles erblickte in der fiktiven Welt der Kunst gerade ihre Stärke, ihren Wert und ihre Legitimation. Ihm stellt sich die Frage nach ›gut‹ und ›böse‹, ›wahr‹ und ›falsch‹ nicht so wie Platon. Er

betrachtete den Künstler nicht in erster Linie als Erzieher und Gestalter der gesellschaftlichen Verhältnisse, sondern als Darsteller, der die Wirklichkeit reflektiert wie sie ist, der sie, wie ein Wissenschaftler, analysiert, kontrolliert und in der Zusammenschau (synopsis) nach Art eines Wissenschaftlers wieder synthetisiert. Nur so erklärt sich sein bekanntes Diktum, die Kunst sei philosophischer als die Geschichtsschreibung, da sie dem Betrachter des Allgemeinen, dem Wissenschaftler näher stehe.

Aristoteles beginnt seine Schrift mit allgemeinen Unterscheidungen. Neben der epischen und tragischen Dichtung erscheinen Komödie und Lyrik (Dithyrambik), ferner Flöten- und Zitherspiel (Auletik, Kitharistik). Diesen Gattungen ist das Prinzip der Nachahmung gemeinsam. Sie unterscheiden sich aber durch Mittel, Gegenstände und Art ihrer Nachahmung. Sie alle ahmen mit Hilfe von Rhythmus, Wort und Harmonie nach, wobei diese Darstellungsmittel entweder gesondert oder verbunden Anwendung finden. Die Wortdichtung (epopoiia) bedient sich entweder im Versmaß gebundener oder ungebundener Rede. Zu letzterer gehören z. B. die Mimen des Sophron (um 420), worin er in ernsthafter oder scherzhafter Form Themen des Alltagslebens dichterisch behandelte. Die Mimen gelangten von Sizilien nach Italien und, durch Platon, nach Athen. Er benutzte diese Kunst, um seinen Dialogen Farbe zu verleihen. Nomenpoesie, religiöse Gesänge mit Zitherbegleitung zu Ehren Apollons und die Dithyrambik, Lieder zur Feier des Dionysos, verwenden, neben der Tragödie und Komödie, Rhythmus, Melodie und Metrum, entweder alle diese Elemente zugleich oder nacheinander. Da alle nachahmenden Handlungen nachahmen, es aber gute und schlechte Handlungen gibt, entsprechen ihnen auch in der Kunst Unterschiede dieser Art, wobei die nachgeahmten Handelnden entweder besser oder schlechter als die derzeitigen Menschen sind oder gleichartig. Polygnot schuf edlere Gestalten, Pauson, sein Zeitgenosse, ein Karikaturist, bevorzugte häßliche Typen. Aristophanes verspottete ihn in der Komödie. Dionysios, ebenfalls ein Zeitgenosse Polygnots, malte die Menschen wie sie waren. Auf dem Unterschied zwischen besseren und schlechteren Charakteren beruht auch die Verschiedenheit von Tragödie und Komödie. Nach der Art oder dem ›Wie‹ der Nachahmung lassen sich drei Fälle unterscheiden: Erzählung bald in eigener, bald in fremder Person (Epos), nur in eigener Person (Lyrik) oder eigene Handlung (Tragödie, Drama). Aristoteles führt zwei Entstehungsursachen der Poesie an, den Nachahmungstrieb und die Freude über die Erzeugnisse der Nachahmung.

»Es schied sich aber die Poesie nach den spezifisch eigentümlichen

Charakteren der Dichtenden in entsprechende Verschiedenheiten. Die ernsteren Charaktere ahmten edle Handlungen und Handlungen ebensolcher Menschen nach, die leichtfertigen dagegen die der schlechten, indem sie zuerst Spottgedichte machten, wie jene anderen Hymnen und Lobgedichte.«[62]

Homer machte mit beiden Gattungen den Anfang, vorzugsweise aber mit der ernsthaften Dichtung. Sein ›Margites‹ ist ein Spottgedicht, die ›Ilias‹ und ›Odyssee‹ stehen dagegen der Tragödie nahe. Sowohl die Tragödie als auch die Komödie erwuchs aus Improvisationen, die Vorsänger vortrugen, diese aus Phallusliedern, jene aus Dithyramben. Aischylos ging von einem auf zwei Schauspieler über, Sophokles auf drei. Er führte auch die Bühnendekoration ein.

»Auch hinsichtlich ihres Umfangs gelangte sie von kleinen Mythen und lächerlichem sprachlichen Ausdruck, wie das ihrer Herkunft aus dem Satyrspiel anklebte, erst spät zu ihrer eigentümlichen Bedeutung und Erhabenheit, sowie auch das Versmaß vom Tetrameter zum jambischen überging. Im Anfang nämlich bediente man sich des Tetrameters, weil die Dichtung noch mehr den Satyrn- und Tanzcharakter hatte; sobald aber die erzählende Rede sich herausgebildet hatte, fand die Natur derselben das zu ihr gehörige Metrum von selbst. Denn von allen Versmaßen ist das jambische vorzugsweise das der gewöhnlichen Rede. Beweis dafür ist, daß wir in der gewöhnlichen Unterhaltung miteinander meistenteils in Jamben sprechen, sehr selten dagegen in Hexametern und nur in Fällen, wo wir über den gewöhnlichen Gesprächston hinausgehen.«[63]

Die Komödie ahmt nicht schlechte Charaktere als solche nach, sondern Häßliches, soweit es lächerlich ist, also niemand schmerzt oder verdirbt.

»Was nun die Ependichtung anlangt, so steht sie, insofern sie Nachahmung edler Charaktere ist, mit der Tragödie auf gleichem Boden, unterscheidet sich aber von ihr dadurch, daß ihr Metrum ein einfaches und daß sie berichtende Erzählung ist; sowie endlich hinsichtlich des Umfangs. Denn während jene es möglichst darauf anlegt, daß die in ihr dargestellte Handlung innerhalb eines Sonnenumlaufs vor sich oder doch nur wenig darüber hinausgehe, ist das epische Gedicht hinsichtlich der Zeit unbeschränkt und hat darin einen wesentlichen Unterschied von jener. In der ersten Zeit freilich machten es in dieser Beziehung die Dichter bei den Tragödien ebenso wie bei den Epen.«[64]

Damit kommen wir zu Aristoteles' berühmter Definition der Tragödie, die wie keine andere Lehre des Philosophen seit Beginn der Neuzeit Geister und Gemüter der Interpreten beschäftigte. Die Literatur zu diesem Thema ist kaum übersehbar.

»Es ist also *Tragödie* Nachahmung einer Handlung würdig bedeutenden Inhalts und vollständig abgeschlossenen Verlaufs, der einen bestimmten Umfang hat, in künstlerisch gewürzter Sprache, deren Würzen jede für sich in den verschiedenen Partien der Tragödie zur Anwendung kommen, vorgeführt von gegenwärtig handelnden Personen und nicht durch erzählenden Bericht, durch Mitleid und Furcht die Läuterung der Empfindungseindrücke dieser Art abschließlich zustande bringend. Ich nenne ›künstlerisch gewürzte Sprache‹ eine solche, welche Rhythmus, Harmonie und Gesang in sich schließt, und verstehe unter der ›gesonderten Anwendung für jede der bestimmten Darstellungsweisen‹ dies, daß einige Partien bloß metrisch gehalten sind, während dagegen zur vollständigen Darstellung anderer Gesang erforderlich ist.«[65]

Daß die Tragödie nach ihrem Umfang begrenzt, ein geordnetes, übersichtliches Ganzes sein muß, war für Aristoteles wie für jeden Griechen selbstverständlich. Sophokles hat diese Forderung wohl am besten erfüllt. Auf nahezu unüberwindliche Schwierigkeiten stößt der Interpret dagegen im Hinblick auf die Reinigung (katharsis) oder Läuterung der Affekte Mitleid (eleos) und Furcht (phobos) bzw. Rührung und Schaudern. Entscheidend ist die Reinigung, Läuterung oder Befreiung von Affekten, die das Seelenleben des Menschen bedrücken, also von Ängsten, Zwängen, Leiden sowohl beim Handelnden als auch beim Zuschauer. Der tragische Held erlöst sich vor einem mehr oder weniger mitempfindenden Publikum nicht von seiner Schuld, das wäre zu moralistisch, sondern von Verzweiflung und (Selbst-)Mitleid. Er zeigt damit dem Zuschauer, wie auch er sich vom Zwang deprimierender und unwürdiger Affekte befreien kann. Darin liegt die zugleich ästhetische, psychologische und medizinische Wirkungsmöglichkeit der Tragödie, die einen Weg zur Selbstbefreiung darstellt. Die Tragödie kann danach dasselbe Ziel erreichen, zu dem der Weise durch Selbsterkenntnis, der Heilige durch Selbstaufgabe sowie der Yogin durch Askese und Meditation gelangt. Das Ziel ist ein höherer Zustand, eine Wiedergeburt des besseren Ich, eine Art Selbsterlösung.

»Was nun die Handlung anlangt, so ist ihre hier in Frage kommende Nachahmung die Fabel. Ich verstehe nämlich unter *Fabel* hier die Komposition der Begebnisse, unter *Charakteren* das, was unser Urteil über die sittliche Beschaffenheit der Handelnden bestimmt, unter Reflexion alle diejenigen Partien, in welchen sie (die Handelnden) mittelst der Rede irgend etwas darlegen oder eine Anschauungsweise zutage bringen. Notwendig also muß die Tragödie überhaupt sechs Bestandteile haben, nach welchen sich die Beschaffenheit der einzelnen Tragödie bestimmt. Diese sind: Fabel, Charaktere, sprachlicher Ausdruck, Gedanken, sinnliche Darstellung fürs Auge und Gesangkomposition. Die Mittel nämlich, durch welche die auftretenden Personen eine Handlung nachahmend darstellen, bilden zwei Bestandteile, die Art und Weise, wie sie darstellen, einen, die Gegenstände, welche sie darstellen, drei; und weitere Bestandteile gibt es nicht.«[66]

Die Fabel (mythos, plot, story) liefert den »Stoff« der Handlung, die Zusammenstellung der Taten und Tatsachen. Sie ist gleichsam die »Seele der Tragödie«.[67]

»Der *Charakter* einer Person ist dasjenige, woraus sich offenbart, von welcher Art ihre sittliche Absicht ist. Darum haben solche Reden nichts von Charakter, in welchen überhaupt sich nicht zeigt, was der Redende erstrebt oder was er flieht. Reflexion (intellektuelle Tätigkeit) dagegen sind alle die Stellen, in welchen die Personen dartun, daß etwas ist oder daß es nicht ist, oder überhaupt etwas auseinandersetzen ... *Einfach* nenne ich diejenige Handlung, in deren zuvor definiertem ununterbrochen fortschreitenden und einheitlichen Verlauf ohne plötzlichen Schicksalswechsel (Peripetie) oder Erkennung (Anagnorismos) die Wandlung sich vollzieht. *Verwickelt* dagegen eine solche, infolge deren die Wandlung in Verbindung mit Erkennung oder mit plötzlichem Schicksalswechsel oder mit beiden zusammen stattfindet.«[68]

Die schönste Erkennung ist nach Aristoteles die, welche mit plötzlichem Schicksalswechsel einhergeht.

»*Prologos* (Vorakt) ist der ganze Teil der Tragödie, der dem Einzug des Chors vorausgeht, Epeisodion der ganze Teil der Tragödie, welcher zwischen ganzen Chorliedern mitteninne liegt, Ausgang (Exodos) der ganze Teil der Tragödie, hinter welchem ein Chorlied nicht mehr folgt. Von der Chorpartie heißt *Parodos* (Eingangslied) der erste Vortrag des ganzen Chors, *Stasimon* (Standlied) dasjenige Lied des Chors, das keine Anapästen und Trochäen hat, *Kommos* (zerfällter Gesang) endlich der Klagegesang, an welchem die Chorpersonen und die Personen der Bühne gemeinsam Anteil haben.«[69]

Eine gute Tragödie darf nach Aristoteles weder einen guten Menschen ins Unglück geraten lassen, das wäre weder mitleid- noch furchterregend, sondern empörend, noch einen bösen Menschen vom Unglück ins Glück, das wäre völlig untragisch. Aber auch der schlechte Mensch darf in der Tragödie nicht ins Unglück geführt werden, denn das erregte wohl Teilnahme, aber weder Mitleid noch Furcht. Der tragische Held muß sich in der Mitte zwischen ethischer Vorzüglichkeit und Minderwertigkeit befinden. Er macht irgendeinen Fehler (hamartia), der ihm zum Verhängnis wird, wobei der Glückswechsel um so mehr empfunden wird, je besser es ihm zuvor ging. Ein Musterbeispiel dafür ist nach Aristoteles der ›König Oedipus‹ von Sophokles.

»Was nun weiter die Charaktere betrifft, so sind es vier Punkte, auf die der Dichter sein Augenmerk richten muß. Der eine und wichtigste derselben ist, daß sie sittlich tüchtig sind. Die tragische Person wird sittlichen *Charakter überhaupt* haben, wenn, wie oben gesagt wurde, ihr Reden oder ihre Tat irgendeine Absicht ans Licht stellt, und im speziellen Falle sittlich tüchtigen Charakter, wenn diese eine sittlich tüchtige ist. Solche sittliche Tüchtigkeit ist möglich bei jeder Menschengattung, denn auch ein Weib kann sittlich tüchtig sein, ebenso ein Sklave, obschon vielleicht von beiden das eine ein geringeres Wesen (als der Mann), der andere, im allgemeinen betrachtet, ein schlechtes und armseliges ist. Der zweite Punkt begreift das Angemessene. Es gibt z. B. allerdings einen *tapferen* Charakter; aber es ist für ein Weib im allgemeinen nicht angemessen, daß es tapfer oder gewaltig sei. Der dritte Punkt ist die Übereinstimmung des geschilderten Charakters mit der Überlieferung, denn dies ist etwas anderes als die Forderung, daß der Dichter den Charakter sittlich angemessen halten soll, wie früher gesagt ist. Der vierte Punkt endlich ist die Konsequenz. Selbst in dem Fall, wenn die Person, welche den Gegenstand der dichterischen Darstellung bildet, inkonsequent ist und dem Dichter ihren Charakter als einen solchen vorschreibt, muß dennoch derselbe konsequent inkonsequent gehalten werden.«[70]

In den Kapiteln 19–22 erörtert Aristoteles die sprachlichen Ausdrucksmittel des Tragödiendichters. Hier zeigt sich deutlich der enge Zusammenhang der Poetik mit den zuvor genannten sprachphilosophischen Schriften. Es werden u.a. behandelt: Buchstabe, Silbe, Bindewort, Artikel, Substantiv, Verb, Flexion, Satz, Metapher, Analogie, Fremdwörter, Doppelwörter, Neubildungen, Dialekt.

Für das Epos gelten viele Bestimmungen der tragischen Dichtung ebenfalls.

»Was die erzählende und im heroischen Versmaß darstellende Dichtungsgattung betrifft, so wissen wir, daß sie die Fabeln geradeso wie in den Tragödien dramatisch, d. h. so komponieren muß, daß sie eine ganze und vollständige Handlung, welche Anfang, Mitte und Ende hat, zu ihrem Mittelpunkt hat, um wie eine in sich abgeschlossene einheitliche Schöpfung den ihr eigentümlichen Genuß zu gewähren, und daß ihr nicht die gewöhnlichen Geschichtsdarstellungen ähnlich sind, in welchen die Notwendigkeit es fordert, daß der Darsteller *nicht* die Darlegung einer einheitlichen

Handlung zu seiner Aufgabe macht, sondern eines einheitlichen Zeitabschnitts und alles dessen, was innerhalb dieses Zeitabschnitts einem oder mehreren begegnete und wovon das einzelne zu dem einzelnen in einem rein zufälligen Verhältnis steht.«[71]

Durch Länge und Metrum unterscheidet sich indessen das Epos von der Tragödie. Der Hexameter (metron heroikon) wirkt schwerer, stetiger, getragener, erhabener, würdiger als Jambus und Tetrameter. Gegenüber der Tragödie hat das Epos den Vorteil, daß es im gleichen Zeitabschnitt mehrere Teilhandlungen wiedergeben kann. Homer ist für Aristoteles in vieler Hinsicht ein unübertrefflicher Dichter.

»*Homer* aber ist, wie in so vielem andern, so auch ganz besonders darin höchlich zu preisen, daß er allein unter den Dichtern sich vollkommen bewußt ist, was er selbst als solcher zu tun hat. Der Dichter als solcher muß nämlich in eigener Person möglichst wenig sprechen; denn an den Stellen, wo er dies tut, ist er nicht mehr nachahmender Darsteller. Die anderen Dichter nun figurieren in eigener Person durch ihr ganzes Werk hindurch, stellen dagegen nur weniges, und nur selten, nachahmend dar. Er aber führt nach wenigen einleitenden Versen sofort einen Mann oder ein Weib oder irgendeine andere Charaktergattung ein, und zwar ist nichts bei ihm ohne Charakteristik, sondern alles hat seinen ausgeprägten Charakter.«[72]

Damit schließt sich der Kreis nicht nur der klassisch griechischen Kultur von ihren Anfängen, der Homerischen Dichtung bis hin zur philosophischen Analyse und Würdigung durch Aristoteles, sondern auch unser Durchgang durch die aristotelische Sprachphilosophie, der mit der Erörterung der Grundbegriffe oder Kategorien begann und bei der Schrift über die erhabensten Sprachschöpfungen der Antike ihr Ende findet.

2. *Naturphilosophie*

Hatte sich Aristoteles in seiner Sprachphilosophie teils der von Sokrates, Platon und der Akademie eingeschlagenen Richtung der Theoriebildung angeschlossen, teils in der Auseinandersetzung mit der attischen Begriffsphilosophie seine eigenen Auffassungen entwickelt, führten ihn die naturphilosophischen Probleme ganz von selbst zu den Vorsokratikern, den ionischen Naturphilosophen. Nachdem er sich jahrelang mit platonischer Dialektik, mit Diäresen und Dichotomien, mit Worten und Begriffen, sprachlichen und logischen Problemen befaßt hatte, wird er ein starkes Verlangen nach der Welt der Tatsachen verspürt haben. Damit war der Weg einer Synthese von attischer Begriffsphilosophie und ionischer Naturphilosophie vorgezeichnet. Er war durch die Schule der Sokratik gegangen, hatte aber von Haus aus genug Sinn für das unermeßliche Feld medizinischer, physiologischer und biologischer Forschung bewahrt. Platon hatte diesen Bereich, wie die autobiographische Darlegung im ›Phaidon‹[73] zeigt, lange vernachlässigt, von Sokrates ganz abgesehen, der so gut wie ausschließlich an zwischenmenschlichen Beziehungen, an ethischen und gesellschaftlichen Fragen interessiert war. Indessen war auch Aristoteles nicht auf allen Gebieten der Naturphilosophie gleich begabt und erfahren. Auf dem Gebiet der belebten Natur lag seine eigentliche Stärke, nicht ganz so stark war er in der Wissenschaft vom anorganischen Sein, der Physik, obgleich er sie als wissenschaftliche Disziplin begründete. Schon die zu Beginn der Neuzeit einsetzende Kritik an Aristoteles fand bald den wunden Punkt seines ›Systems‹ heraus. Wir können daher auf eine ausführliche Darstellung dieses Bereichs der aristotelischen Philosophie verzichten, weglassen dürfen wir ihn jedoch keineswegs. Wir beschränken uns also auf diejenigen Teile der Physik des Aristoteles, an denen ihm die begriffsphilosophische Schulung in der Akademie zugute kam, auf die starken Teile der insgesamt schwachen ›Physik‹.

Die aristotelische Physik-Vorlesung (physike akroasis) ist in der vorliegenden Form wahrscheinlich erst von Andronikos aus mehreren Einzelarbeiten des Aristoteles zusammengestellt, die sich mit den Phänomenen der Bewegung und Veränderung befaßten. Die ›Physik‹ des Aristoteles weist von vornherein zwei charakteristische Eigenschaften auf, einmal die Vorherrschaft der Begriffsanalyse gegenüber Beobachtungen und Fakten, sodann die Orientierung an organischen Prozessen. Insgesamt verschafft das Werk, verglichen mit Platons ›Timaios‹, weniger tiefere Einblicke in die Natur als eine gute Übersicht über ihre äußeren Aspekte, über allgemeine Probleme und die Problemgeschichte. Es ist verständlich, wenn Aristoteles in einer so konzipierten Physik dem Systematisierungseffekt viele wertvolle Einzelerkenntnisse der Vorsokratiker, aber auch Platons, opferte. Aristoteles konzipierte seine Physik als Prinzipienwissenschaft von der Natur. Dabei kamen auch seine vier Ursachen zur Anwendung, die Stoff-, Form-, Bewegungs- und Zweckursache. Die spezifisch physikalischen Phänomene, die er untersuchte, sind Raum, Zeit, Bewegung, Veränderung, Unbegrenztes und Kontinuum. Was Aristoteles daraus macht, ist eher eine Bedeutungsanalyse der in der Naturphilosophie verwendeten Grundbegriffe als eine Erklärung der von diesen Begriffen bezeichneten Phänomene. So kann die aristotelische Physik zwar zur Vervollständigung von Problemaspekten naturphilosophischer Grundprobleme dienen, nicht aber unmittelbar zu deren Lösung beitragen, denn sie haftet am Begrifflichen. Das war der Preis, den Aristoteles für seine Lehrzeit in Athen zahlen mußte. Er hielt seine Ausbildung in attischer Begriffsphilosophie für einen Gewinn, denn sie gab ihm ein merkliches Überlegenheitsgefühl gegenüber den mehr empirisch arbeitenden Naturphilosophen. Die weitere Entwicklung der Naturwissenschaft hat gezeigt, daß ihn dieses Gefühl täuschte.

Im 1. Buch der ›Physik‹ eröffnet Aristoteles die Untersuchung mit der Einführung seiner Prinzipien. Er entscheidet sich weder für ein einziges Prinzip noch für unendlich viele, sondern für eine eng begrenzte Anzahl, also für ein pluralistisches Konzept. Die extremen Positionen des Eleatismus, der die Bewegung leugnete, und des Heraklitismus, der das Sein bestritt, lehnte er ab. Er versuchte auch hier, eine Synthese herzustellen, und gelangte so zur Annahme von höchstens drei Prinzipien. Im Gegenstand fand er das beharrende Element, in seinen Zuständen das veränderliche. Aristoteles unterschied zwischen dem Ausgangszustand und dem Endzustand eines Prozesses, zwischen Werden und Vergehen. Das 2. Buch enthält die Lehre von den vier Ursachen, der hyletischen oder materiellen, eidetischen oder formalen, kinetischen oder effizienten und telischen oder finalen Ursache. Damit herrscht auch in der Physik die teleologische Perspektive der organischen Naturbetrachtung, ein philosophie- und wissenschaftsgeschichtlich folgenschwerer Schritt des Aristoteles, vielleicht sogar, verglichen mit Platon, ein Rückschritt, denn die Naturwissenschaft benötigte viele hundert Jahre, um sich von dieser Bevormundung des Anorganischen durch das Organische zu befreien. In den Büchern 3–6 analysiert Aristoteles die Begriffe Bewegung (kinesis), Kontinuum (syneches), Unbegrenztes (apeiron), Leere (kenon), Ort (topos) und Zeit (chronos). Im 5. Buch unterscheidet er einerseits zwischen Veränderungen der Quantität, Qualität und des Ortes, andererseits zwischen Ortsgleichheit, Ortsunterschiedenheit, räumlicher Berührung, Zwischenliegen und räumlichem Anschluß, zwischen räumlichem Zusammenhang und Kontinuität. Das 6. Buch bringt eine Erörterung der Kontinuität von Prozessen, wobei die Kontinuität als unbegrenzte Teilbarkeit bestimmt wird. Im 7., recht uneinheitlichen Buch folgen Erörterungen über die Ursachen von Bewegungen, den Zusammenhang zwischen Ursache und Bewegung eines Gegenstandes sowie Qualitätsveränderungen. Das 8. Buch weist mit seiner Theorie einer unbewegten Ursache von

Bewegungen im Kosmos über die Grenzen der Physik hinaus in den Bereich der Metaphysik. Dort, wo durch rein begriffliche Analyse Klarheit zu gewinnen ist, hat Aristoteles auch in der Physik Beachtliches geleistet. Nehmen wir als Beispiel seine Definition der Zeit:

»Wir messen nicht nur die Bewegung mittels der Zeit, sondern auch mittels der Bewegung die Zeit und können dies, weil sich beide wechselseitig bestimmen: die Zeit bestimmt die Bewegung, weil sie ihre Zahl ist, die Bewegung bestimmt die Zeit. Wenn wir von viel und wenig Zeit sprechen, so dient uns als Maßeinheit die Bewegung, wie uns bei der Bestimmung einer Anzahl die zählbare Einheit dient, etwa das Einzelpferd bei der Bestimmung der Anzahl der zu zählenden Pferde. Der Zählzahl verdanken wir die Bestimmbarkeit der Menge der Pferde, umgekehrt verdanken wir dem Einzelpferd die Abzählbarkeit der Anzahl der Pferde selbst. Und nicht anders auch liegen die Dinge in dem Verhältnis zwischen der Zeit und der Bewegung: Der Zeit verdanken wir die Meßbarkeit der Bewegung, der Bewegung die Meßbarkeit der Zeit. Und dies aus besten Gründen: es folgt die Struktur der Bewegung derjenigen der Ausdehnungsgröße, die Struktur der Zeit derjenigen der Bewegung, und zwar sowohl in der Quantität wie in der Kontinuität, wie in der Teilbarkeit; weil die Ausdehnungsgröße von dieser Struktur ist, darum hat die Bewegung diese Charaktere; weil die Bewegung so und so ist, darum ist die Zeit so und so. Wir messen auch die Ausdehnungsgröße mittels der Bewegung und diese Bewegung wiederum mittels der Ausdehnungsgröße. Wir sprechen von einem weiten Weg, wenn wir weit zu gehen haben, von einem weiten Gang, wenn der Weg weit ist; und so sprechen wir auch von einer langen Zeit, wenn der Prozeß lang ist, von einem langen Prozeß, wenn seine Zeit lang ist. Es ist also die Zeit das Maß für das Bewegen und Bewegtwerden, und die Zeit liefert die Messung der Bewegung durch Herausgreifen eines Bewegungsstücks, welches dann als Einheit für die Messung der ganzen Bewegung fungiert – wie ja auch die Elle eine Strecke dadurch meßbar macht, daß sie eine Längengröße festlegt, welche dann als Längeneinheit die Gesamtstrecke meßbar macht –; und Zeitlichkeit der Bewegung heißt Meßbarkeit der Bewegung und ihres Dauerns mittels der Zeit – denn die Zeit mißt gleichzeitig die Bewegung und die Dauer der Bewegung, und Zeitlichkeit der Bewegung ist Maßbestimmtheit ihres Dauerns –. Darum ist nun zweifellos Zeitlichkeit auch sonst überall Maßbestimmtheit der Dauer durch die Zeit.«[74]

Zur Naturphilosophie des Aristoteles gehören, außer seiner Physik, noch folgende Schriften:

1. Kosmologie: ›Über den Himmel‹, ›Über Entstehen und Vergehen‹, ›Meteorologisches‹.
2. Biologie: ›Tierkunde‹, ›Über die Teile der Tiere‹, ›Über die Fortbewegung der Tiere‹, ›Über die Fortpflanzung der Tiere‹. Zu den verlorenen Schriften zählt eine Schrift ›Über die Pflanzen‹.
3. Psychologie: Der Dialog ›Eudemos‹, die Schrift ›Über die Seele‹ und die ›Kleinen naturkundlichen Schriften‹. Sie befassen sich mit der Wahrnehmung, dem Gedächtnis, dem Schlafen und Wachen, den Träumen und der Traumdeutung, mit der Dauer des Lebens, mit Jugend und Alter, Leben und Tod sowie mit der Atmung.

In der Schrift ›Über den Himmel‹, die drei Lehrvorträge enthält, befaßt sich Aristoteles mit dem Aufbau der Welt, die er in einen oberen Ort, die Fixsternsphäre und darunterliegende Bereiche, die Sphären der Sonne, des Mondes und der Planeten einteilt. Die Frage nach dem Anfang der Welt, das Problem der Kosmogonie, stellt sich ihm insofern nicht, als er eine ewige Dauer des Kosmos annimmt. Ebensowenig berührt ihn die Frage, ob es eine oder mehrere Welten gibt. Die obere, göttliche oder himmlische Welt besteht aus dem ›ersten Körper‹, dem Äther, die Himmelskörper der unteren Sphären sind aus den vier Elementen Erde, Wasser, Luft und Feuer zusammengesetzt. Sie bewegen sich geradlinig, der Äther kreisförmig. Der Kreis ist ein Symbol der Vollkommenheit. Leichtigkeit und Schwere erscheinen als Qualitätsunterschied der Elemente. Die leichten Grundstoffe bewegen sich nach oben, die schweren nach unten. Alles strebt seinem natürlichen Ort zu. Neben der Schwere und Leichtigkeit gibt es noch vier durch Tastsinn wahrnehmbare Eigenschaften: Wärme und Kälte sowie Trockenheit und Feuchtigkeit. Erstere sind aktiv, letztere passiv. Den vier möglichen Verbindungen dieser Qualitäten entsprechen die vier einfachen Körper. Das Feuer ist warm und trocken, die Luft warm und feucht, das Wasser kalt und feucht, die Erde kalt und trocken. Aus diesen vier Elementen entstehen alle übrigen stofflichen Verbindungen und lösen sich wieder in sie auf. Auf die Einzelheiten der Sphärentheorie des Aristoteles oder des Eudoxos können wir hier nicht eingehen. Es wäre auch wenig damit gewonnen, da diese Theorien offensichtlich falsch sind.

Es läßt sich nicht leugnen, daß Aristoteles ein imposantes, konsistentes und auf den ersten Blick einleuchtendes Bild des Weltgeschehens vermittelte, wenn auch auf Kosten der Wahrheit. Wieder einmal bezahlte er sein Streben nach begrifflicher Einheitlichkeit und systematischer Geschlossenheit teuer mit dem Verlust weiterführender Denkansätze seiner Vorgänger, die tiefer in die Zusammenhänge des Weltgeschehens geblickt hatten als er. Die aristotelische Meteorologie befaßt sich mit den Erscheinungen, die aus der Mischung der Elemente bzw. ihren Wechselwirkungen entstanden sein sollen, während die Schrift ›Über Entstehen und Vergehen‹ den Begriff der Hyle, der Materie oder des Stoffs erläutert, ferner die Ursachen des Werdens und der Veränderung, den Übergang von einem Element zum anderen. Wir erhalten dabei eine Art ›Chemie a priori‹,[75] eine ›exakte‹ Theorie, die auf falschen Voraussetzungen beruht. In der Geschichte der Philosophie und der Wissenschaften hat es lange gedauert, bis solche, durch die kirchliche Autorität des Mittelalters sanktionierte Lehren falsifiziert werden konnten.

Wesentlich zutreffendere Theorien als auf dem Gebiet der Physik und Kosmologie hat Aristoteles im Bereich der Biologie und Psychologie aufgestellt, wo er ungleich kompetenter war. An die Theorie vom anorganischen Sein, von der Wirklichkeit der Physik und vom Kosmos schließt sich die Theorie vom organischen Sein, von den Pflanzen, Tieren und Menschen logisch und sinngemäß an. Aristoteles wurde damit zum Begründer einer Lehre des hierarchischen Stufenbaus der Natur, die fortan aus der Geschichte der Philosophie nicht mehr wegzudenken war und noch im 20. Jahrhundert ihre Verfechter fand, z. B. Nicolai Hartmann, der, in bewußtem Anschluß an Aristoteles, dessen Stufentheorie zu einer Schichtentheorie des Seins ausbaute, indem er sie weiter differenzierte und spezifische Gesetzmäßigkeiten der einzelnen Seinsschichten entdeckte, ein Zeichen dafür, daß dieser Teil der aristotelischen Philosophie auch nach mehr als 2000 Jahren noch renaissancefähig ist. Aristoteles konnte das in der ›Physik‹ aufgestellte Prinzip der Kontinuität auf den Bereich der organischen Natur anwenden:

»Die Natur«, sagt er, »macht den Übergang vom Leblosen zum Lebendigen so allmählich, daß durch die Stetigkeit desselben die Grenze zwischen beiden und die Stellung der Mittelglieder unsicher wird. Nach dem Reiche des Leblosen kommt zunächst das der Pflanzen, und unter diesen sind nicht nur im einzelnen Unterschiede der größeren oder geringeren Lebendigkeit zu bemerken, sondern auch die ganze Gattung erscheint im Vergleich mit dem Unorganischen als belebt, im Vergleich mit den Tieren als leblos. Weiter ist auch der Übergang von den Pflanzen zu den Tieren ein stetiger, denn bei manchen Seetieren kann man zweifeln, ob sie Tiere oder Pflanzen sind, da sie an den Boden angewachsen sind, und nicht losgetrennt leben können; da die ganze Klasse der Schaltiere gleicht, mit denen zusammengehalten, die gehen können, bloßen Pflanzen.«[76]

Der Stoff der ›Tierkunde‹ ist methodisch in einen Abstieg vom bekanntesten und differenziertesten Wesen, dem Menschen, ins Tierreich und in einen entwicklungsgeschichtlich orientierten Aufstieg von den niederen zu den höheren Organismen gegliedert. In der Einleitung legt Aristoteles seine Unterscheidungskriterien dar: Teile, Organe, Funktionen, Vorkommen und Verhalten. Es folgen (I–IV) Anatomie und Physiologie, Zeugung (V), Entwicklung (VII) und psychische Merkmale (VIII). In der Schrift ›Über die Teile der Tiere‹ erörtert er zunächst wissenschaftstheoretische Fragen und Methodenprobleme, kritisiert dann die dichotomischen Einteilungsmethoden der Akademiker, stellt ihnen seine, die richtige Methodik gegenüber, wendet sich der tierischen Natur (zoïke physis) zu und legt am Schluß die Prinzipien dar, nach denen seiner Meinung nach die Organe und Gewebe der Tiere zu erforschen sind. Die kleine Schrift ›Über die Fortbewegung der Tiere‹ befaßt sich mit den Teilen, die sie zur Fortbewegung benötigen. Die Schrift ›Über die Fortpflanzung der Tiere‹ gliedert sich in die Einleitung, in der die vier Ursachen zur Sprache kommen, in Ausführungen über die Geschlechtsorgane bei Wirbeltieren und wirbellosen Tieren, über Zeugung und die teleologische Betrachtungsweise (I), über den Samen, die Pneuma-Lehre und die Zeugung bei höheren Lebewesen, über die Entwicklung des Embryo, Sterilität (II), ferner über die Zeugung bei Vögeln und Fischen, über die Entwicklung der Bienen und über den Ursprung des Menschen und der Vierfüßler (III). Die Abfassungszeit der ›Tierkunde‹ und der Schrift ›Über die Teile der Tiere‹ dürfte sich ungefähr mit der der Schriften zur Psychologie decken oder sogar später liegen. Soweit sich die biologischen Schriften an Beobachtung und Tatsachen halten, führen sie zu brauchbaren Ergebnissen, soweit sie auf Spekulation und ungeprüften Lehrmeinungen beruhen, enthalten sie manchmal fatale Irrtümer. Insgesamt behält bei Aristoteles auch hier die Theorie das Übergewicht über Beobachtung und Erfahrung, so daß es nicht gerechtfertigt erscheint, ihn uneingeschränkt als Empiriker zu bezeichnen. In die Richtung zur Empirie weisen die von Aristoteles und seinen Schülern angelegten, für damalige Verhältnisse sicher sehr umfangreichen Materialsammlungen.

Wir wenden uns nun den Schriften psychologischen Inhalts zu. Generell kann man vielleicht sagen, daß die naturphilosophischen Schriften des Aristoteles, je abstrakter und theoretischer sie werden und je näher sie dem geistigen Bereich kommen, desto mehr Erkenntnisgewinn bringen. Das gilt vor allem für die Schrift ›Über die Seele‹ (›Peri psyches‹, ›De anima‹), die in Altertum, Mittelalter

und Neuzeit immer wieder kommentiert und interpretiert wurde. Es lohnt sich, auf sie etwas ausführlicher einzugehen. Schon die Fragestellung in der Einleitung ist ein Meisterstück wissenschaftstheoretischer Überlegung, zugleich ein Paradebeispiel der aporetischen Methode des Aristoteles, die durch geschickte Problemstellung die richtige Beantwortung der Fragen wesentlich erleichtert.
»Wenn wir die Wissenschaft für etwas Hohes und Ehrwürdiges erachten und die eine mehr als die andere entweder nach ihrer Strenge, oder weil ihr Gegenstand vorzüglicher oder erstaunlicher ist, müssen wir aus den beiden Gründen die Erforschung der Seele füglich obenan stellen. Aber auch zum Blick in das gesamte Sein scheint ihre Kenntnis Wichtiges beizutragen, am meisten zum Blick in die Natur. Denn die Seele ist gewissermaßen der Grund der Lebewesen. Wir suchen einmal ihre Natur und ihr Wesen zu betrachten und zu erkennen, weiter die sie begleitenden Eigenschaften. Von diesen scheinen die einen der Seele eigentümliche Affektionen zu sein, die anderen von ihr aus auch den Lebewesen zuzukommen. Ganz im allgemeinen gehört es zum Schwierigsten, eine feste Meinung über sie zu gewinnen. Aus folgendem Grunde: da die Frage die gleiche ist für vieles andere, ich meine die Frage nach dem Wesen und dem Sein, so könnte es einem scheinen, es gebe *ein* Verfahren für alle Seinserkenntnisse, so wie auch *einen* Nachweis für die begleitenden Eigentümlichkeiten, und dieses Verfahren sei zu suchen. Wenn es aber kein einheitliches und gleiches Verfahren in der Frage nach dem Sein gibt, wird die Untersuchung noch schwieriger. Man wird nämlich für jedes einzelne Gebiet das Vorgehen festlegen müssen. Und wenn Klarheit darüber besteht, ob Beweis oder Einteilung oder sonst irgendein Verfahren in Betracht kommt, gibt es noch viele Zweifelsfragen und Bedenken, von welchem Ausgangspunkte aus die Untersuchung zu führen sei. Denn die Prinzipien sind verschieden für die verschiedenen Dinge, wie z.B. für Zahlen und Flächen. Zuerst ist es wohl nötig auseinanderzusetzen, zu welcher Gattung die Seele gehört und was sie ist, ob sie ein bestimmtes Etwas und eine Wesenheit ist, oder ob sie eine Qualität oder eine Quantität oder sonst eine der unterschiedenen Kategorien ist, ferner ob sie zum Möglichen gehört, oder ob sie eher eine Art Erfüllung ist. Das macht nämlich keinen geringen Unterschied aus. Auch ist zu untersuchen, ob sie teilbar oder teillos ist, und ob jede Seele gleichartig ist oder nicht; wenn nicht gleichartig, ob ein Art- oder Gattungsunterschied besteht. Jetzt nämlich scheinen jene, die über die Seele reden und forschen, allein die menschliche Seele im Auge zu behalten; es darf aber nicht verborgen sein, ob ihr Begriff

einheitlich ist wie der des Lebewesens oder für jede Seele verschieden, z. B. für die eines Pferdes, Hundes, Menschen, Gottes, und ob das Lebewesen als Allgemeines ein Nichts ist oder ein Nachträgliches – ebenso wenn sonst etwas Allgemeines von ihr ausgesagt wird; ferner aber, wenn nicht viele Seelen, sondern viele Seelenteile vorhanden sind, ob man zuerst die ganze Seele zu untersuchen hat oder die Teile. Schwer ist auch, bei diesen zu bestimmen, welche voneinander unterscheidbar sind, und ob man zuerst die Teile untersuchen muß oder ihre Leistungen; z. B. das Denken oder den denkenden Geist und das Wahrnehmen oder das Wahrnehmungsvermögen; und so auch bei den übrigen Teilen und Leistungen. Falls man zuerst die Leistungen untersuchen muß, wird man wieder fragen, ob man vor ihnen die zugehörigen Objekte untersuchen muß, z. B. das Wahrnehmbare vor dem Wahrnehmungsvermögen, das Denkbare vor dem denkenden Geist. Es scheint weiter, daß nicht nur die Kenntnis des Wesens nützlich ist zur Betrachtung der Gründe für die begleitenden Eigenschaften der Wesenheiten, wie z. B. in der Mathematik die des Wesens des Geraden oder Krummen oder der Linie und der Fläche, um festzustellen, wie vielen rechten Winkeln die Winkelsumme in einem Dreieck gleich ist, sondern umgekehrt tragen auch die begleitenden Eigenschaften ein großes Stück zur Einsicht in das Wesen bei. Wenn wir nämlich imstande sind, aufgrund der Anschauung über die begleitenden Eigenschaften, alle oder die meisten, zu urteilen, dann werden wir uns auch über die Wesenheit am besten äußern können. Denn den Ausgangspunkt für jeden Beweis bildet das Wesen, so daß offenbar die Definitionen, aufgrund deren es nicht nur zu keinem Erkennen der begleitenden Eigenschaften kommt, sondern auch nicht leicht ist, Vermutungen darüber aufzustellen, allesamt rein formales und leeres Gerede sind. Schwierigkeit machen auch die Affektionen der Seele: Betreffen sie alle gemeinsam auch den Träger der Seele, oder gibt es eine Affektion, die der Seele allein eigentümlich ist? Dies zu erfassen ist notwendig, aber nicht leicht. Sie scheint in der Regel nichts ohne den Körper zu erleiden oder zu tun, z. B. zu erzürnen, wagemutig zu sein, zu begehren, überhaupt zu empfinden (wahrzunehmen). Am ehesten ist noch das Denken etwas wie eine eigene Affektion. Wenn aber auch dieses eine Vorstellung ist oder nicht ohne Vorstellung, kann auch dieses nicht ohne Körper sein. Wenn nun eine von den Leistungen oder Affektionen der Seele ihr eigen ist, dann ist es möglich, daß sie sich abtrennt. Wenn ihr aber nichts eigen ist, ist sie nicht abtrennbar, sondern es steht mit ihr wie mit der Geraden (Linie), der als Geraden vieles zukommt, z. B. daß sie die eherne Kugel in einem Punkt berührt, aber in der Tat wird die

Gerade nicht als abgetrennte sie so berühren; sie ist unabgetrennt, da sie immer mit irgendeinem Körper verbunden ist. Auch die Affektionen und Affekte der Seele scheinen alle mit dem Körper verbunden zu sein: Zorn, Milde, Furcht, Mitleid, Wagemut, dazu Freude und Lieben wie Hassen. Denn von ihnen wird auch der Körper in Mitleidenschaft gezogen. Ein Zeichen dafür ist, daß man manchmal beim Vorliegen von starken und deutlichen Einwirkungen nicht in Erregung oder Furcht gerät, zuweilen aber von geringen und schwachen bewegt wird, wenn der Körper in Schwellung ist und es mit ihm so steht, wie wenn man im Zorne aufwallt. Noch auffälliger ist folgendes: Ohne daß etwas Furchterregendes vorliegt, gerät man in den Zustand dessen, der sich fürchtet. Wenn dem so ist, so ist es klar, daß die Affekte materiegebundene Begriffe sind. Es sehen dann die Definitionen z. B. so aus: Zorn ist eine Art Bewegung des so und so beschaffenen Körpers oder Körperteiles oder Vermögens unter der und der Einwirkung zu dem und dem Zweck. Und deswegen kommt es ohne weiteres dem Naturforscher zu, Betrachtungen über die Seele anzustellen, über jede Seele oder doch eine bestimmte Art Seele. Auf verschiedene Weise definiert der Naturforscher und der Dialektiker jeden der Affekte, z. B. den Zorn; der eine wird ihn definieren als Streben nach Vergeltung einer Kränkung oder etwas derartiges, der andere als Sieden des Blutes, das um das Herz liegt und heiß ist. Von diesen gibt der eine die Materie wieder, der andere die Form und den Begriff. Denn der Begriff der Sache ist der und der, notwendig ist dieser in einer so und so beschaffenen Materie, wenn er überhaupt sein soll. So ist z. B. der Begriff eines Hauses folgender: es ist ein Schutzmittel, das Schädigung durch Wind, Regen und Hitze verhütet; ein anderer wird von Steinen, Ziegeln und Holz sprechen; ein dritter von der Form in der und der Materie zu dem und dem Zweck. Wer ist nun unter diesen der Naturforscher? Wer sich mit der Materie abgibt und den Begriff nicht kennt oder wer sich nur mit dem Begriffe befaßt? Oder eher, wer beides verbindet? Wer sind aber beide zuerst Genannten? Oder es gibt am Ende niemanden (anderen), der sich mit den Affektionen der Materie abgibt, die untrennbar sind und insofern sie unabtrennbar sind, sondern der Naturforscher befaßt sich mit allen Leistungen und Affektionen des so und so beschaffenen Körpers und der so und so beschaffenen Materie. Alle (Affektionen), die nicht als derartige der Beurteilung unterliegen, über diese urteilt ein anderer, und zwar über einige gegebenenfalls der Techniker, der Architekt oder der Arzt; über die Affektionen aber, die nicht abtrennbar sind, insofern sie nicht einem so und so beschaffenen Körper angehören und durch Abstraktion gewonnen sind, der Mathematiker; insofern sie aber abgetrennt sind, der Erste Philosoph. Aber wir müssen zum Ausgangspunkt der Erörterung zurückkehren. Wir sagten, die Affekte der Seele seien nicht irgendwie abtrennbar von der natürlichen Materie der Lebewesen, insofern eben Zorn und Furcht derartige Affektionen sind und nicht so wie Linie und Fläche.«[77]

Wie die einleitende Bitte um das Wohlwollen des Lesers (captatio benevolentiae) und der Hinweis auf die Bedeutung des Gegenstandes zeigen, war die Schrift für ein Lesepublikum bestimmt. Die Erkenntnis der Seele trägt wesentlich zur Gesamterkenntnis der Natur bei. Bis in die sprachliche Formulierung macht sich das Schwanken des Aristoteles zwischen einer ionisch-naturwissenschaftlichen und einer attisch-begriffsphilosophischen Untersuchung der Seele bemerkbar. Sollen Naturwissenschaftler und Mediziner oder der Dialektiker allein für die Erforschung zuständig sein? Hat der Philosoph als Metaphysiker auch ein Wort mitzureden? Noch heute besteht keine Einigkeit in der Beantwortung dieser Fragen. Es gibt eine naturwissenschaftlich und eine geisteswissenschaftlich orientierte Psychologie, eine analytische und eine ganzheitliche. Wie weit das Mitspracherecht der Philosophen geht, hängt nicht zuletzt von deren Fragestellungen ab. Steht die Seele dem Körper näher oder dem Geist? Auch in dieser Frage sucht Aristoteles nach einer Synthese. Sein kühner Vermittlungsversuch hat aber wohl mehr Probleme aufgeworfen als gelöst. Die Spannung zwischen ionischer Naturforschung und attischer Begriffsphilosophie zeigt sich sogar in der Verdoppelung von Ausdrücken, die das Erkennen betreffen: betrachten (theorein) steht neben erkennen (gignoskein), Wesen (ousia) neben Natur (physis), Seinserkenntnis (ti estin) neben begleitenden Eigentümlichkeiten (kata symbebekos). Die Erwähnung der Kategorien und Definitionen, der apodiktischen und diäretischen Methode verbindet die Psychologie mit Logik und Sprachphilosophie, das Problem der Bewegung weist auf die Physik zurück, die Abgrenzung gegenüber den anderen Lebewesen, die Trennung zwischen belebtem und beseeltem Sein auf die biologischen und medizinischen Untersuchungen, die Affektlehre zeigt Verbindungslinien zur Mathematik, zu Technik und Kunst, die Lehren von den Ursachen und Seinsmodi deuten auf die Prinzipienwissenschaft hin, die Gegenüberstellung von Gott und Mensch bzw. Tier verweist auf die Theologie. Insofern die Analyse der Affekte eine unentbehrliche Grundlage für alle Arbeiten auf den Gebieten der Ethik und Politik bilden, besteht auch ein Zusammenhang mit der Sozialphilosophie. Um so gespannter sind wir auf die Definition der Seele, zu der sich

Aristoteles nach einer so umfassenden Problemstellung und einer ebenso ausführlichen wie sorgfältigen Prüfung der Lehren seiner Vorgänger (1) am Anfang des 2. Buches nach mehreren Anläufen entschließt:
»Wir fassen als eine Aussagegattung der Dinge die Wesenheit, von dieser das eine als Materie, das an sich allerdings kein bestimmtes Etwas ist, das andere als Gestalt und Form, vermöge der nun von einem bestimmten Etwas gesprochen wird, und das dritte als beider Zusammensetzung. Die Materie ist Möglichkeit, die Form Erfüllung, und zwar in doppeltem Sinne, einmal wie das Wissen, das andere Mal wie das Betrachten. Wesenheiten scheinen am meisten die Körper zu sein und unter ihnen die natürlichen, denn sie sind die Grundlagen der übrigen. Von den natürlichen haben die einen Leben, die anderen nicht. Leben heißen wir Ernährung (eines Körpers), Wachstum, Abnahme durch sich selbst. Und so ist jeder natürliche Körper, der am Leben Anteil hat, Wesenheit, und zwar im Sinne zusammengesetzter Wesenheit. Da er aber auch ein so und so beschaffener Körper ist, nämlich Leben hat, ist die Seele nicht der Körper. Denn der Körper gehört nicht zu dem, was von einer Unterlage (Substrat) ausgesagt wird, sondern ist eher wie die Unterlage und Materie. Notwendig ist also die Seele Wesenheit im Sinne der Form des natürlichen Körpers, der seiner Möglichkeit nach Leben hat. Die Wesenheit ist Erfüllung, Erfüllung also eines solchen Körpers. Es gibt zweierlei Arten von Erfüllung, die eine wie das Wissen, die andere wie das Betrachten. Offenbar ist die Seele Erfüllung wie das Wissen. Mit dem Dasein der Seele ist auch Schlaf und Wachen gegeben. Das Wachen entspricht dem Betrachten, der Schlaf dem Besitzen und Nichtbetätigen. Früher nach der Entstehung ist beim selben Wesen das Wissen. Deshalb ist die Seele die vorläufige Erfüllung des natürlichen Körpers, welcher der Möglichkeit nach Leben besitzt. Ein solcher ist der mit Organen (passenden Werkzeugen) ausgestattete. Organe sind auch die Teile der Pflanzen – aber ganz einfache – wie das Blatt der Fruchtschale, die Fruchtschale der Schutz der Frucht. Die Wurzel entspricht dem Munde; beide nehmen die Nahrung auf. Wenn man also eine allgemeine Bestimmung für jede Art Seele geben soll, ist sie die vorläufige Erfüllung des natürlichen mit Organen ausgestatteten Körpers. Deshalb darf man auch nicht fragen, ob Seele und Körper eins sind, wie auch nicht, ob Wachs und Figur, überhaupt nicht, ob Materie und der aus Materie gebildete Gegenstand. Wenn das Eine und das Sein in vielfachem Sinne vorkommt: eigentlich bedeutet es die Erfüllung. Ganz allgemein ist damit ausgesprochen, was die Seele ist: Wesenheit im begrifflichen Sinne. Diese ist das eigentliche

Sein für einen so und so beschaffenen Körper, wie wenn ein Werkzeug, z. B. ein Beil, ein natürlicher Körper wäre: Seine Wesenheit wäre das eigentliche Sein des Beils und dieses Sein die Seele. Mit ihrer Abtrennung wäre es nur noch der Bezeichnung nach ein Beil. Nun aber ist das Beil eben ein Beil. Denn die Seele ist das eigentliche Sein und der Begriff nicht eines solchen (künstlichen) Körpers, sondern eines natürlichen, so und so beschaffenen, der in sich das Prinzip der Bewegung und des Stillstandes hat. Auch an den Körperteilen muß man das Dargelegte betrachten. Wäre das Auge ein Lebewesen, so wäre die Sehkraft seine Seele. Denn diese ist die Wesenheit der Seele im begrifflichen Sinne. Das Auge aber ist Materie der Sehkraft, und wenn letztere schwindet, ist es nur noch der Bezeichnung nach Auge, wie das steinerne oder gemalte. Was sich am Teile zeigt, muß man am ganzen lebenden Körper begreifen. Denn wie sich Teil (Sehkraft) zum Teil (Auge) verhält, so entsprechend das gesamte Wahrnehmungsvermögen zum ganzen wahrnehmungsfähigen Körper, insofern er ein solcher ist. Es ist aber nicht der Körper, der die Seele verloren hat, gleich dem, der die Möglichkeit hat zu leben, sondern vielmehr, der sie besitzen wird, und der Same und die Frucht ist gleich dem der Möglichkeit nach so und so beschaffenen Körper. Wie nun das Spalten und das Sehen, so ist auch das Wachen Erfüllung; wie das Sehvermögen und die Fähigkeit des Werkzeuges, so die Seele. Der Körper aber ist gleich dem der Möglichkeit nach Bestehenden. Aber wie die Pupille und die Sehkraft zusammen das Auge sind, so sind die Seele und der Körper zusammen das Lebewesen. Daß nun die Seele nicht abtrennbar ist vom Körper, oder einige ihrer Teile, wenn sie von Natur geteilt ist, das ist offensichtlich – für einiges nämlich ist die Erfüllung die Erfüllung seiner Teile. Freilich dagegen, daß einige Seelenteile abtrennbar sind, besteht kein Hindernis, weil sie keines Körpers Erfüllungen sind. Ferner ist unklar, ob die Seele auf diese Weise Erfüllung für den Körper ist wie der Matrose für das Schiff. Im Groben soll so festgelegt und umrissen sein, was die Seele ist.«[78]

In dieser Begriffsbestimmung sind folgende Momente von besonderer Bedeutung:

1. Die Anwendung des Ursachenpaares Form–Materie auf das Verhältnis Seele–Körper.
2. Die Interpretation dieses Verhältnisses mit Hilfe der Modalkategorien Möglichkeit–Wirklichkeit, wodurch der Seele die aktive, dem Körper die passive Rolle zufällt.
3. Die Präzisierung des Wirklichkeitsbegriffs durch den Begriff der Entelechie (Erfüllung, Vollendung).
4. Die Deutung des Körpers als Werkzeug der Seele, das organologische Erklärungsmodell.

5. Seele bedeutet für Aristoteles so viel wie Leben, Leben aber ist für ihn der Inbegriff von Lebensfunktionen. Als solche wird die Seele in den Bereich des Biologischen integriert.
6. Seele bedeutet für Aristoteles Lebensseele, nicht Seelenleben. Die Seele ist sterblich.
7. Eine Ausnahme bildet der später behandelte tätige Geist (nous poietikos), der aus dem Rahmen der Seelendefinition herausfällt. Der tätige Geist ist unsterblich und läßt damit sowohl eine personalistische (christliche) Deutung zu (Geistseele) als auch eine pantheistische, die personale und funktionale Bestandteile enthält.

Damit ist zugleich das Programm für die folgenden Darlegungen aufgestellt. In den Büchern II und III erörtert Aristoteles die Funktion der Pflanzen- und Tierseele sowie die Denk- und Bewegungsfunktionen.

Die unter dem Sammeltitel ›Parva naturalia‹ bekannten acht kleinen Schriften des Aristoteles bilden eine Art Anhang zu seiner Psychologie und befassen sich mit entsprechenden Themen: ›Über Wahrnehmung und ihre Gegenstände‹, ›Über Gedächtnis und Erinnerung‹, ›Über den Schlaf und das Wachsein‹, ›Über Träume und Traumdeutung‹, ›Über Lang- und Kurzlebigkeit‹, ›Über Jugend und Alter‹, ›Über Leben und Tod‹ und ›Über das Atmen‹.

Alle diese Schriften enthalten wertvolle Beiträge zur Psychologie im weiteren Sinn und lassen, wenigstens im Ansatz, neben der funktionalen, in der Schrift ›Über die Seele‹ vorherrschenden Betrachtungsweise auch andere Aspekte der Seele zur Geltung kommen. Sie berücksichtigen neben der Lebensseele auch Erscheinungen des Seelenlebens und können dazu beitragen, den Bereich des Psychischen gegenüber dem Bereich des Biologischen vorsichtig abzugrenzen. Die fragmentarische Lehre vom tätigen Geist im 3. Buch der Schrift ›Über die Seele‹ führt unmittelbar zum Kern der aristotelischen Metaphysik bzw. Theologie.

3. *Erste Philosophie*

In der Einleitung haben wir bereits auf Schwierigkeiten hingewiesen, die sich aus der äußeren Form der ›Metaphysik‹ für das Verständnis des Inhalts ergaben. Je mehr die neuere Forschung dazu neigt, die unter dem Titel ›Metaphysik‹ überlieferten Texte in kleinere Einheiten aufzuspalten, desto schwieriger wird es zu sagen, was die Metaphysik des Aristoteles ist. Nach der heute herrschenden Auffassung stammt die Bezeichnung ›Metaphysik‹ von einem antiken Herausgeber der aristotelischen Schriften, wahr-

scheinlich von Andronikos von Rhodos. Er, der sonst in der Auswahl von Titeln für aristotelische Arbeiten nicht ungeschickt war, kam hier nicht weiter. »Für das Sammelwerk, das wir die Metaphysik des Aristoteles nennen, konnte er offenbar keinen geeigneten Titel finden ... Ich vermute, daß er den Inhalt der 14 Schriften allzu disparat für einen solchen Titel fand. Er zog eine ganz neutrale Bezeichnung vor: ›ta meta ta physika‹, d.h. die Schriften, die in seiner Edition auf die naturwissenschaftlichen Schriften folgen. Er konnte nicht ahnen, daß er ein Wort mit einer großen Zukunft schuf ... Über die relative Chronologie der Schriften gibt es so viele Ansichten, wie es Kenner der aristotelischen Metaphysik gibt ... Niemand gibt sich heute der Illusion hin, daß es möglich wäre, eine endgültig richtige relative Chronologie festzustellen. Es gibt nur mögliche oder unmögliche Lösungen. Für das Verständnis des aristotelischen Denkens ist die Frage nach der relativen Chronologie seiner Schriften von verhältnismäßig geringer Bedeutung.«[79]
Wir wollen uns nur so wenig wie möglich, doch so viel wie nötig mit den Fragen nach der äußeren Einheit der ›Metaphysik‹ befassen. Daß das Werk, wie es uns vorliegt, keinen einheitlichen Eindruck macht und wohl auch in dieser Form von Aristoteles nicht für ein Lesepublikum bestimmt war, leuchtet ein. Wir fragen uns indessen, zu welcher Phase der Entwicklung seines Problembewußtseins die Arbeiten des Aristoteles gehören, die er als Erste Philosophie bezeichnete. Wenn es einerseits richtig ist, daß Aristoteles die Grundformen seiner eigenen Lehren schon sehr früh, oft in der Auseinandersetzung mit Platon und seinen Mitschülern in der Akademie herausbildete, es andererseits aber auch zutrifft, daß er stets bereit war zuzulernen, dürften die Anfänge der ›Metaphysik‹ in die Akademiezeit zurückreichen, ihre Ausarbeitung und endgültige Fassung aber erst in der letzten Schaffensperiode in Athen erfolgt sei. Die geistige Hauptarbeit an der Ersten Philosophie wird Aristoteles also sowohl nach der Zeit seiner Sprachphilosophie (Logik, Rhetorik) als auch nach der Zeit seiner Naturphilosophie (Physik, erste biologische Studien) geleistet haben. Wenn wir die Bezeichnung ›Das, was auf die Physik folgt‹ nicht zu eng verstehen, können wir darin bereits einen Hinweis erblicken, wohin die Erste Philosophie entwicklungsgeschichtlich gehört, nämlich in die Zeit nach der Gewinnung grundlegender Einsichten in die Natur. Da es nicht einmal sicher ist, ob einige Schriften zur Psychologie schon vor oder erst nach den biologischen Schriften abgefaßt sind, wird es noch ungewisser sein, welche Teile der Metaphysik im einzelnen vor oder nach der Gewinnung einzelner

naturphilosophischer Erkenntnisse ausgearbeitet sind. Schließlich ist es nicht nur nicht auszuschließen, sondern sogar wahrscheinlich, daß Aristoteles gleichzeitig oder fast gleichzeitig zu wesentlichen Erkenntnissen der Naturphilosophie und der Metaphysik kam, da eine solche Erkenntnis auf einem dieser Gebiete nicht ohne Rückwirkung auf das andere geblieben sein dürfte. Wenn wir uns die geistige Entwicklung des Aristoteles nicht zu unlebendig, zu mechanisch und chronologisch vorstellen, sondern als einen Prozeß der diarthrosis, einer allmählichen Ausgestaltung von Grunderkenntnissen, haben wir Grund zu der Annahme, daß wesentliche Teile der uns unter dem Namen ›Metaphysik‹ vorliegenden Texte im Prinzip später anzusetzen sind als wesentliche Teile der Naturphilosophie, und zwar alle die Teile, die ein Fortdenken der in der Naturphilosophie vorläufig abgeschlossenen Fragen erforderten. Bei der aristotelischen Prinzipienlehre, der ›Metaphysik‹, handelt es sich gewiß nicht nur um Zusammenstellungen früherer Ergebnisse, auch nicht nur um Kategorialanalysen und auch nicht nur um Problemüberreste aus der Naturphilosophie. Dehnen wir diese Interpretation auf die Sprachphilosophie aus, haben wir nach den weiterführenden Problemen der aristotelischen Sprach- und Naturphilosophie zu fragen, die über die Grenzen dieser Gebiete der Philosophie hinausweisen. Es sind in der Hauptsache folgende:

1. Das Problem der Seiendheit oder Substanz. In den ›Kategorien‹ nahm dieser Begriff eine Sonderstellung ein, und die ›Analytiken‹ bestätigten dies. Was aber ist Substanz?

2. Die Tafel der Kategorien als Zusammenstellung von Grundbegriffen war zunächst das Ergebnis einer Analyse der Sprache. Dieses Ergebnis war an der Wirklichkeit zu überprüfen. Gleichzeitig mußte die semantische Analyse vervollständigt werden.

3. Die Anwendung des logischen Satzes vom Widerspruch auf den Bereich der Phänomene, auf die Welt des Werdens, forderte eine prinzipielle Rechtfertigung. In der Ersten Philosophie hat Aristoteles alle diese Probleme, die sich ihm während seiner sprach- und naturphilosophischen Arbeiten ergeben hatten, aufgegriffen und vertiefend behandelt.

4. Die bei verschiedenen Gelegenheiten zur Erklärung von Naturvorgängen verwendeten vier Ursachen sowie das Begriffspaar Möglichkeit–Wirklichkeit bedurften einer zusammenfassenden und vertiefenden Behandlung. Sie erfolgt im Rahmen der ›Metaphysik‹.

5. Die Lehre vom Endpunkt einer Bewegung, dem Unbewegten Beweger, besaß einen physikalischen und einen metaphysisch-theologischen Aspekt. Den einen Aspekt erörtert Aristoteles in der ›Physik‹, den anderen in der ›Metaphysik‹.

6. Die fragmentarischen Ausführungen der Psychologie über den Geist verlangten dringend nach einer ergänzenden Darstellung, die sich nicht auf die naturwissenschaftlichen Aspekte beschränkt. Aristoteles liefert diese Darstellung ebenfalls in seiner ›Metaphysik‹.

Sowohl für die Sprach- als auch für die Naturphilosophie ergab sich die Notwendigkeit genauerer Quellenanalysen. Aristoteles entspricht auch diesem Erfordernis in der ›Metaphysik‹. Eine gründliche Diskussion der Lehren seiner Vorgänger, vor allem eine ausführliche Auseinandersetzung mit Platon als Metaphysiker läßt auch nicht auf sich warten. Damit erweist sich die Zusammenfassung der vorliegenden Einzelschriften unter diesem Titel als gar nicht so willkürlich und sinnlos, wie es auf den ersten Blick scheinen mag. Eine gedrängte Übersicht über den Inhalt dieses Werkes mag das verdeutlichen.

Nach einleitenden Bemerkungen über Wesen und Wert menschlichen Erkennens, wozu der berühmte Satz gehört: »Alle Menschen streben von Natur aus nach Erkenntnis«,[80] postuliert Aristoteles eine Wissenschaft, die sich mit der menschlichen Erkenntnis als solcher, d. h. mit ihren Ursachen und Prinzipien, zu befassen hat. Sie, die Erste Philosophie, ist die höchste aller Wissenschaften, insofern sie Wissen und Weisheit um ihrer selbst willen erstrebt. Eine sorgfältige, kritische Erörterung der Lehren der Vorgänger ist nötig, um die eigene Problemstellung zu präzisieren. Dabei fällt auch ein Hinweis auf die ›Physik‹.

»So ausreichend nun auch die Betrachtung ist, die wir in der Physik über diese Dinge angestellt haben, so wollen wir doch auch die in den Kreis unserer Untersuchung ziehen, die vor uns sich an die Erforschung des Seienden gemacht und philosophische Betrachtungen über die Wahrheit angestellt haben. Denn offenbar müssen auch diese von gewissen Prinzipien und Ursachen sprechen, weshalb eine nähere Kenntnisnahme für unsere gegenwärtige Entwicklung von wesentlichem Vorteil sein wird: denn entweder werden wir noch eine andere Gattung von Ursachen finden oder werden wir zu den eben von uns angegebenen mehr Zutrauen gewinnen.«[81]

Es folgen Doxabericht und Doxakritik zunächst der älteren ionischen Naturphilosophen, die in der Regel von materiellen Prinzipien ausgingen, sodann der Pythagoreer, die nicht mehr materielle, sondern mathematische ›Anfänge‹ (archai) voraussetzten, schließlich Platons, der die Ideen einführte. Während sowohl das materielle Prinzip als auch das Bewegungsprinzip unter den älteren Vorgängern seine Anwälte fand, beanspruchte niemand das formale Prinzip zur Erklärung, es sei denn, man versteht darunter die

Vertreter der Ideenlehre. Aber auch diese erkannten die vierte, die Zweckursache, nicht eigentlich. Deutlich ist ein Aufstieg von den Vertretern materieller zu den Vertretern ideeller Prinzipien festzustellen. Dazwischen stehen die Mathematiker: ältere ionische Naturphilosophen, Atomisten – Pythagoreer – Platoniker.

»Aus dem Gesagten geht hervor, daß alle Philosophen unstreitig bemüht waren, die in der Physik aufgestellten Prinzipien zu erforschen, und daß außer diesen Prinzipien keines mehr aufzustellen ist. Aber sie haben sich über diese Dinge ohne Bestimmtheit ausgesprochen, und man kann daher gewissermaßen sagen, es seien alle diese Prinzipien schon früher aufgestellt worden, gewissermaßen aber auch nicht. Die älteste Philosophie spricht über alle Fragen noch sozusagen unartikuliert, wie dies im Kindeszustand natürlich ist.«[82]

Hier treffen wir auf die ebenso interessante wie in der Geschichte der Philosophie folgenschwere Neigung, seine Vorgänger als stammelnde Vorläufer der eigenen Lehren aufzufassen und damit indirekt den Anspruch auf den Besitz der Wahrheit zu erheben. Das 2. Buch (kleineres Alpha) ist sehr kurz, im Grunde gar kein eigenes Buch, sondern ein Anhang zum 1. Es enthält allgemeine Darlegungen über Studium und Ziel der Philosophie, die Ablehnung einer unbegrenzten Kette von Ursachen und Bemerkungen über die Methode des philosophischen Vortrags. Das 3. bzw. 2. Buch bietet eine Problemübersicht über die Grundprobleme der Ersten Philosophie in Form von 15 Aporien (Fragestellungen). 1. Gibt es für sämtliche Prinzipien eine Wissenschaft oder mehrere? 2. Ist die Wissenschaft von den logischen Axiomen identisch mit der Metaphysik? 3. Gehören alle Arten des Seienden einer und derselben Wissenschaft an oder mehreren? 4. Gehören die Wesen oder Substanzen und deren nähere Bestimmungen in eine und dieselbe Wissenschaft? 5. Gibt es bloß sinnliche Dinge oder noch andere außer ihnen, wie im platonischen System? 6. Sind die Gattungen oder die Grundbestandteile die Prinzipien der Dinge? 7. Sind die Gattungsbegriffe oder die Artbegriffe Prinzipien? 8. Die Wissenschaft hat es mit dem Allgemeinen zu tun. Wenn nur die Einzeldinge wahrhaft sind, wie ist Wissenschaft möglich? 9. Sind die Prinzipien der Zahl oder der Art nach bestimmt? 10. Sind die Prinzipien für die vergänglichen und für die ewigen Dinge dieselben? 11. Ist das Eine und ist das Seiende Substanz oder sind sie Prädikate einer anderen Substanz? 12. Sind die Zahlen, Körper, Flächen, Punkte Substanzen? 13. Was verlangt die Annahme von Ideen als besondere Realitäten? 14. Sind die Prinzipien aktuell oder potentiell? 15. Sind die Prinzipien Universalien oder Einzeldinge?[83] Der Anschluß des Problemkatalogs an die Einleitung und die Kritik der Lehrmeinungen der Vorgänger erscheint gar nicht so unsinnig und entspricht sogar der methodischen Forderung des Aristoteles im 1. Buch.

Die Aporien der Metaphysik zentrieren also um folgende Themen: Metaphysik als Wissenschaft der Wissenschaften, Gegenstand der Ersten Philosophie: Sinnendinge oder Begriffe, Einzelnes oder Allgemeines? Ist die Anzahl der Prinzipien für vergängliche und unvergängliche Dinge gleich? Sind das Eine, das Seiende und die Zahlen Substanzen? Nach alldem erscheint der Begriff der Substanz als das Hauptproblem der Metaphysik. Das 3. Buch gibt Antworten auf die Aporien 1 und 2. Die logischen Axiome, der Satz vom Widerspruch und der Satz vom ausgeschlossenen Dritten, kommen zur Sprache. Das 4. Buch enthält eine Zusammenstellung philosophischer Termini. Die in den logischen Schriften begonnenen semantischen Analysen drängen auf terminologische Fixierung. Aristoteles analysiert folgende Begriffe: Anfang, Ursprung (arche); Ursache (aition); Element (stoicheion); Natur (physis); notwendig (anankaion); das Eine (hen); Seiendheit, Wesen, Substanz (ousia); identisch, anders, verschieden, ähnlich, unähnlich; gegensätzlich; früher und später; das Vermögen, Möglichkeit, Potenz (dynamis); Quantität; Qualität; Relation; vollkommen; Grenze; Beziehung, An-sich; Anlage; Verhalten; Affekt; Beraubung; haben; aus etwas sein; Teil; Ganzes; verstümmelt; Gattung; falsch und wahr; Akzidenz. Die Wiederaufnahme von Begriffen aus der Sprachphilosophie, aus den ›Kategorien‹, der ›Topik‹, den ›Analytiken‹, aber auch aus der Naturphilosophie, vor allem aus der ›Psysik‹, zeigt die Verbundenheit der Ersten Philosophie mit den Themen dieser Gebiete der aristotelischen Philosophie. Das kurze 5. Buch schließt an die einleitenden Bücher an und bringt nicht viel Neues. Es kann sich um die Zusammenstellung disparater Texte durch einen Redaktor handeln.[84]

Folgende Themen stehen zur Diskussion: das Verhältnis der Metaphysik zu anderen Wissenschaften, die Einteilung der Wissenschaften, die Abweisung einer Wissenschaft vom Zufälligen sowie die Frage, ob das Wahre und das Falsche in den Bereich der Metaphysik gehören. Die bisherigen Teile der sog. Metaphysik können als Voruntersuchungen für die Behandlung des Hauptthemas: Was ist die Substanz? gelten. Mit dieser Frage befassen sich die Bücher 6–8. Sie bilden einen Block, den Kern der ›Metaphysik‹. Wiederum von den Lehren seiner Vorgänger ausgehend, präzisiert Aristoteles den Begriff der Substanz, hebt ihn vom logischen Subjekt und vom materiellen Begriff des Urstoffs ab, fragt nach der Möglichkeit von Begriffsbestimmungen einfacher und zusammengesetzter Dinge, konstatiert die Identität von Einzelwesen mit seinem Begriff, kommt dann, von Gegenständen der Begriffsphilosophie zu denen der Naturphilosophie übergehend, auf sein altes, in der ›Physik‹ bereits erörtertes Thema zurück, das Werden, stellt ihm die Form gegenüber, die einerseits nicht wird, andererseits aber auch nicht von den Gegenständen getrennt existieren kann (Platon), untersucht das Verhältnis des Ganzen zu seinen Teilen unter dem Aspekt der Einbeziehung der Teile in die Definition, die Definition unter dem Aspekt der Einheit, definiert dann die Substanz nicht als Allgemeines, sondern als Einzelnes, ›widerlegt‹ darauf die platonische Ideenlehre, konstatiert, daß sich Einzeldinge nicht definieren lassen, unterscheidet ferner Arten der Substanz, wozu auch die Materie gehört – Platon hätte das nie zugegeben –, vor allem aber die Form, wendet den Begriff der Materie auf die Welt des Werdens an, erörtert Ursachen für die Einheit der Begriffsbestimmung und gelangt zum Begriff der Potenz oder Dynamis, die nach der Zugehörigkeit zu Lebendigem oder Leblosem inhaltlich differenziert wird, kritisiert die Megariker, die den Unterschied von Möglichkeit und Wirklichkeit leugnen, behandelt die Begriffe des Möglichen und Unmöglichen, die Aktualität und ihr Verhältnis zur Bewegung, die (zeitliche und werthafte) Priorität der Wirklichkeit vor der Möglichkeit und schließlich das Wahre und das Falsche aus der Optik des Metaphysikers. Im 9. Buch folgen Bestimmungen über das Eine und das Viele, das Identische, Ähnliche, Andere, Verschiedene, Entgegengesetzte, Gleiche, Mittlere, über das Artverschiedene sowie das Vergängliche und Unvergängliche. Das 10., vielleicht nicht von Aristoteles verfaßte Buch beginnt mit einem Rückblick auf die einleitenden Bücher und beschränkt sich meistens auf schon erörterte Topoi: Aufgabe und Inhalt der Metaphysik, Verhältnis der Metaphysik zur Physik und Mathematik, Satz des Widerspruchs, Satz des ausgeschlossenen Dritten, Verhältnis der Wissenschaften zueinander, das Akzidentelle, Zufall, Bewegung und Unbegrenztes. Man kann diesen Teil als Resümee vor einem neuen Anlauf der Untersuchung verstehen, was nichts über die chronologische Folge aussagt. Im 11. Buch (Lambda) ist von der Substanz die Rede, ihren Arten, von den Prinzipien des Werdens und der Veränderung, von Form und Substanz, von Identität und Verschiedenheit der Prinzipien, von der Denknotwendigkeit einer ewigen, unveränderlichen Substanz, die reine Wirklichkeit ist und Urgrund aller Bewegung. Diese Substanz ist Gott. Nach einer Digression in den Bereich der Kosmologie kehrt Aristoteles zu seinem Gott zurück, der sich selbst fortwährend denkt. Diese

›Theologie‹ schließt mit einer kritischen Diskussion anderer Lehrmeinungen. Das 12. Buch befaßt sich wieder mit der Problematik der Substanz, mit Zahlen, Ideen und anderen Wissensprinzipien. Das 13. Buch enthält noch eine spezielle Kritik der platonischen Prinzipien.

Dieser Überblick über die Thematik der aristotelischen ›Metaphysik‹ mag verdeutlicht haben, daß es eine der Hauptaufgaben der Ersten Philosophie war, der Herausforderung zu begegnen, die einmal von den in Sprach- und Naturphilosophie eingeschlagenen Methoden an sein Weiterdenken erging, sodann jener anderen Herausforderung Herr zu werden, welche die Lehren seiner Vorgänger, vor allem Platons, für ihn bedeuteten. So wird eine Untersuchung des aristotelischen Problembewußtseins im Hinblick auf die Erste Philosophie nicht umhin können, sowohl die Aporien des Aristoteles zur Sprachphilosophie als auch seine Aporien zur Naturphilosophie gebührend zu berücksichtigen. Wenn die Erste Philosophie etwas erkennen läßt, so vermittelt sie gewiß wertvolle Einblicke in die Genesis des aristotelischen Problembewußtseins. Jede Interpretation der Ersten Philosophie sollte die doxographisch-historische Dimension dieses Bewußtseins genauso sorgfältig analysieren wie die psychologische. Hier können wir nur eine Skizze der Problemsituation geben, in die Aristoteles geriet, als er sich entschloß, die Grundprobleme seiner Sprach- und Naturphilosophie wieder aufzugreifen und vertiefend zu erörtern. Was die doxographisch-historische Dimension betrifft, legten wir im 3. Abschnitt des 2. Kapitels bereits dar, daß die griechischen Philosophen drei grundverschiedene Erklärungsmodelle für die Wirklichkeit fanden: das materialistisch-atomistische (Demokrit), das mathematisch-pythagoreische und das idealistisch-platonische.

Die ionischen Naturphilosophen kamen zu dem Ergebnis: alles ist Stoff, die Pythagoreer hielten die Zahl für den Urgrund aller Dinge, Platon dagegen die Ideen. Atome, Zahlen oder Ideen waren die letzten Elemente des Wirklichkeitsverständnisses vor Aristoteles. Hinzu kamen die gegensätzlichen Urzustände der Wirklichkeit, das Sein (Parmenides), und das Werden (Heraklit). Mit diesen Größen u. a. hatte sich Aristoteles als Metaphysiker auseinanderzusetzen. Einige Schüler Platons, Speusipp und Xenokrates, versuchten die pythagoreische Zahlenlehre mit der platonischen Ideenlehre zu verknüpfen. Da Aristoteles die Erklärung des Weltgeschehens aus der Zahl ablehnte, blieb ihm nur die Wahl zwischen dem vorsokratischen und dem platonischen Modell, zwischen Materialismus und Idealismus, ionischer Naturbetrachtung und attischer Begriffsphilosophie. Als Schüler Platons und Mitglied der Akademie hat er sich schon früh grundsätzlich für den platonischen Standpunkt entschieden, wenn er auch bald merkte, daß die Wahrheit nicht in den Extremen zu finden ist. Wenn Platon lehrte, nur die Ideen existieren, die Sinnendinge lediglich nach dem Grad ihrer Teilhabe an den Ideen, widersprach das zu sehr den Phänomenen und wohl auch dem realistischen Sinn des Aristoteles. Aber es ließ sich ebenfalls nicht leugnen, daß die Welt der Begriffe etwas Grundverschiedenes von der Welt der Phänomene war. Aristoteles neigte immer mehr zu der Auffassung, nach der die sinnlich wahrnehmbaren Gegenstände die einzigen waren, von denen man mit Recht aussagen konnte, sie existierten. Damit aber spaltete sich das Sein in die Welt der Ideen und in die Welt der Dinge.

Diese Trennung (chorismos) war für Aristoteles unerträglich. Schwieriger war die Aufgabe, sie zu überwinden, aber diese Aufgabe stellte er sich. Seine Platon-Kritik hatte sich im Rahmen seiner Sprachphilosophie vorwiegend gegen Ideenlehre und Dialektik gerichtet. Er stellte sie auf eine Stufe mit der Rhetorik und konfrontierte sie mit seiner Wissenschaft, der Logik. Im Bereich der Naturphilosophie richtete sich seine Kritik vor allem gegen die platonische Verdrängung der Materie, gegen die Verbindung von Bewegung und Seele und gegen Platons Methodik, gegen Dichotomie und Diärese. Aristoteles wertete demgegenüber, im Einklang mit den ionischen Naturphilosophen, die Materie auf und ließ sie in seinem System als eine von vier Ursachen gelten. Er band die Seele als Form an den Körper und etablierte die Bewegung als eigene Ursache. Auch gab ihm seine Naturphilosophie Gelegenheit, neben den drei Ursachen: Stoff, Form und Bewegung eine vierte, die Zweckursache einzuführen. Das bedeutete endgültig die biologisch-organologisch-teleologische Ausrichtung seines Denkens. Aber war damit schon die Ideenlehre ersetzt?

Aristoteles muß bald gemerkt haben, daß sich die Lehre von den Ursachen zwar bei der Erörterung physikalischer Phänomene bewähren kann, aber noch keinen Rückhalt in einer tiefer verstandenen Wirklichkeit besitzt. Auch das Begriffspaar Möglichkeit und Wirklichkeit half nicht weiter. Es erlaubte ihm nur eine neue Sicht von Bewegung und Veränderung. Indem er die Bewegung eingrenzte, konnte er Anfangs- und Endzustand des Prozesses bestimmen. Das Sein war nicht ewig vorhanden und unveränderlich, sondern als Zustand an das Zusammenwirken mehrerer Faktoren gebunden, an das Hinzutreten einer Form zum Stoff, wodurch dieser zu einer abgrenzbaren, definierbaren Einheit wird. Die bewegende Kraft des Werdens ist auf ein Ziel ausgerichtet, dem der Prozeß zustrebt. Erst das Endprodukt ist die Seiendheit, die sich als

Verwirklichung eines Möglichen erweist, wobei aber die Wirklichkeit den Vorrang vor der Möglichkeit hat. Das Werden steht im Dienst des Seins, und das Sein verliert sich nicht im Werden, ist aber an das Werden gebunden. Nur in einem vom Zweck her bestimmten Bewegungszustand wird das Werden zum Sein, nimmt Form an, wird Seiendheit. Nur in der Seiendheit ist Form, nicht an sich. Löst sich die Seiendheit auf, verschwinden Form und Materie zugleich. Für Aristoteles existiert weder eine Materie an sich noch eine Form an sich. Nur im Akt des Erkennens tritt die Einheit von Form und Materie als abgrenzbares Phänomen in Erscheinung. Sein Erkenntnismodell war der biologische Prozeß, die Entwicklung eines Lebewesens. Dabei hat die Bewegung einen Anfang und ein Ende. Der Vorgang wird vom Ende her bestimmt, gesteuert, ist entelechisch. Die Bewegung als solche bleibt wie der Stoff als solcher oder die Form als solche oder der Zweck als solcher ein Rätsel. Den nötigen Rückhalt in der Wirklichkeit und damit eine wirksame Gegenposition gegen die Ideenlehre gewann Aristoteles erst durch weitere Analysen seines schon aus der Kategorienlehre bekannten Substanzbegriffs. Wenn es keine selbständigen Ideen gab: was war dann überhaupt noch? Mußten nicht die sinnlich wahrnehmbaren Dinge, wie Heraklit es lehrte, infolge ständiger Veränderung in nichts zerfließen und sich damit auch dem Begreifen entziehen? Aber die materielle Wirklichkeit ließ sich ebensowenig leugnen wie die begriffliche. Aristoteles befand sich in einem bösen Dilemma. Die immer neuen Ansätze in seiner Ersten Philosophie, aus diesem Dilemma herauszukommen, geben einen Begriff von den Schwierigkeiten, die er hatte. Es war das Dilemma seines ganzen geistigen Lebens. Er hatte sich nun einmal für Parmenides und Platon, gegen Heraklit und Demokrit entschieden. Um die Wahrheit der Phänomene, die Fakten der Erscheinungswelt zu retten, mußte er die platonischen Ideen umdeuten und die Materie rehabilitieren. Durch Annäherung an die Erscheinungswelt gewann der Subjektbegriff soviel Wirklichkeitsgehalt, daß er zum Träger so verschiedener Bestimmungen wie Stoff und Form, Bewegung und Zweck werden konnte. Aristoteles verankerte die Idee im Einzelgegenstand, im Einzelwesen (prote ousia), dessen Realität sich einfach nicht abstreiten läßt. Die Begriffe verblaßten demgegenüber zum Allgemeinen (katholou), zur zweiten Seiendheit (deutera ousia) oder Existenz zweiter Ordnung.

Die aristotelische Konzeption stellt eine subtile Synthese vorsokratischer und platonischer Denkansätze dar, in der der Materialismus der Vorsokratiker platonisiert, d. h. sublimiert wird, der Idealismus Platons dagegen substantialisiert und in gewissem Sinn materialisiert. Diese Stufe seiner Entwicklung, die eine fortgesetzte Reihe von Synthese-Versuchen war, erreichte Aristoteles in seiner ›Metaphysik‹. Hier konnte er in seiner Lehre von der Seiendheit der platonischen Idee eine ebenbürtige und wenn nicht effizientere, so doch realistischere Konzeption gegenüberstellen. Die Auseinandersetzung des Aristoteles mit Platon erreicht in der ›Metaphysik‹ zugleich ihren Höhepunkt und in gewissem Sinn ihren Abschluß. In der Auffassung der Wirklichkeit, der Seele, des Seins und der Bewegung ging Aristoteles fortan eigene Wege, die nicht mehr zu Platon zurückführten. Die Konzeptionen waren zu selbständig und zu verschieden, um eine Harmonisierung aussichtsreich erscheinen zu lassen. Aristoteles hat das auch nicht mehr versucht. Das, was er von Platons Lehren brauchen konnte, verschmolz er mit vorsokratischen Lehren und integrierte es in seine Philosophie. Er vereinigte damit attischen und ionischen Geist zu einer optimalen Synthese, die in der Geistesgeschichte ihresgleichen sucht. Ein großer Teil der Widersprüche innerhalb der aristotelischen ›Metaphysik‹, gewiß nicht alle, läßt sich beheben, wenn man diese Zusammenhänge nicht aus den Augen verliert.

4. Sozialphilosophie

Dem Handeln geht die Entscheidung voraus, der Entscheidung Erkenntnis bzw. Information. Philosophische Erkenntnis kann sich primär auf die Natur, den Kosmos, den Menschen oder Gott richten. Es ist daher zweckmäßig, Ethik und Politik als praktische Disziplinen nach den genannten theoretischen zu behandeln, nach der Sprachphilosophie, nach der Naturphilosophie und nach der Prinzipienlehre, der Metaphysik.

Aristoteles hat das getan, was natürlich nicht streng chronologisch zu verstehen ist. Nicht alle seine ethischen und politischen Schriften sind nach den übrigen verfaßt, obwohl dieses Zeitverhältnis mindestens im Hinblick auf die reifste Fassung seines ethischen Wissens, die ›Nikomachische Ethik‹ und wesentliche Teile der ›Politik‹ zutrifft. Aber auch abgesehen von sachlichen Erwägungen können wir uns mit dieser Anordnung auf die Nous-Lehre des Aristoteles stützen, der bekanntlich zwei Arten des Nous, den theoretischen und den praktischen, daneben auch den poietischen oder schöpferischen sowie den tätigen und den leidenden Geist unterschied. Schließlich bekommen wir zu Beginn der ›Nikomachischen Ethik‹ den ausdrücklichen Hinweis, daß Ethik und Politik keine Lehrgegenstände für junge Leute sind. Sollte er das gesagt haben, wenn er sich vorwiegend in jungen Jahren mit solchen Problemen befaßt hätte und seine gesamte Ethik in den Frühschriften niedergelegt wäre? Darauf könnte man erwidern, daß es nicht nur eine Ethik von Aristoteles gibt, und daß, wenn auch nicht die ›Nikomachische Ethik‹, so doch die ›Magna Moralia‹ und die ›Eudemische Ethik‹ in eine frühe Schaffensperiode des Aristoteles gehören, vom ›Protreptikos‹ nicht zu reden, der Werbeschrift für eine philosophische Lebenshaltung, einer Programmschrift der Akademie, die das platonische Lebensideal verherrlichte. Danach ist der ›Protreptikos‹ noch zu Lebzeiten Platons, zwischen 353 und 351, erschienen.[85] Nun enthält der ›Protreptikos‹, soweit wir sehen können, weniger wissenschaftliche Theorien als Allgemeinplätze über den Wert des philosophischen Lebenswandels. Sofern bestimmte Auffassungen darin vertreten werden, lassen sie sich weitgehend aus dem Einflußbereich der Akademie erklären. Es lohnt sich nicht, an dieser Stelle näher auf den ›Protreptikos‹ einzugehen, der mehr rhetorisch-propagandistischen Zwecken diente als sachlich-wissenschaftlichen. Etwas anders liegen die Dinge bei den ›Magna Moralia‹ und der ›Eudemischen Ethik‹. Während die kritische ältere Forschung nur die ›Nikomachische Ethik‹ für echt hielt, haben sich einige Vertreter der neueren Forschung, besonders seit W. Jaeger, bemüht, die ›Magna Moralia‹ und die ›Eudemische Ethik‹ in ihre Konstruktionen der aristotelischen Philosophie, speziell der praktischen, einzubeziehen. Wir können hier schon aus Platzgründen nicht auf die zahlreichen Hypothesen eingehen, die zu diesem Problemkomplex aufgestellt sind.

Das Ergebnis all dieser Kontroversen ist, was die Erweiterung der Perspektive der aristotelischen Ethik, den Problemgehalt und den sachlichen Gewinn betrifft, nicht allzu groß, steht jedenfalls kaum in einem Verhältnis zu dem Aufwand an Gelehrsamkeit, der auf die ›Begründung‹ der einen oder anderen ›Theorie‹ verwendet wurde. Wir begnügen uns also mit der reifsten Fassung der aristotelischen Ethik, was noch dazu den Vorteil hat, daß wir es sicher mit einem echten Werk des Aristoteles zu tun haben, mit der ›Nikomachischen Ethik‹. Sie beginnt mit den Worten:

»Jede Kunst und jede Lehre, desgleichen jede Handlung und jeder Schluß, scheint ein Gut zu erstreben, weshalb man das Gute treffend als dasjenige bezeichnet hat, wonach alles strebt. Doch zeigt sich ein Unterschied der Ziele. Die einen sind Tätigkeiten, die anderen noch gewisse Werke oder Dinge außer ihnen. Wo bestimmte Ziele außer den Handlungen bestehen, da sind die Dinge ihrer Natur nach besser als die Tätigkeiten. Da der Handlungen, Künste und Wissenschaften viele sind, ergeben sich auch viele

Ziele. Das Ziel der Heilkunst ist die Gesundheit, das der Schiffsbaukunst das Schiff, das der Strategik der Sieg, das der Wirtschaftskunst der Reichtum. Wo solche Verrichtungen unter *einem* Vermögen stehen, wie z. B. die Sattlerkunst und die sonstigen mit der Herstellung des Pferdezeuges beschäftigten Gewerbe unter der Reitkunst, und diese wieder nebst aller auf das Kriegswesen gerichteten Tätigkeit unter der Strategik, und ebenso andere unter anderen, da sind jedesmal die Ziele der architektonischen, d. h. der leitenden Verrichtungen vorzüglicher als die Ziele der untergeordneten, da letztere nur um der ersteren willen verfolgt werden. Und hier macht es keinen Unterschied, ob die Tätigkeiten selbst das Ziel der Handlungen bilden oder außer ihnen noch etwas anderes, wie es bei den genannten Künsten der Fall ist. Wenn es nun ein Ziel des Handelns gibt, das wir seiner selbst wegen wollen, und das andere nur um seinetwillen, und wenn wir nicht alles wegen eines anderen uns zum Zwecke setzen – denn da ginge die Sache ins Unendliche fort, und das menschliche Begehren wäre leer und eitel –, so muß ein solches Ziel offenbar das Gute und das Beste sein. Sollte seine Erkenntnis nicht auch für das Leben eine große Bedeutung haben und uns helfen, gleich den Schützen, die ein festes Ziel haben, das Rechte besser zu treffen? So gilt es denn, es wenigstens im Umriß darzustellen und zu ermitteln, was es ist und zu welcher Wissenschaft oder zu welchem Vermögen es gehört. Allem Anschein nach gehört es der maßgebendsten und im höchsten Sinne leitenden Wissenschaft an, und das ist offenbar die Staatskunst. Sie bestimmt, welche Wissenschaften oder Künste und Gewerbe in den Staaten vorhanden sein, und welche und wie weit sie von den Einzelnen erlernt werden sollen. Auch sehen wir, daß die geschätztesten Vermögen: die Strategik, die Ökonomik, die Rhetorik, ihr untergeordnet sind. Da sie also die übrigen praktischen Wissenschaften in den Dienst ihrer Zwecke nimmt, auch autoritativ vorschreibt, was man zu tun und was man zu lassen hat, so dürfte ihr Ziel die Ziele der anderen als das höhere umfassen, und dieses ihr Ziel wäre demnach das höchste menschliche Gut. Denn wenn dasselbe auch für den Einzelnen und für das Gemeinwesen das gleiche ist, so muß es doch größer und vollkommener sein, das Wohl des Gemeinwesens zu begründen und zu erhalten. Man darf freilich schon sehr zufrieden sein, wenn man auch nur einem Menschen zum wahren Wohle verhilft, aber schöner und göttlicher ist es doch, wenn dies bei einem Volke oder einem Staate geschieht. Darauf also zielt die gegenwärtige Disziplin ab, die ein Teil der Staatslehre ist. Was die Darlegung betrifft, so muß man zufrieden sein, wenn sie denjenigen Grad von Bestimmtheit erreicht, den der gegebene Stoff zuläßt.

Die Genauigkeit darf man nicht bei allen Untersuchungen in gleichem Maße anstreben, so wenig als man das bei den verschiedenen Erzeugnissen der Künste und des Handwerks tut. Das sittlich Gute und das Gerechte, das die Staatswissenschaft untersucht, zeigt solche Gegensätze und solche Unbeständigkeit, daß es scheinen könnte, als ob es nur auf dem Gesetz, nicht auf der Natur beruhe. Und eine ähnliche Unbeständigkeit haftet auch den verschiedenen Gütern und Vorzügen an, indem viele durch sie zu Schaden kommen. Schon mancher ist wegen seines Reichtums und mancher wegen seines Mutes zugrunde gegangen. So muß man sich denn, wo die Darstellung es mit einem solchen Gegenstand zu tun hat und von solchen Voraussetzungen ausgeht, damit zufriedengeben, die Wahrheit in gröberen Umrissen zu beschreiben. Und ebenso muß man, wo nur das häufiger Vorkommende behandelt und vorausgesetzt werden kann, auch nur solches folgern wollen. Ganz ebenso hat aber auch der Hörer die einzelnen Sätze aufzunehmen. Darin zeigt sich der Kenner, daß man in den einzelnen Gebieten je den Grad von Genauigkeit verlangt, den die Natur der Sache zuläßt, und es wäre genauso verfehlt, wenn man von einem Mathematiker Wahrscheinlichkeitsgründe annehmen, wie wenn man von einem Redner in einer Ratsversammlung strenge Beweise fordern wollte. Jeder beurteilt nur dasjenige richtig, was er kennt, und ist darin ein guter Richter; deshalb wird für ein bestimmtes Fach der darin Unterrichtete und schlechthin der in allem Unterrichtete gut urteilen können. Darum ist ein Jüngling kein geeigneter Hörer der Staatswissenschaft. Es fehlt ihm die Erfahrung im praktischen Leben, dem Gegenstand und der Voraussetzung aller politischen Unterweisung. Auch wird er, wenn er den Leidenschaften nachgeht, diesen Unterricht vergeblich und nutzlos hören, da dessen Zweck nicht das Wissen, sondern das Handeln ist. Es macht hier auch keinen Unterschied, ob einer an Alter oder an Charakter der Reife ermangelt. Denn der Mangel hängt nicht von der Zeit ab, sondern kommt daher, daß man der Leidenschaft lebt und nach ihr seine Ziele wählt. Für solche Leute bleibt das Wissen ebenso nutzlos wie für den Unenthaltsamen, der das Gute will und es doch nicht tut. Wohl aber dürfte für diejenigen, die ihr Begehren und Handeln vernunftgemäß einrichten, diese Wissenschaft von großem Nutzen sein. So viel stehe als Einleitung über den Hörer, über die Art, wie wir verstanden sein wollen, und über den Gegenstand, den wir zu behandeln haben.«[86]

Der zitierte Abschnitt ist in mancher Hinsicht für die Philosophie des Aristoteles, speziell für seine Sozialphilosophie, aufschlußreich. Gleich zu Anfang zeigt sich der teleologische Charakter seines

Denkens. Das Streben nach einem Gut verbindet Kunst (techne) und Wissenschaft (methodos), also die theoretisch-poietische Komponente der aristotelischen Philosophie mit der praktischen. Wir haben damit einen Sprachphilosophie, Naturphilosophie und Erste Philosophie übergreifenden Gesichtspunkt, die der Sozialkunde spezifische Kategorie des Werts. Neben die logische, physiologisch-kosmologische und die metaphysisch-ontologische Betrachtungsweise tritt damit die axiologische. Bei Platon konvergieren diese Aspekte des Philosophierens zur Idee des Guten. Die aristotelische Sozialphilosophie behauptet dagegen von Anfang an ihre Eigenständigkeit gegenüber anderen Bereichen der Philosophie, auch gegenüber der Ersten Philosophie. Mit der Zielorientierung ist die Zweckorientierung verbunden. Beide Momente stekken, neben der Grundbedeutung Ende, im Telos-Begriff. Bei den Zwecken sind untergeordnete und übergeordnete, sekundäre und primäre, Neben- und Selbstzwecke zu unterscheiden. Das Ende, das Ziel, der Zweck, das Gut, der Wert, der in einer Handlung intendiert, erstrebt und verwirklicht wird, gibt auch der Handlung ihren Sinn, ihr Sein und ihren Wert.

Vielen verschiedenen Tätigkeiten entsprechen viele verschiedene Ziele. Die aristotelische Telos-Konzeption ist zwar hierarchisch, aber nicht monistisch, vielmehr pluralistisch. Sie ist also auch weder absolutistisch noch relativistisch, da Aristoteles sowohl einen Zweck aller Zwecke als auch eine ins Unbegrenzte weitergehende Zweckreihe ablehnt. Seine Begründung ist diesmal besonders charakteristisch: weil sonst das Streben leer (kene) und eitel bzw. vergeblich (mataia) wäre. Aristoteles kann sich nicht vorstellen, daß man etwas umsonst tut, einfach nur so, auch wenn es nicht nützt. Er hat damit wesentlich dazu beigetragen, westliches Denken in ein Zweckdenken zu verwandeln, das sich seit dem Beginn der Neuzeit (Francis Bacon) am Nutzen orientierte. Am Ende dieser Entwicklung stand der Utilitarismus. Wenn der aristotelischen Forderung, nicht auf allen Gebieten der Wissenschaft den gleichen Grad von Genauigkeit zu erstreben, entsprochen oder sie wenigstens zur Kenntnis genommen wäre, wäre wahrscheinlich eine gewaltige Menge geistiger Arbeit sinnvoller eingesetzt, angefangen von Spinozas Ethik nach geometrischer Art (more geometrico) bis zu den Hekatomben geisteswissenschaftlicher Arbeiten der Gegenwart, die sich durch eine Fülle mathematischer Formeln einen wissenschaftlichen Anstrich zu geben bemühen.

Ferner ist die Zugehörigkeit der Ethik zur Staatskunst (politike) bezeichnend für griechisches Denken, in dem die Polis ein letzter Orientierungsmaßstab für sittliches Handeln war. Nicht einfach ist

die Frage zu entscheiden, ob die Ethik des Aristoteles eine Individual- oder eine Sozialethik ist. Im Grunde ist sie nämlich keines von beiden, kann aber, wenn man den Begriff ›sozial‹ sehr weit faßt und antik versteht, als Sozialethik bezeichnet werden, sofern sie ein auf Gemeinschaft angelegtes Menschenbild voraussetzt. Ethik und Politik zielen letztlich auf die Gewinnung der Glückseligkeit (eudaimonia) ab. Auch das verrät eine spezifisch antike Denkweise, in der die Individualsphäre noch nicht von der Sphäre des Staates getrennt ist. Die Psyche des Einzelnen gleicht der Struktur der Polis. Deshalb konnte Platon Seelenteile und Gesellschaftsstruktur in eine Wechselbeziehung setzen. Die genannten Werte, Gesundheit und Reichtum, kommen schon in der Wertetafel vor, die Platon seinen ›Gesetzen‹ vorausschickt.[87] Auch dort erscheint der Geist (nous) als Leitprinzip, als ›Führer‹. Die Abhängigkeit des Aristoteles von Platon ist bis ins Detail erkennbar.
Auf die Wertordnung folgt die Ordnung der Lebensformen. Aristoteles unterscheidet das Leben des Theoretikers (bios theoretikos) vom Leben des Praktikers (bios praktikos) und vom Leben des Genießers (bios apolaustikos). Wer will es ihm verübeln, daß er dem theoretischen Leben den höchsten Rang zuerkennt? Mit der Trennung von Tagespolitik und Wissenschaft hatte die Geburtsstunde der vita contemplativa geschlagen, des Gelehrtendaseins in der nötigen Muße. Aristoteles hat seine wissenschaftliche Tätigkeit also nicht als Arbeit im neuzeitlich-modernen Sinn verstanden. Eine solche Lebensweise wäre für ihn unfrei, sklavisch und daher indiskutabel. Wahrhaft frei ist nur der Mensch zu nennen, der frei über seine Zeit verfügt. Die Glückseligkeit ist der letzte Zweck allen Handelns. Sie verbürgt Unabhängigkeit, Selbständigkeit, Sich-selbst-Genügen (autarkeia), Freiheit. Die aristotelische Lehre berührt sich hier mit der Auffassung des Johannesevangeliums: »Die Wahrheit wird euch frei machen.«[88] Allerdings enthält die aristotelische Ethik nicht eine Botschaft radikaler Freiheit. Sie bleibt im Glücksdenken befangen, wenn sie auch kein Eudämonismus im modernen Sinn ist. Eng mit der Glückseligkeit verbunden und ihre unerläßliche Bedingung ist die Arete, Trefflichkeit, Bestheit oder Tugend. So besteht die Glückseligkeit des Menschen nach Aristoteles in der Tätigkeit der Seele gemäß der Tugend (psyches energeia kat'areten), und zwar nicht nur für kurze Zeit, sondern ein Leben lang. Den drei oben genannten Lebensformen entsprechen drei Klassen von Gütern: Güter der Seele, Güter des Körpers und äußere Güter, z. B. Vernunft, Gesundheit und Reichtum. Auch die Lust und die äußeren Güter tragen zum Glück des Menschen bei. Die Glückseligkeit bedarf »auch wohl der äußeren Güter, da es

unmöglich oder schwer ist, das Gute und Schöne ohne Hilfsmittel zur Ausführung zu bringen. Vieles wird wie durch Werkzeuge mit Hilfe der Freunde, des Reichtums und des Einflusses im Staat zustande gebracht; andererseits trübt der Mangel an gewissen Dingen, wie ehrbarer Herkunft, braver Kinder, körperlicher Schönheit, die Glückseligkeit. Der kann nicht als sonderlich glücklich gelten, der von ganz häßlichem Äußeren oder ganz gemeiner Abkunft oder einsam und kinderlos ist, und noch weniger vielleicht einer, der ganz lasterhafte Kinder oder Freunde hat oder die guten Freunde und Kinder, die er hatte, durch den Tod verlor. Deshalb also bedarf die Glückseligkeit, wie gesagt, auch solcher äußerer Güter, und so mag es sich erklären, daß einige das äußere Wohlergehen der Glückseligkeit gleichsetzen, wie andere die Tugend.«[89]
Im griechisch-römischen Altertum, aber auch später diskutierte man über die Frage, ob der Mensch sein Glück in erster Linie durch eigene Leistung oder durch göttliche Fügung oder durch Zufall erlangt. Die alte solonische Weisheit, man dürfe den Menschen erst nach seinem Tod glücklich preisen, überzeugte Aristoteles nicht. Er setzte ihr eine lebensbejahendere und gegenwartsbezogenere Konzeption des Strebens nach Glück entgegen. Gehört sie zu den lobenswerten (epaineton) oder den verehrungswürdigen (timion) Gütern? Aristoteles entscheidet sich für letzteres und weist damit eine moralisierende Interpretation des obersten Wertes zurück. Im Bereich der Tugenden sind geistige (dianoetische) von charakterlichen (ethischen) zu unterscheiden. Geistige Tugenden sind z. B. Weisheit, Verstand und Klugheit, ethische Freigebigkeit und Mäßigkeit. Die ethische Tugend wurzelt in der Gewöhnung (ethos). Sie ist weder ein Produkt der Natur, noch ist sie gegen die Natur gerichtet. Tätigkeit erzeugt, erhält und stärkt die Tugend als Haltung (hexis, habitus, Verhaltensweise), Übermaß und Mangel schaden ihr. Die Empfindungen Lust und Unlust begleiten sie. Sind aber vor der Tugend überhaupt Handlungen oder sittliche Tätigkeiten möglich? Zur Realisierung der Tugend sind nicht nur Handlungen nötig, sondern auch gewisse Einstellungen des Handelnden. Er muß wissentlich, willentlich und ohne Zögern handeln. Wer Gerechtes so tut wie der Gerechte, wird gerecht. Man fragt sich mit Recht, ob das Problem damit gelöst ist, aber hier zeigt sich ein weiterer Grundzug aristotelischen Philosophierens: Aristoteles gibt keine erschöpfenden Erklärungen, begnügt sich vielmehr mit dem Hinweis auf Bekanntes, auf Erfahrungstatsachen und auf den gesunden Menschenverstand (common sense). Seine Methode ist die Hinführung (epagoge, Induktion). Tugend erscheint als Verhaltensweise, Haltung, Disposition oder Habitus.

Damit geht Aristoteles vom Bereich des Ethischen in den der Psychologie über. In der Seele sind grundsätzlich drei Phänomene zu unterscheiden: Affekte (pathe), Haltungen (hexeis) und Vermögen (dynameis). Affekte lassen sich quantitativ bestimmen. Man liebt oder haßt mehr oder weniger. Ontologisch setzt tugendhaftes Verhalten ein Mittelmaß zwischen den Extremen voraus, axiologisch eine Verbindung, Synthese, Sublimierung des Affekt-Substrats zu einer höheren, werthaften Einheit. Mitte ist hier nicht als goldener Mittelweg oder gar Mittelmäßigkeit zu verstehen. Wie bei einer Gratwanderung setzt das Einhalten der Mitte viel Aufmerksamkeit, Mühe und Geschick voraus. In seiner Lehre von der Tugend als Mitte (mesotes) zwischen den Extremen der Affekte erweist sich Aristoteles auch auf ethischem Gebiet als Synthetiker, wenn auch die Mesotes-Konzeption nicht von ihm selbst stammt. Sie führt teils auf Platon, teils auf Lehren der zeitgenössischen Medizin zurück. Auf medizinischem Gebiet, wenn auch mit Rücksicht auf den Körper, erscheint das Mittelmaß als zuträglich, das Übermaß als abträglich. So liegt, um bei den Tugenden zu bleiben, z. B. Tapferkeit (andreia) zwischen den Extremen Kühnheit (tharros) und Feigheit (deilia), Besonnenheit (sophrosyne) zwischen Unbeherrschtheit (akolasia) und Empfindungslosigkeit (anaisthesia), Freigebigkeit (eleutheriotes) zwischen Verschwendung (asotia) und Geiz (aneleutheria), Großzügigkeit (megaloprepeia) zwischen Angeberei (apeirokalia) und Kleinlichkeit (mikroprepeia), Großherzigkeit (megalopsychia) zwischen Dünkel (chaunotes) und Engherzigkeit (mikropsychia), die richtige (unbenannte) Haltung gegenüber Ehren zwischen Ehrgeiz (philotimia) und Ehrgeizlosigkeit, Sanftmut (praotes) zwischen Jähzorn (orgilotes) und Zornlosigkeit, Wahrhaftigkeit (aletheia) zwischen Übertreibung (alazoneia) und Ironie (eironeia), Gewandtheit (eutrapelia) zwischen Aufdringlichkeit (bomolochia) und Plumpheit (agroikia), Umgänglichkeit (philia) zwischen Gefallsucht (areskeia, ohne Hintergedanken) oder Schmeichelei (kolakeia, um eines Vorteils willen) und Streitsucht, Scham (aidos) zwischen Ängstlichkeit und Unverschämtheit, Gerechtigkeitssinn (nemesis) zwischen Neid (phthonos) und Schadenfreude (epichairekakia). Scham ist eigentlich keine Tugend, da sie mehr einem Affekt als einer Haltung gleicht. In gewisser Weise sind alle Eigenschaften einander entgegengesetzt, sowohl die beiden Extreme des Schlechten als auch das Schlechte dem Guten.

Aristoteles erkennt die Gefahren des Subjektivismus und des Relativismus: Wer dem einen schon kühn erscheint, kann dem anderen noch feige erscheinen. Von der Mitte weicht bald der Mangel, bald das Übermaß weiter ab, denn einmal steht ein Extrem der Mitte näher als das andere, wie die Kühnheit der Tapferkeit näher steht als die Feigheit, sodann liegt das weiter von der Mitte ab, wozu wir von Natur aus neigen, wie die Lust im Vergleich zur Unlust. Wir neigen eher zur Maßlosigkeit als zu extremer Mäßigung. Die Mitte zu treffen ist oft schwierig.

»Es ist nicht leicht zu bestimmen, wie und wem und aus welcher Veranlassung und wie lange man zürnen soll, und wir loben bald die, die darin zu wenig tun, und nennen sie sanftmütig, bald rühmen wir cholerischen Personen männlichen Charakter nach. Wer aber das rechte Maß nur um ein Kleines verfehlt, sei es durch ein Zuviel oder ein Zuwenig, den trifft kein Tadel, wohl aber den, der es bedeutend verfehlt, weil er nicht unbemerkt bleibt. Von welchem Punkt und Grad an man aber Tadel verdient, läßt sich nicht leicht in Worte fassen, wie das ja überhaupt in der Natur des sinnlich Wahrnehmbaren liegt. Solches aber, was dem Bereich des Handelns angehört, ist singulär und konkret und untersteht deshalb dem Urteil des Sinnes. Soviel jedoch gelte nun als ausgemacht, daß der mittlere Habitus zwar in allen Dingen lobenswert ist, daß man aber hin und wieder nach seiten des Zuviel oder des Zuwenig abweichen muß, um die Mitte und das Rechte leichter zu treffen.«[90]

Weist die »Natur des sinnlich Wahrnehmbaren« auf die Naturphilosophie zurück, deuten die Momente der Freiwilligkeit (hekousion) und Unfreiwilligkeit (akousion), die sowohl für die Ethik als auch für die Gesetzgebung bedeutsam sind, auf die Philosophie des Rechts und der Politik voraus. Eine Handlung aus Unwissenheit (agnoia) ist nur dann als unfreiwillig anzusehen, wenn ihr Reue (metameleia) folgt.

»Da unfreiwillig ist, was aus Zwang oder Unwissenheit geschieht, so möchte *freiwillig* sein, *dessen Prinzip in dem Handelnden ist und zwar so, daß er auch die einzelnen Umstände der Handlung kennt.* Denn es ist wohl verkehrt, wenn man als unfreiwillig bezeichnet, was aus Zorn oder Begierde geschieht.«[91]

Freiwilligkeit und Bevorzugung (proairesis) ist nicht das gleiche. Freiwilligkeit ist der weitere Begriff. Zur Bevorzugung gehören Vernunft (logos) und Planung (dianoia). Ein weiterer Faktor des Entscheidungsprozesses ist die Überlegung oder Beratung (boule). Sie bezieht sich nicht auf das Ziel, sondern auf das Mittel zum Zweck. Der Gegenstand der Beratung und der Bevorzugung ist der gleiche, nur daß die Bevorzugung auf die Beratung folgt. Die Bevorzugung ist demnach ein überlegtes Begehren (orexis) dessen, was uns zu Gebote steht (eph'hemin). Richtet sich der Wille auf das wahrhaft oder auf das scheinbar Gute? Die Antwort ist typisch aristotelisch: Maßstab des Guten ist der Gute. Die Wirklichkeit hat Vorrang vor der Möglichkeit, Erfahrung und Induktion vor der Spekulation. Der Mensch ist für seine Gutheit oder Schlechtheit selbst verantwortlich. Ein Mensch kann nichts dafür, wenn er von Natur aus häßlich oder gebrechlich ist, wohl aber, wenn er es durch Leichtsinn oder einen liederlichen Lebenswandel wird.

Die Tugend der Gerechtigkeit (dikaiosyne) nimmt in der ›Nikomachischen Ethik‹ einen zentralen Platz ein. Die Worte Gerechtigkeit und Ungerechtigkeit (adikia) haben mehrere Bedeutungen. Hier bewährt sich die sprachphilosophische Schulung des Aristoteles. Ungerecht heißt der Gesetzwidrige (paranomos), nämlich, wer mehr haben will als ihm zusteht (pleonektes), oder wer die Ungleichheit fordert (anisos), gerecht dagegen, wer die Gesetze beachtet und die Gleichheit (vor dem Gesetz) anerkennt. Das Gesetzliche (nomima) ist also in etwa das Gerechte (dikaia). Gerechtigkeit ist daher die vollendete Tugend, jedoch nicht schlechthin, sondern gegenüber den Mitmenschen. Gerechtigkeit ist aber auch ein Teil der Tugend, ebenso Ungerechtigkeit ein spezielles Laster. Für sie ist die Gewinnsucht charakteristisch. Während sich die Gerechtigkeit im weiteren Sinn auf alles bezieht, was zum Bereich der Tugend gehört, zerfällt die Gerechtigkeit im engeren Sinn in die verteilende (distributive) und die vertragliche (kommutative). Letztere läßt sich wiederum in freiwillige (Kauf-Vertrag) und unfreiwillige einteilen, unfreiwillige schließlich in Ahndung von heimlichen oder gewaltsamen Verstößen wie Diebstahl oder Mißhandlung. Die distributiv-proportionale Gerechtigkeit richtet sich nach der Wertschätzung (kat'axian), wobei allerdings die Meinungen der Demokraten (Freiheit), Oligarchen (Besitz) und Aristokraten (Tugend) auseinandergehen. In der distributiven Gerechtigkeit gilt das geometrische Prinzip, in der kommutativen das arithmetische. Der Richter hat bei der Wiederherstellung des Rechtszustandes im Bereich des kommutativen Rechts eine ausgleichende Funktion. Recht ist nicht, wie die Pythagoreer meinen, gleichbedeutend mit Wiedervergeltung. Das Prinzip läßt sich höchstens auf vertraglich geregelte Beziehungen anwenden, und zwar im Sinn der geometrischen Gleichheit. Beim Austausch von Waren und Leistungen kann das Geld als eine Art Mitte, als Maß des Überschusses und Mangels eintreten.

»Aufgrund der gegebenen Bestimmungen sieht man nun auch, daß die Ausübung der Gerechtigkeit die Mitte ist zwischen Unrecht tun und Unrecht leiden. Jenes heißt zu viel, dieses zu wenig haben. Die Gerechtigkeit ist aber nicht in derselben Weise eine Mitte wie die übrigen Tugenden, doch ist sie es insofern, als sie die Mitte herstellt, während die Ungerechtigkeit die Extreme hervorbringt. Näherhin ist die Gerechtigkeit jene Tugend, *kraft deren der Gerechte nach freier Wahl gerecht handelt und bei der Austeilung, handele es sich nun um sein eigenes Verhältnis zu einem anderen oder um das Verhältnis weiterer Personen zueinander, nicht so verfährt, daß er von dem Begehrenswerten sich selbst mehr und dem anderen weniger zukommen läßt und es beim Schädlichen umgekehrt macht, sondern so, daß er die proportionale Gleichheit wahrt, und dann in gleicher Weise einem anderen mit Rücksicht auf einen dritten zuerteilt.* Die *Ungerechtigkeit* ist umgekehrt jenes Laster, *das freiwillig ungerecht handeln und ungerecht austeilen macht.* Das Ungerechte liegt aber in einem der Proportionalität zuwiderlaufenden Zuviel und Zuwenig des Nützlichen oder Schädlichen. Darum ist die Ungerechtigkeit gleichzeitig ein Zuviel und ein Zuwenig, weil sie nämlich auf das Zuviel und das Zuwenig gerichtet ist, so zwar, daß sie für sich selbst ein Plus des schlechthin Nützlichen und ein Minus des Schädlichen vorsieht, bei anderen aber im ganzen gleich ungerecht verfährt, nur daß es vom Zufall abhängt, wie auf beiden Seiten das richtige Verhältnis verletzt wird. Beim ungerechten Hergang liegt das Zuwenig im Unrechtleiden, das Zuviel im Unrechttun.«[92]

Es gibt mehrere Arten des Rechts: politisches Recht, das Recht des Herren, des Vaters, Hausrecht, Naturrecht und Gesetzesrecht. Jemand, der unfreiwillig oder aus Furcht fremdes Eigentum zurückgibt, handelt nicht gerecht oder begeht eine gerechte Handlung, sondern nur eine legale. Sie stimmt äußerlich mit dem Gesetz überein. Ist eine Schädigung ohne jede Absicht erfolgt, handelt es sich um ein Unglück, erfolgte sie nicht ganz unbeabsichtigt, aber doch nicht in böser Absicht, sprechen wir von einer Verfehlung. Hat man wissentlich Unrecht getan, aber ohne Absicht, ist es eine ungerechte Handlung, tut man dagegen mit Absicht unrecht, ist man ein ungerechter und böser Mensch. Kann man freiwillig Unrecht leiden? Nein, denn es gehört ein anderer dazu, der Unrecht tut. Wer zu viel austeilt, handelt unrecht, nicht wer zu viel empfängt, denn bei jenem liegt der Anfang der Handlung. Es ist leichter ungerecht als gerecht zu sein, aber immer ist das Recht eine Angelegenheit der Menschen. Das Billige (epieikes) korrigiert das Gesetz, wo dieses zu allgemein bleibt. Es ist ein Recht und besser als ein bestimmtes Recht. Wer das Recht nicht für sich und gegen andere ausnutzt, sondern auch dort, wo er recht hat, nicht unbedingt auf Durchsetzung besteht, handelt recht und billig. Kann man sich selbst unrecht tun? Ebensowenig wie man freiwillig Unrecht leiden kann. Dennoch haftet dem Selbstmörder ein Makel an, weil er tut, was das Gesetz verbietet. Unrecht tun ist schlechter als Unrecht leiden. Es mag ein Recht zwischen den (höheren und niederen) Seelenteilen geben, das dem des Herrschers gegenüber dem Untertan vergleichbar ist. Rechtsphilosophie und Ethik lassen sich bei Aristoteles nur schwer voneinander trennen. Naturphilosophische, psychologische und biologische sowie Erkenntnisse aus der Sprachphilosophie und Ersten Philosophie geben der Ethik ein ebenso breites wie solides Fundament.

Von den charakterlichen oder ethischen Tugenden geht Aristoteles zu den geistigen oder dianoetischen über. Der Maßstab für die Mitten war bei den ethischen Tugenden die Vernunft (orthos logos), doch was ist Vernunft? Wir müssen grundsätzlich zwei Arten von Vernunft unterscheiden, die theoretische oder wissenschaftliche (epistemonikon) und die praktische oder beratende (logistikon). Die theoretische Vernunft hat es mit unveränderlichen Gegenständen, die praktische mit dem zu tun, was sich auch anders verhalten kann. Die praktische Vernunft herrscht also im Reich der Freiheit, die theoretische in dem der Notwendigkeit. Am Zustandekommen von Entscheidungen und Handlungen sind in der Seele drei Faktoren beteiligt: Wahrnehmung (aisthesis), Vernunft (nous) und Wille (orexis). Von der Wahrnehmung als solcher geht keine Handlung aus. Dem Bejahen und Verneinen im Denken entsprechen Verfolgung und Flucht beim Willen. Wenn die ethische Tugend eine Haltung ist, die eine Entscheidung ermöglicht, die Entscheidung aber ein Wollen mit Überlegung ist, muß der Spruch der Vernunft wahr und der Wille richtig bzw. vernünftig sein, wenn die Entscheidung ernsthaft, echt (spoudaia) sein soll, und was die eine sagt, muß der andere tun. Es gibt fünf Vermögen, mit deren Hilfe die Seele durch Bejahen und Verneinen die Wahrheit bekundet: Kunst (techne), Wissenschaft (episteme), praktische Vernunft (phronesis), Weisheit (sophia) und Geist (nous). Zur praktischen Vernunft gehören Wohlberatenheit (euboulia), Verständigkeit (synesis) und Urteilsvermögen (gnome). Der Geist, nicht die Vernunft, erfaßt die ersten und letzten Begriffe. Die Vernunft herrscht im praktischen Bereich, das Praktische aber fällt in den Bereich des Einzelnen und Letzten. Erst aus dem Zusammenwirken aller dieser Faktoren resultiert der Entscheidungsprozeß.

Wie Aristoteles in seiner ›Metaphysik‹, sprachphilosophisch gesehen, u.a. Kategorialanalyse betrieb, betreibt er hier in der ›Nikomachischen Ethik‹ eine Art Faktoren-Analyse für eine Entscheidungstheorie. Wozu bedarf es der Vernunft und des Geistes? Was tragen sie zur Glückseligkeit bei? Wenn die charakterliche Tugend das Ziel setzt, gibt die Vernunft die Mittel an die Hand, es zu erreichen, aber die Vernunft steht nicht höher als Weisheit und Geist. Von Natur ist niemand weise, wohl aber hat er von Natur aus Geist, Verstand und Urteilsvermögen. Schließlich verfügt die Vernunft über ein Vermögen, das die Mittel, die zum Ziel führen, anzuwenden versteht, die Geschicklichkeit (deinotes). Ist das Ziel ein schlechtes, heißt dieses Vermögen Verschlagenheit (panourgia). Im Bereich ethischer Verhaltensweisen sollte man drei meiden: Schlechtigkeit, Unbeherrschtheit und Tierhaftigkeit. Ihnen stehen Gutheit, Beherrschung und göttliche Tugend gegenüber. Tierhaftigkeit und göttliche Tugend sind äußerst selten, von Tugend und Schlechtigkeit war schon die Rede, also bleiben Unbeherrschtheit und Beherrschung zu erörtern. Zügellosigkeit oder Maßlosigkeit ist schlimmer als Unbeherrschtheit, von der wieder die Weichlichkeit zu unterscheiden ist. Der Maßlosigkeit steht die Angemessenheit gegenüber, der Unbeherrschtheit die Beherrschtheit. Unbeherrschtheit ist zwar unvereinbar mit Vernunft, nicht aber mit Geschicklichkeit.

Mit dem Thema Beherrschtheit-Unbeherrschtheit hängt naturgemäß das Thema Lust–Unlust eng zusammen. Die Befürworter der Lust halten sie oft für das höchste Gut, die Gegner der Lust bestreiten dies oder halten sie sogar für ein Übel. Man bevorzugt die körperlichen Lüste, weil sie ein wirksames Mittel gegen jede Art von Unlust und weil sie meistens heftig sind. Es gibt keine menschliche Lust ohne Unlust. Unvermischte Lust empfindet nur Gott, der Geist ist und sich selber denkt. Beim Menschen ist die Tugend, die in Tätigkeit besteht, wichtiger als Lust. Sie ist nur eine Begleiterscheinung, zwar kein Werden und keine Bewegung, aber kein Wert an sich. Der Wert der einzelnen Lust hängt von der zugeordneten Tätigkeit ab. Der Tugendhafte ist der Maßstab. Wahre oder gute Lüste sind die, welche der Tugendhafte dafür hält. Welche Lust ist nun dem Menschen eigentümlich? Vollendete Glückseligkeit erlangt der Mensch nur in theoretischer Betätigung. Die Tätigkeit der Vernunft ist um ihrer selbst willen erstrebenswert, sie ist göttlich. An zweiter Stelle steht das Leben gemäß der Tugend, an dritter und letzter Stelle das Genußleben. Der Tugendhafte ist auf das Verhalten der Mitmenschen angewiesen, der Weise nicht. Er ist autark, autonom, frei und besitzt die nötige Muße für Tätigkeit und Glück.

»Wenn also nun zwar unter allen tugendhaften Handlungen diejenigen, die sich um Staat und Krieg drehen, an Schönheit und Größe obenan stehen, und sie gleichwohl mit der Muße unvereinbar und auf ein außer ihnen liegendes Ziel gerichtet sind und also nicht ihrer selbst wegen begehrt werden, und wenn dagegen die Tätigkeit der Vernunft, die denkende ebensowohl an Ernst und Würde hervorragt, als sie keinen anderen Zweck hat, als sich selbst, auch eine eigentümliche Lust und Seligkeit in sich schließt, die die Tätigkeit steigert, so sieht man klar, daß in dieser Tätigkeit, soweit es menschenmöglich ist, sich die Genügsamkeit, die Muße, die Freiheit von Ermüdung und alles, was man sonst noch dem Glückseligen beilegt, finden muß. *Und somit wäre dies die vollendete Glückseligkeit des Menschen, wenn sie außerdem noch die volle Länge eines Lebens dauert, da nichts, was zur Glückseligkeit gehört, unvollkommen sein darf.*«[93]

Am Anfang und am Ende der ›Nikomachischen Ethik‹ stellt Aristoteles seine Ethik in den größeren Rahmen der Staatsphilosophie bzw. politischen Philosophie. Die Überleitung zur ›Politik‹ am Schluß der ›Nikomachischen Ethik‹ unterstreicht diesen Zusammenhang. Im letzten Kapitel geht er noch auf Probleme ein, die bereits in die Welt des öffentlichen Lebens hinüberweisen: Wie gewinnt man die Tugend? Mit Theorie und Wissen ist es im Bereich des Handelns nicht getan, die Tat entscheidet. Man kann durch Natur, Gewöhnung und Unterweisung gut werden. Das, was die Natur schenkt, steht nicht in unserer Macht. Es fällt dem wahrhaft Glücklichen dank irgendwelcher göttlicher Ursachen zu. Damit Vernunft und Unterweisung erstarken, muß die Gewöhnung mitwirken, indem sie die richtige Gefühlsgrundlage für Liebe und Haß in der Seele des Hörers schafft, ähnlich wie das Erdreich für den Empfang der Saat vorzubereiten ist. Erziehung und Betätigungen sind daher durch Gesetze zu regeln, womit wir auf dem Boden der Pädagogik, des Rechts und der Politik stehen.

Aristoteles widmet der Erörterung der Freundschaft in seiner ›Nikomachischen Ethik‹ zwei Bücher. Freundschaft ist im Leben des Einzelnen wie in dem des Staates äußerst wichtig. In gewisser Weise krönt sie die mitmenschlichen Beziehungen. Bei der Freundschaft spielen die Momente des Guten, der Lust und des Nützlichen eine Rolle. Freundschaften, die auf Lust oder Nutzen basieren, dauern meistens nicht lange. Erstere finden wir besonders häufig bei jungen, letztere bei älteren Menschen. Nur die am Guten und an der Trefflichkeit orientierte Freundschaft ist die wahre Freundschaft. Freundschaft als Haltung (hexis) ist nicht mit affektiver Liebe zu verwechseln. Freundschaft kann zwischen Gleichartigen oder Ungleichartigen bestehen. In diesem Fall muß jeder Partner den anderen in angemessener Weise lieben, damit ein Ausgleich zustande kommt. Der Abstand zwischen den Partnern darf jedoch nicht zu groß sein. Treffliche und Schufte passen nicht

zusammen, ebensowenig Weise und Dummköpfe. Viele suchen die Gunst der Mächtigen und Reichen, da sie sich Gewinn von ihnen erhoffen, aber solche Beziehungen sind nicht beständig. Die meisten Menschen wollen auch mehr geliebt werden als lieben. Wahre Freundschaft fordert jedoch gerade das Gegenteil. Die Beziehungen in der Freundschaft und im Recht sind verschieden. Einen Freund zu bestehlen, erscheint verwerflicher als einen Fremden. Freundschaft ist an Gemeinschaft gebunden. Mit der Freundschaft wächst auch das Recht. In der Hausgemeinschaft entsprechen den sechs (gesunden oder kranken) Verfassungsarten des Staates ähnliche Verhältnisse. Im Staat steht der Königsherrschaft die Herrschaft des Tyrannen gegenüber, der Aristokratie die Oligarchie, der Timokratie die Demokratie. Ihnen entsprechen im Haus das patriarchalische Verhältnis von Vätern und Söhnen bzw. die Versklavung durch den Hausherrn (Despotie, Tyrannei), das partnerschaftliche Verhältnis zwischen Mann und Frau bzw. die Herrschsucht einer Seite, das nach Alter und Ansehen abgestufte Verhältnis zwischen Geschwistern bzw. Gleichmacherei und Willkür des einzelnen Familienmitgliedes, oft bei Führungsschwäche des Familienoberhauptes. Freundschaften können aber auch Probleme aufwerfen und enthalten Konfliktstoffe, wenn z. B. der eine Partner die Lust sucht, der andere den Nutzen oder wenn man zwischen einem Freund und einem Tüchtigen zu wählen hat. Solche Freundschaften enden, wie gesagt, in der Regel, wenn der Nutzen oder die Lust, um derentwillen sie geschlossen wurden, wegfällt, nicht so bei den auf Tugenden beruhenden Freundschaften. Dort kann aber auch die Freundschaft aufhören, nämlich wenn ein Partner den gemeinsamen Weg der Tugend verläßt oder einen weit höheren Grad von Trefflichkeit bzw. Selbstverwirklichung erreicht.
»Der Mann der Tugend steht mit sich selbst in Übereinstimmung und begehrt seiner ganzen Seele nach ein und dasselbe, und darum wünscht er auch sich selbst Gutes und was so erscheint und setzt es ins Werk – denn dem Guten ist das eigen, das Gute zu verwirklichen –, und zwar um seiner selbst willen, *nämlich zugunsten seines denkenden Teils, der ja das eigentliche Selbst des Menschen* ist.« Beim schlechten Menschen beobachten wir das Gegenteil: »Sie liegen mit sich selbst im Zwiespalt, und ihre sinnliche Gier steht nach anderen Dingen als ihr vernünftiger Wille, wie es bei den Unenthaltsamen der Fall ist. Sie ziehen dem, was sie selbst als gut ansehen, das Lustbringende, das ihnen schädlich ist, vor. Andere wieder scheuen sich aus Feigheit und Trägheit, das zu tun, was nach ihrer eigenen Überzeugung das Beste für sie wäre. Die aber in ihrer Schlechtigkeit viele schwere Verbrechen begangen haben,

hassen und fliehen das Leben und enden durch Selbstmord. – Der schlechte Mensch verlangt nach Gesellschaft und flieht vor sich selbst; in der Einsamkeit kommen ihm viele böse Erinnerungen und nicht minder schlimme Ängste, die er in Gesellschaft anderer vergißt; da er nichts Liebenswertes an sich hat, so kann er auch nicht mit sich selbst in Freundschaft leben. – Auch teilt ein solcher Mensch ebensowenig Freude wie Leid mit sich selbst. Seine Seele ist in Aufruhr; der eine Teil von ihr empfindet aus Schlechtigkeit Schmerz über Entbehrungen, der andere freut sich darüber, und der eine Teil zieht die Seele hierher, der andere dorthin, als sollte sie zerrissen werden. Und wenn es nicht möglich ist, gleichzeitig Unlust und Lust zu empfinden, so ärgert man sich doch kurz danach über die empfundene Freude und möchte sie lieber nicht empfunden haben. Denn böse Menschen sind übervoll von Reue. So sieht man also, daß der böse Mensch nicht einmal gegen sich selbst freundschaftlich gesinnt ist, weil er nichts Liebenswertes an sich hat. Wenn demnach solch ein Zustand überaus unglücklich ist, so muß man mit dem Aufgebot seiner ganzen Kraft das Laster fliehen und die Tugend zu erwerben suchen. Dann wird man mit sich selbst in Freundschaft leben und auch eines anderen Freund werden.«[94]

Von der Freundschaft sind Wohlwollen (eunoia) und Eintracht (homonoia) zu unterscheiden. Wer eine Wohltat erweist, empfindet meistens mehr Freundschaft als der, welcher sie empfängt. Eintracht herrscht z. B., wenn die Bewohner einer Stadt oder eines Staates die gleichen Interessen, dieselben Absichten und den gemeinsamen Willen zur Durchsetzung haben. Was die Liebe zu sich selbst betrifft, muß sie dem besseren Ich, dem Geist (nous) in uns gelten. Er ist der Inbegriff des besseren Selbst. Diese Art der Selbstliebe ist also nicht mit der vulgären, auf äußere Güter gerichteten Selbstliebe zu verwechseln. Auch der glückliche Mensch braucht Freunde, um ihnen zu helfen oder Wohltaten zu erweisen, denn das vergrößert sein Glück. Eine echte Freundschaft ist nur mit wenigen möglich. Im Unglück ist die Freundschaft nötiger, im Glück schöner. Jeder möchte das mit seinem Freund gemeinsam tun, was er am liebsten hat: Trinken, Spielen, Sport, Jagd oder Philosophie.

»Man will ja mit ihm zusammenleben, und darum treibt und teilt man mit ihm dasjenige, was man unter Leben und Zusammenleben versteht. Daher wird die Freundschaft unter Schlechten eine Gemeinschaft im Bösen. Leichtlebig wie sie sind, nimmt der eine das Schlechte von dem anderen an, und so werden sie beide gleich böse. Dagegen wird die unter Guten eine Gemeinschaft im Guten. Von

Tag zu Tag gewinnt sie durch den Umgang an sittlichem Gehalt, und der Fortschritt wird hier durch gemeinsame Tugendübung nicht minder als durch gegenseitige Zurechtweisung herbeigeführt. Jeder nimmt von den ihm zusagenden Eigenschaften des anderen einen Abdruck in sich auf, daher das Dichterwort: Edles lernst Du von Edlen.«[95]

Zu den im engeren Sinn politischen oder sozialphilosophischen Schriften gehören die ›Politik‹, Darlegungen über politische Fragen in 8 Büchern, die ›Politeiai‹, eine Sammlung von 158 Stadtverfassungen, die jedoch nicht erhalten ist, die 1890 wieder entdeckte ›Verfassung der Athener‹, der verlorene Dialog ›Über die Gerechtigkeit‹ sowie Materialsammlungen sozialer Gebräuche und Institutionen, die ›Nomima‹ und die ›Dikaiomata‹, welche Rechtsansprüche griechischer Stadtstaaten gegeneinander, besonders in Grenzfragen, enthielten. Wir können uns hier aus sachlichen und räumlichen Gründen nur mit der ›Politik‹ des Aristoteles befassen. Da sie auch Ausführungen über wirtschaftliche, soziale, juristische und pädagogische Probleme enthält, dürfen wir darin die Keime zu entsprechenden Disziplinen der Philosophie erblicken, die zum Teil erst in jüngster Zeit zur Entfaltung kamen: Philosophie der Erziehung, Rechtsphilosophie, Sozialphilosophie und Wirtschaftsphilosophie. Auf den Zusammenhang der Schrift können wir hier auch nicht näher eingehen. In der vorliegenden Form bildet sie keine Einheit im Sinn der ›Nikomachischen Ethik‹. Aristoteles selbst, seine Nachfolger oder ein späterer Redaktor mag die Texte in die jetzige Reihenfolge gebracht haben.
Im 1. Buch ist von der Hausgemeinschaft als Keimzelle der staatlichen Gemeinschaft, von Haushalt und Erwerb die Rede, im 2. von tatsächlichen und erdachten Staatsformen, im 3. von privaten und politischen Tugenden, von Verfassungstypen, Erziehung und Gesetzgebung, im 4. von Ständen, Verfassungen, Ämtern und Rechtspflege, im 5. vom Wechsel der Verfassungen, im 6. von Demokratie und Oligarchie sowie den Behörden, im 7. vom besten Staat, dem Wunschstaat, im 8. von der Erziehung.
Bei der Theorie von der Entstehung der Gesellschaft und des Staates kommen Aristoteles seine naturphilosophischen, speziell seine biologischen Untersuchungen zustatten. Dabei stellt er seine berühmte Formel vom Menschen als einem Gemeinschaftswesen (zoon politikon) auf. Die primäre Gemeinschaft, die familiäre Bindung zwischen Mann und Weib ist eine natürliche Form der Gemeinschaft. Diese Gemeinschaft dient der Fortpflanzung wie bei den Tieren. Die Gruppierung in Herrschende und Beherrschte, in

Herren und Sklaven, ist ebenfalls natürlich. Auf diesen beiden Gemeinschaftsformen beruht die Hausgemeinschaft. Das Dorf ist eine Art Kolonie des Hauses (apoikia oikias). Mehrere Dörfer ergeben infolge Zusammensiedlung eine Stadt (polis). Ursprünglich nur zur Erhaltung des Lebens gedacht, kann die Stadt nun das gute Leben verwirklichen, denn von Natur strebt alles zur Entfaltung und Vollkommenheit. Der Mensch unterscheidet sich vom Tier erstens durch seine Sprache, zweitens durch seinen Sinn für Gut und Böse, Recht und Unrecht. Der Vorrang des Mannes vor dem Weib, der Griechen vor den Barbaren und die Einrichtung der Sklaverei sind für Aristoteles selbstverständlich. Die aristotelische Befürwortung der Geldwirtschaft hat im 14. Jahrhundert zur Entstehung einer entsprechenden Wirtschaftsform geführt, aber den Zins lehnt Aristoteles als unnatürlich ab.

Danach wendet er sich den Staatsformen zu. Er kritisiert die Staatsentwürfe in Platons ›Staat‹ und den ›Gesetzen‹, vor allem die Weiber- und Kindergemeinschaft, die eine unechte Einheit herstellen und mehr schaden als nützen würde, ferner die Verfassungen des Phaleas von Chalkedon, der Besitzgleichheit einführen wollte, des Hippodamos von Milet, der die Einteilung der Städte ersann, die Verfassungen in Sparta, Kreta und Karthago sowie die verschiedener anderer griechischer Stadtstaaten. Darauf erörtert Aristoteles grundsätzliche Fragen: Was ist ein Staat und was ist ein Staatsbürger? Wer hat Anspruch auf Bürgerrecht? Wie lange bleibt ein Staat derselbe? Ist die Tugend des Staatsbürgers die gleiche wie die des Menschen überhaupt? Sollen Personen oder Gesetze herrschen? Es folgt die Lehre von den drei guten und den drei schlechten Verfassungen, wobei auf die Schwierigkeit hingewiesen wird, die Unterschiede der Verfassungen zu bestimmen. Entscheidend ist hier der Staatszweck, der die Rechtsauffassung und die Maßstäbe für Ämterqualifikationen beeinflußt. Bei der Verteilung der Rechte ist die Menge zu berücksichtigen, und die Gesetze müssen die Befugnisse der Regierenden definieren. Freiheit, Vermögen und Tugend legitimieren Herrschaftsansprüche. Die beste Verfassung gibt jedoch der Tugend den Vorrang. Staatsmänner mit überragenden Tugenden sollten nicht an Gesetze gebunden sein. Demokratien müssen allerdings solche Männer, wenn die Verfassung erhalten bleiben soll, verbannen (Ostrakismos). Nicht zuletzt hängt auch von der Art der Menschen die Staatsform ab. Der Staat ist eine Gemeinschaft freier, souveräner Bürger, die an Justiz und Ämtern Anteil haben, die Verfassung drückt die Ordnung eines Staates aus. Die Tugend des Staatsbürgers kann nur relativ zur Verfassung definiert werden, nicht aber die des Menschen. Ursache für die verschiedenen Verfassungen sind die Stände und ihre Macht im Staat. Aristoteles unterscheidet acht solche: Bauern, Handwerker, Händler, Arbeiter, Krieger, Richter und Ratsherren, Groß(grund)besitzer und obere Staatsbeamte. Je nach dem Gewicht dieser Stände lassen sich fünf Arten der Demokratie, vier der Oligarchie und drei Aristokratien unterscheiden, ausgenommen die beste Verfassung, die Aristoteles im folgenden beschreibt:

»Welche nun aber die beste Verfassung und welches das beste Leben *für die meisten Staaten und die meisten Menschen* sein möge, kann nicht nach einer Tugend entschieden werden, die über die Kräfte des gewöhnlichen Mannes geht, noch nach einer Bildung, die Naturanlagen und Mittel erfordert, wie sie das Glück gewährt, noch nach einer Verfassung, die man sich nach seinen Wünschen ausmalt, sondern man hat zum Maßstab ein Leben zu nehmen, das den meisten erreichbar, und eine Verfassung, die für die meisten Staaten anwendbar ist. Denn auch die sogenannten Aristokratien, von denen wir eben gesprochen haben, fallen einerseits für die meisten Staaten so ziemlich außerhalb des Bereichs der Möglichkeit und grenzen andererseits nahe an die sogenannte Politie. Darum ist über beide Verfassungsformen wie über eine zu sprechen. Die Entscheidung über alle diese Fragen ist nun nach denselben Prinzipien zu treffen. Denn wenn der von uns in der *Ethik* aufgestellte Grundsatz zu Recht besteht, daß das glückliche Leben ein Leben gemäß unbehinderter Tugend und die Tugend eine Mitte ist, so muß das mittlere Leben das beste sein, ein Leben, sagen wir, in einer Mitte, die für jeden zu erreichen ist. Diese nämlichen Bestimmungen müssen aber, wie für die Tugend und Schlechtigkeit eines Staates, so auch für die einer Verfassung gelten, da die Verfassung wie ein Leben des Staates ist. In allen Staaten nun gibt es drei Klassen von Bürgern: sehr reiche, sehr arme und drittens solche, die zwischen beiden in der Mitte stehen. Da also die Voraussetzung gilt, daß das Gemäßigte und das Mittlere das Beste ist, so sieht man, daß auch in bezug auf die Vermögensverhältnisse der mittlere Besitz von allen der beste ist; ein solcher Vermögensstand gehorcht am leichtesten der Vernunft. Dagegen fällt es dem übermäßig Schönen und dem übermäßig Starken oder dem Manne von sehr edler Geburt oder dem übermäßig Reichen und denen, die das Gegenteil von ihnen sind, dem übermäßig Armen oder übermäßig Schwachen oder dem sehr Niedrigen und Verachteten schwer, der Vernunft zu folgen. Jene werden mehr übermütig und schlecht im großen, diese allzu tückisch und schlecht im kleinen, und Übermut auf der einen und Tücke auf der anderen Seite sind es ja, woraus alle ungerechten Taten entspringen . . . Es liegt mithin zutage, daß auch die Gemeinschaft, die sich auf den Mittelstand gründet, die beste ist, und daß solche Staaten sich in der Möglichkeit befinden, eine gute Verfassung zu haben, in denen eben der Mittelstand zahlreich vertreten ist und womöglich die beiden anderen Klassen, oder doch eine von ihnen an Stärke übertrifft. Denn auf welche Seite er sich wirft, nach der gibt er den Ausschlag und verhindert das Aufkommen der entgegengesetzten Extreme. Daher ist es das größte Glück, wenn die Bürger eines Staates ein mittleres und ausreichendes Vermögen haben, weil da, wo die einen sehr viel besitzen und die anderen nichts, wegen dieses beiderseitigen Übermaßes entweder die extremste Demokratie oder reine, ungemischte Oligarchie oder Tyrannis entsteht. Denn die Tyrannis entsteht ebensogut aus der zügellosesten Demokratie als aus der Oligarchie, dagegen aus der Herrschaft des Mittelstandes und der sozial beinahe gleichgestellten Klassen weit weniger. Die Ursache davon werden wir später in den Erörterungen über die Umwandlung der Staatsform angeben. Daß aber ein Staat aus solchen Mittelexistenzen der beste ist, liegt zutage. Er allein ist frei von Aufruhr: denn wo der Mittelstand zahlreich ist, da entstehen am wenigsten Aufstände und Zwiste unter den Bürgern. Es sind auch die großen Staaten aus derselben Ursache, weil der Mittelstand in ihnen zahlreich ist, weniger von Aufruhr heimgesucht. In den kleinen Staaten trifft es sich leicht, daß die ganze Bevölkerung in zwei Klassen zerfällt, so daß kein Mittleres übrig ist, sondern beinahe alle entweder arm oder reich sind. Es sind aber auch vermöge des Mittelstandes die Demokratien fester und dauerhafter als die Oligarchien. Denn der Mittelstand ist in den Demokratien zahlreicher und mehr an den angesehenen Ämtern beteiligt als in den Oligarchien, und wenn er fehlt und die Proletarier an Zahl überwiegen, gibt es Unglück und gehen die Staaten schnell zugrunde.«[96]

Der leitende Gedanke ist für Ethik und Politik gleichermaßen die Einhaltung der Mitte. Aristoteles erweist sich auch in seiner politischen Philosophie als Synthetiker, als Philosoph des common sense. Neben den Ständen bewirken auch Rat, Magistratur und Rechtspflege Unterschiede in der Verfassung und der Sicherung des allgemeinen Wohles. Welches sind die Ursachen für Erhaltung oder Umsturz der verfassungsmäßigen Ordnung eines Staates? Es lassen sich folgende Ursachen unterscheiden: Gewinn, Ehre und ihr Gegenteil, Gewalt, Furcht vor Übergewicht, Verachtung, Wachstum, Ämtererschleichung, Nachlässigkeit und Ungleichartigkeit. Das 6. Buch befaßt sich speziell mit der Gründung und Einrichtung von Demokratien bzw. Oligarchien, das 7. mit der Schaffung des besten Staates. Der beste Staat ist der, welcher den besten Zweck

verfolgt, der beste Zweck besteht im besten Leben, das beste Leben in der maximalen Förderung der Trefflichkeit, die zu ihrer Verwirklichung auch äußerer Mittel bedarf. Das Leben des Einzelnen und das Leben des Staates stimmen in dieser Hinsicht überein. Der Staat soll nicht nach militärischem Übergewicht über Nachbarstaaten streben. Er darf nur soviel Bewohner haben, daß er übersehbar und unabhängig bleibt. Das Land muß ausreichen, um den Bewohnern ein freies Leben in der nötigen Muße zu ermöglichen. Eine Verbindung mit dem Meer ist wünschenswert. Die Bürger sollen mutig und intelligent sein. Sechs Stände genügen im Staat: Bauern, Handwerker, Krieger, Reiche, Priester und hohe Beamte. Wenn das Glück in der Übung der Tugend besteht, Tugend aber von Natur, Gewöhnung und Vernunft abhängt, gewinnt die Erziehung an Bedeutung. Sie muß im besten Staat öffentlich, für alle gleich sein und in erster Linie auf Bildung des Geistes abzielen. Sorge für den Leib und Sorge für die Seele sind aufeinander abzustimmen. Der Staat muß Bestimmungen über Alter und Körperzustand der Eheschließenden erlassen, über das Verhalten der Frauen in der Zeit der Schwangerschaft, über Aussetzung und Abtreibung, Altersgrenzen und Ehebruch sowie über Spiele und den Schutz der Kinder. Die jungen Leute sollen die freien Künste erlernen, aber nicht unbedingt bis zur Perfektion. Lehrfächer sind Grammatik, Gymnastik, Zeichnen und Musik. Diese verfolgt z. B. einen dreifachen Zweck: Unterhaltung, Charakter- und Geistesbildung. Bei der Auswahl der Tonarten und Gesänge sollte man ebenfalls dreierlei beachten: das mittlere zwischen den extremen Weisen, das Mögliche und das Schickliche.
Im Wunschstaat des Aristoteles ist die Verfassung ein Kompromiß aus demokratischen und oligarchischen Elementen. Reiche und Arme gibt es auch hier. Möglichst viele Staatsbürger sollen die Verfassung aktiv mittragen und -gestalten. Aristoteles hat sowohl was die Prinzipien als auch was das Detail angeht einen Staatsentwurf geliefert, der den Vergleich mit den platonischen Entwürfen aushält und wohl auch aushalten sollte, denn bis zum Schluß setzt sich der Verfasser, übrigens versöhnlicher als in früheren Schriften, mit seinem Lehrer auseinander. Auf die zentrale Bedeutung, welche der Lehre von der Mitte in seinen sozialphilosophischen Werken, sowohl in den ethischen als auch in den politischen zukommt, kann man nicht oft genug hinweisen. Es sind noch die Prinzipien der Machtverteilung, Summierungstheorie und Majoritätsprinzip sowie der Souveränitätsbegriff zu erwähnen.[97] Bei der Machtverteilung ist ein Gleichgewicht der Kräfte sein Ziel. Aristoteles knüpft an die Theorie der gemischten Verfassung an, die Platon, der

Ahnherr des Konstitutionalismus, schon in den ›Gesetzen‹ vertrat. Das Summierungsprinzip baut auf die Wirksamkeit der Vernunft in der Menge gegenüber ihren Teilen. Es entschärft die Bedenken, die man gegen eine Anwendung des Majoritätsprinzips erheben müßte, wenn es zur Majorisierung von Minderheiten mißbraucht wird. Aristoteles hat schließlich das Prinzip der Souveränität des Staates eingeführt und danach die Verfassungen unterschieden. Soviel zu den Prinzipien! Im Detail sind besonders die Ideen zur Erziehung bemerkenswert. Sie beziehen sich schon auf die Zeit vor der Geburt, ja vor der Zeugung. Aristoteles hat schon lange vor Freud, wie Platon, die Bedeutung der frühen Kindheit für das spätere Leben eines Menschen erkannt: viel Milch, keinen Wein, Baden in kaltem Wasser, viel Bewegung, keine Angst vor dem Weinen. Gymnastik soll nicht zum Selbstzweck werden, sondern Entspannung, Erholung und Heilung bringen, Musik zur Reinigung (katharsis) der Affekte und zur Geisteskultur beitragen. Wichtig ist die Differenzierung des Kunstangebots nach Altersstufen und Anspruchsniveau.

»Das Wichtigste aber für den dauernden Bestand der Staatsform, wichtiger als alles bis jetzt Angeführte, was gleichwohl gegenwärtig überall vernachlässigt wird, ist eine der Verfassung angemessene *Erziehung*. Die heilsamsten Gesetze, hervorgegangen aus einmütiger Entschließung aller Staatsbürger, fruchten nichts, solange nicht Sorge getragen wird, daß die einzelnen sich in sie hineinleben und im Geist der Verfassung erzogen werden, demokratisch erzogen werden, wenn die Gesetze demokratisch, und oligarchisch, wenn sie oligarchisch sind. Wo das Individuum der Zuchtlosigkeit anheimfällt, da herrscht sie auch im Staat. Im Geist der Verfassung erzogen sein, heißt aber nicht, tun was die Oligarchen oder die Anhänger der Demokratie gerne sehen, sondern tun, was einen befähigt, sich, sei es als Oligarch, sei es als Bürger in einer Demokratie, zu behaupten. So aber leben in den Oligarchien die Söhne der Machthaber ausschweifend und schwelgerisch, die Söhne der Armen dagegen werden in einer Art geübt und geplagt, daß sie nur noch mehr zu Neuerungen aufgelegt und auch in den Stand gesetzt werden. In den Demokratien hinwieder, die am meisten als solche gelten, ist das Gegenteil von dem zu finden, was Nutzen stiften kann, darum, weil man sich einen verkehrten Begriff von der Freiheit macht. Denn zwei Momente sind es, die das Wesen der Demokratie aussprechen möchten: die Herrschaft der Majorität und die Freiheit. Nun soll die Gerechtigkeit so viel als Gleichheit sein und die Gleichheit darin liegen, daß der Wille der Menge entscheidet; die Freiheit aber soll darin liegen, daß jeder tut was er will. So lebt denn in solchen Demokratien jeder, wie es ihm gefällt und, mit *Euripides* zu reden, nach Herzens Begehr. Aber das ist ganz und gar verkehrt. Man soll es für keine Knechtschaft halten, sondern für Befreiung aus der Knechtschaft, wenn man nach der Verfassung lebt.«[98]

Damit schließt sich der Kreis der aristotelischen Sozialphilosophie. Er beginnt in der ›Ethik‹ mit einer feinsinnigen Analyse menschlicher Verhaltensweisen und endet in der ›Politik‹ mit der Erziehung zur Trefflichkeit als vorzüglicher Aufgabe des Staates. Das gemeinsame Band, das beide Werke verbindet, ist die Glückseligkeit, die ihre Vollendung in der höchsten Form der Praxis findet: in der Theorie. Damit schließt sich auch der Kreis der aristotelischen Philosophie als ganzer. Aristoteles begann mit der Theorie der Sprache, fundierte sie in einer Theorie der Natur und verband beide in einer höheren Form der Theorie, der Prinzipienlehre, die wiederum infolge der ihr eigenen Dialektik eine Theorie der Praxis forderte.

1. Peripatetiker

Hatten die Vorsokratiker die Welt der Ideen zugunsten der sinnlich-materiellen Wirklichkeit vernachlässigt, hatte Platon die Welt des Werdens zugunsten des Ideenreiches abgewertet. Wir können daher generell von einer ionischen Naturphilosophie und einer attischen Begriffsphilosophie sprechen. Die Sophisten hatten sich zwischen den Fronten angesiedelt, auf echte Forschung verzichtet und aus den Früchten der Arbeit anderer als Wanderlehrer Kapital geschlagen. Sokrates hatte sich diesen Opportunisten und Scheinweisen entgegengestellt, das Ideal des wahren Philosophen in seinem Leben und Tun begründet und durch seine Entdeckung des Allgemeinen einerseits, aber seine Hinwendung zum Praktischen andererseits, eine Synthese von Tatsache und Begriff, Materie und Idee, Empirie und Spekulation, Induktion und Dialektik angebahnt. Aristoteles brachte die Voraussetzungen für eine derartige großangelegte Synthese des griechischen Wissens mit und wurde dadurch zum Begründer einer wissenschaftlichen Philosophie. Diese Entwicklung kommt auch in der Form seiner Werke, im Übergang von den nach Art Platons geschriebenen Dialogen zu wissenschaftlichen Abhandlungen, den Pragmatien, zum Ausdruck. Wie stand es nun mit der Fortsetzung seines riesigen Werkes, denn daß die Wissenschaft keinen Stillstand bedeutet, sondern einen ständigen Prozeß, hatte auch Aristoteles schon begriffen. Gewiß fand Aristoteles keinen Schülerkreis, der dem platonischen in der Akademie vergleichbar gewesen wäre. Platons Schüler pflegten das Erbe ihres Meisters und edierten seine Schriften, so daß eine wahrscheinlich lückenlose Tradition seiner Werke gesichert war.
Bei Aristoteles lagen die Dinge anders. Die Überlieferung seiner Arbeiten hing an einem seidenen Faden, und vielleicht verdanken wir sie nur einem Zufall oder einer Reihe von glücklichen Umständen. Von dem bekanntesten Mitarbeiter des Aristoteles, Theophrast von Eresos auf Lesbos, war schon mehrfach die Rede. Ihm vertraute Aristoteles sowohl die Sorge für seine Familie als auch die Weiterführung seiner Schule an, als er 323 Athen verließ, um sich der Verfolgung durch religiöse Fanatiker zu entziehen. Eine Geschichte des aristotelischen Denkens ist in diesem Rahmen nicht unterzubringen. Sie macht einen erheblichen Teil abendländischer Geisteskultur aus, weshalb vermutlich noch kein Versuch unter-

nommen ist, die Wirkungsgeschichte des Aristoteles als ganze darzustellen. Eine solche Geschichte erübrigt sich vielleicht auch, da bei allen Versuchen, die Lehren des Aristoteles weiterzuentwikkeln, in der Regel bestenfalls nur Aristoteles wieder zum Vorschein kam. Erst als mit dem Aufblühen der Naturwissenschaften in der Neuzeit eine ganz andere Art zu denken aufkam, gelangte man über Aristoteles hinaus, wenn auch nicht in jeder Hinsicht. Die aristotelische Philosophie hörte seitdem auf, ein Ferment der Entwicklung der Wissenschaften zu sein.

Was daher sinnvollerweise zu tun übrigbleibt und auch wohl eine reizvolle Aufgabe wäre, ist der Versuch, den Typus des Aristotelikers in Altertum, Mittelalter und Neuzeit zu eruieren. Hier kann damit nur begonnen werden. Fangen wir bei Theophrast an und hören in unserem Jahrhundert auf, lassen sich zunächst einmal vier Arten von Nachfahren des Aristoteles unterscheiden: Peripatetiker, Scholastiker, Aristoteliker und Theoretiker. Zur unmittelbaren Nachfolger-Generation des Aristoteles gehörten, neben Theophrast, Eudemos von Rhodos, der Musiktheoretiker Aristoxenos von Tarent, Dikaiarchos von Messene und Klearchos von Soloi. Unter Theophrast blühte die aristotelische Schule auf. Die Oberhäupter anderer Philosophenschulen beneideten ihn, weil er so viele Hörer gewann. Er stiftete eigentlich erst die Schule, Gärten und Halle, so daß Unterricht und Forschung fortan einen festen Platz hatten. 30 Jahre lang leitete er die Schule und starb, im Gegensatz zu Aristoteles, hoch geehrt. Das Verhältnis von Theophrast zu Aristoteles läßt sich in mancher Hinsicht mit dem von Christian Wolff zu Leibniz vergleichen. Theophrast war weniger schöpferisch, mehr Systematiker, Sammler, so sehr Wissenschaftler, daß er eine Ehe nur als störend empfand und daher unverheiratet blieb, optimistisch im Hinblick auf den Fortschritt der Wissenschaft, pessimistisch gegenüber dem Leben. Sterbend bedauerte er, über 80 Jahre alt, daß das Leben so kurz sei und ihm nicht genügend Zeit zur Verwirklichung seiner Pläne gelassen hatte. Er war, noch mehr als Aristoteles, ein harter Arbeiter, der sich weder Ferien noch Freizeit gönnte, nur sehr selten an Festen teilnahm und in seiner wissenschaftlichen Tätigkeit aufging. Er war ein scharfsinniger Mann, ein guter Redner und Organisator, besitzfreudig und auch auf diesem Gebiet nicht ohne Erfolge. Theophrast schrieb über alle damaligen Wissensgebiete. Diogenes Laertios zählt 225 Schriften (230806 Zeilen) auf. Es ist nur wenig davon erhalten, 9 Bücher ›Pflanzenkunde‹, 8 Bücher ›Ursachen der Pflanzen‹, 8 Bücher ›Physik‹, Fragmente einer ›Metaphysik‹ oder die Einleitung dazu sowie die ›Charaktere‹, eine Art Typenlehre mit dreißig Untertiteln, offensichtlich eine Neuauflage und Erweiterung der aristotelischen Charakter-Typen in der ›Ethik‹. Von den nicht erhaltenen Titeln seien, um die Palette seiner Interessen einigermaßen zu verdeutlichen, beispielsweise folgende angeführt: ›Über die Versteinerungen‹, ›Von den Winden‹, ›Vom Alter‹, ›Von Säften, Farben und Fleisch‹, ›Von der Epilepsie‹, ›Vom Schweiße‹, ›Von der Ermüdung‹, ›Von der Pest‹, ›Vom Honig‹, ›Von der Trunkenheit‹, ›Von den Gerüchen‹, ›Von Sprichwörtern‹.

Im wesentlichen schloß sich Theophrast an die Lehren des Aristoteles an. Hier und da ergänzte er sie, fügte z. B. der aristotelischen Sammlung der Verfassungen eine Sammlung von Gesetzen hinzu oder führte Einzelheiten aus, die Aristoteles weggelassen hatte, vervollständigte in vielen Bereichen das Forschungsmaterial, suchte Andeutungen und Unbestimmtheiten in den Lehren des Aristoteles begrifflich zu präzisieren oder mit Beispielen zu veranschaulichen, neigte insgesamt mehr der Einzelforschung als der Grundlagenforschung zu, behandelte neben den kategorischen auch die hypothetischen und disjunktiven Schlüsse, wies auf manche Schwierigkeiten in den Lehren des Aristoteles hin, schloß sich dann aber doch, was typisch für den unselbständigen Denker ist, an seinen Lehrer wieder an oder suchte Antworten bei anderen Philosophenschulen wie denen der Stoiker und Epikureer. Er interessierte sich mehr für Naturphilosophie als für Metaphysik und versuchte bei der Erörterung der Bewegung und des Raumes eigene Wege zu gehen, nicht überall mit Erfolg. Von offenkundig irrigen Ansichten kam er nur schwer oder gar nicht los, und von einer geistigen Entwicklung im Sinn des Aristoteles kann nicht die Rede sein. In elementaren und relativ einfachen Bereichen, in denen Sammlerfleiß genügt oder überwiegt, leistete er Bedeutendes, so in der Pflanzenkunde, allerdings bleibt auch hier die Theoriebildung hinter der Materialfülle zurück. Im Bekenntnis zum theoretischen Leben war er noch radikaler als Aristoteles. In schwierigen Fragen, wie der Nous-Lehre, resignierte er. Das gleiche Bild ergibt sich in den Bereichen Ethik und Religion. Auch hier wich er kaum in nennenswerter Weise von den Grundpositionen des Aristoteles ab.

Vielleicht noch mehr als Theophrast kennzeichnet diese Einstellung Eudemos. Er scheint noch eine Zeitlang unter der Anleitung von Theophrast weitergearbeitet zu haben und später in seine Heimat, nach Rhodos, zurückgekehrt zu sein. Eudemos wetteiferte mit Theophrast in der Gelehrsamkeit und veröffentlichte ebenfalls zahlreiche Schriften, in denen er das Lehrgut der peripatetischen Schule darstellte oder eine Art Wissenschaftsgeschichte kompilierte. In der Bearbeitung der Logik schloß er sich weitgehend Theophrast an. Er änderte die Bücherzahl eines Werkes, stellte Teile davon um, erläuterte diese oder jene Lehre und änderte an einigen Stellen den Ausdruck. An der Grenze von Physik und Metaphysik, in der Theologie, erschien es Eudemos ungereimt, daß sich ein körperloser Gott mit der körperlichen Welt berühren muß, um sie zu bewegen. Da er selbst an einem Sitz Gottes festhielt, verwickelte er sich in den gleichen Widerspruch, ohne es jedoch zu merken, was auf eine Abnahme der Fähigkeit zur Selbstkritik schließen läßt, wie sie nicht selten bei linientreuen Schülern und Epigonen vorkommt.

Aristoxenos versuchte, pythagoreische und peripatetische Gedanken, wenn auch wenig überzeugend miteinander zu verbinden. Sein Steckenpferd war die Musiktheorie, in der er seine Vorgänger wohl auch in mancher Hinsicht übertraf, vor allem was Vollständigkeit, Definitionen und methodische Konsequenz betraf. Neben musikwissenschaftlichen Studien, die er mit besonderem Eifer betrieb, arbeitete er auch auf mathematischem, naturwissenschaftlichem, psychologischem, ethischem, politischem und geschichtlichem Gebiet. Sein Bestreben, pythagoreische Sittenstrenge mit peripatetischem Erfahrungswissen zu verbinden, scheint nicht die erwarteten Früchte getragen zu haben. Die pythagoreische Komponente trat auf ethischem Gebiet besonders dort hervor, wo er natürlicher Begabung und göttlicher Eingebung im Hinblick auf das Glück des Menschen größeres Gewicht beilegte, auf musiktheoretischem Gebiet dort, wo er die sittlich erziehende, reinigende und heilende Wirkung der Musik hervorhob. Sein Unwille richtete sich gegen die Verdrängung der klassischen Kunst durch die moderne, die seiner Meinung nach zu Verweichlichung und Barbarei führte. Seinen Vorgängern gegenüber pochte er auf Vollständigkeit der Untersuchung und auf Erforschung der Ursachen. Die Seele hielt er für eine Harmonie des Körpers. Wenn sie sich auflöst, hört auch das Bewußtsein auf, und der Tod tritt ein. Die Seele entspringt nach ihm aus körperlichen Bewegungen.

Dikaiarch hielt die Seele nicht, wie Aristoxenos, für eine Harmonie, sondern für ein Gemisch körperlicher Stoffe. Offensichtlich versuchte Dikaiarch, materialistische, pythagoreische und peripatetische Gedanken in seiner Seelenlehre zu verknüpfen. Was dabei herauskam, war nicht viel mehr als ein hölzernes Eisen aus Stein. Materialismus und Aberglauben müssen sich, wie das Beispiel Dikaiarchs zeigt, nicht ausschließen. Er glaubte an Weissagungen durch Träume im Zustand der Ekstase. Gar nicht mehr aristotelisch ist seine Bevorzugung des praktischen Lebens vor dem theoretischen. Die beste Verfassung sah er, in Übereinstimmung mit dem späten Platon, in Sparta verwirklicht, nämlich in einer Verbindung von monarchischen, aristokratischen und demokratischen Elementen. Daß weder Aristoxenos noch Dikaiarch mit den subtilen Analysen des Aristoteles auf den Gebieten der Ethik und Politik konkurrieren konnten, liegt auf der Hand. Dikaiarch befaßte sich, wie die meisten Peripatetiker, mit allen möglichen ›philosophischen‹ Disziplinen: Historie, Geographie, Literatur und Kunstgeschichte.

Der Niedergang des philosophischen Denkens wird bei einem Mann wie Klearchos noch deutlicher, der, wie er meinte, keinem Peripatetiker nachstand. Die wenigen überlieferten Berichte über sein Leben, Schaffen und Denken lassen kaum Originalität erkennen, bisweilen schlechten Geschmack und viel Kritik ohne Selbstkritik, keine nennenswerten eigenen Ideen, Konzeptionen oder Theorien. »Im ganzen macht Klearch durchaus mehr den Eindruck eines mit mancherlei Wissen ausgerüsteten, aber ziemlich oberflächlichen Literaten, als den eines gründlichen Gelehrten und Philosophen.«[99]

Über die Peripatetiker nach Straton von Lampsakos, einem Schüler Theophrasts, sowie über die Entwicklung der peripatetischen Schule bis gegen Ende des 2. Jahrhunderts, ist kaum noch etwas zu sagen. Straton folgte Theophrast in der Schulleitung (287–269). Auch er befaßte sich mit zahlreichen Wissensgebieten, zog die Einzelforschung der Systembildung vor und war Theophrast an Urteilsvermögen mindestens ebenbürtig. Stratons Beiname, der ›Physiker‹, deutet bereits seine vorherrschende Interessenlage an. Aristoteles hatte die Frage nach dem Verhältnis von Natur und Gottheit, vom Reich des Werdens zum Ursprung der Bewegung nicht zufriedenstellend beantwortet. Straton zog daraus die Konsequenz, gab Gott als Ursache auf und beschränkte sich auf die Natur. Er wich auch darin nicht unwesentlich von Aristoteles ab, daß er die teleologisch-organologische Betrachtungsweise der Natur zugunsten einer materialistisch-deterministischen fallen ließ. Mit Demokrit versuchte er, alle Erscheinungen der Natur mit Hilfe von Bewegung und Schwere zu erklären. Er bedurfte auch keiner Gottheit zum Verständnis der Weltentstehung. Er betrachtete die Natur als eine unpersönliche Kraft, die alles, was geschieht, bewirkt. Als Erklärungsgrund für die Eigenschaften der Dinge nahm er das Gegensatzpaar Wärme und Kälte an und schrieb der Wärme einen höheren Grad von Sein und Wirkung zu. Aus dem Widerstreit von Wärme und Kälte, das erinnert an Empedokles, gehen nach Straton die Naturerscheinungen hervor. Er gab die aristotelische Theorie von den natürlichen Örtern der Elemente auf und

schloß sich Demokrit an, der lehrte, alle Körper seien schwer und strebten der Mitte zu. Die Verschiedenheit der Gewichte resultiere aus den Zwischenräumen im Innern der Körper. Dagegen lehnte er, mit Aristoteles, die Atomtheorie Demokrits ab. Er glaubte an die unbegrenzte Teilbarkeit der Körper und beschränkte den leeren Raum auf den Bereich innerhalb, nicht außerhalb dieser Welt. Straton kritisierte auch den aristotelischen Begriff der Zeit: Zeit vergehe fortwährend, nicht aber die Zahl, die Teile der Zahl seien zugleich, nicht aber die Teile der Zeit. In der Psychologie lehnte Straton eine Unterteilung in höhere und niedere Erkenntnisvermögen ab. Wahrnehmung und Vernunft beruhen nach ihm gleichermaßen auf Bewegungen der Seele. Die Einzelvermögen sind nur Teile der einen seelischen Kraft. Er lokalisierte die Seele zwischen den Augenbrauen bzw. in dem dahinterliegenden Teil des Gehirns. Sie ist an die Lebensluft gebunden. Damit unterlagen nicht nur, wie Aristoteles lehrte, die unteren Seelenteile der Vergänglichkeit. Nach Straton ist die ganze Seele sterblich. Die Kluft zwischen Aristoteles und ihm erscheint unüberbrückbar, von der Unsterblichkeitslehre Platons nicht zu reden.
Charakteristisch für die Peripatetiker im Gegensatz zu den Mitgliedern anderer Schulen, im Gegensatz zu Akademikern, Stoikern und Epikureern, ist die Zuversicht, das Dasein insgesamt mit Hilfe von Logik und Erfahrung bewältigen zu können. Der Peripatetiker ist der typische wissenschaftliche Arbeiter, der die Realität, die Tatsachen, die Dinge akzeptiert, wie sie sind und versucht, sie durch fortgesetzte Analyse und Erweiterung der Erfahrung zu erkennen. Typisch für diese Art von Wissenschaftlern ist auch das Vertrauen darauf, daß ein überragender Kopf, in diesem Fall der Archeget Aristoteles, alle Grundsatzfragen soweit gelöst hat, daß man auf dieser Grundlage weiterbauen kann. Eine solche Forschung besteht im wesentlichen aus Sammlung, Ergänzung, Katalogisierung, Systematisierung und Kommentierung zweifelhafter, undeutlicher oder fragmentarischer Texte. Tatsachen, Texte und Theorien anderer Denker bilden die unerschöpfliche Quelle, aus welcher der Peripatetiker schöpft, um den riesigen Bau der Wissenschaften zu vollenden, den ihr großer Meister konzipierte.

2. Scholastiker

Einige dieser für die Peripatetiker charakteristischen Merkmale kehren bei den Scholastikern wieder, andere neue kommen hinzu. Sieht man sich in der Literatur[100] nach Begriffsbestimmungen der

Scholastik um, findet man ungefähr folgendes: Scholastik heißt Schule und knüpft vom Wort her ans Griechische an. Auch die Bedeutung Muße, die das griechische Wort schole besitzt, ist für die mittelalterlichen Dom- und Klosterschulen seit Karl dem Großen bezeichnend: ein Ort der Muße, nicht des Müßiggangs, wo man sich in der nötigen Ruhe dem Studium hingeben kann. Neben den Universitäten in Paris, Oxford und Köln gab es solche Schulen z. B. in Tours, Chartres und St. Victor, in York und in Aachen. Scholastiker waren ursprünglich Lehrer der sieben freien Künste (artium liberalium), die im wesentlichen schon in der Antike zum Erziehungsprogramm Freigeborener gehörten. Das Trivium bestand aus Grammatik, Dialektik und Rhetorik, das Quadrivium aus Arithmetik, Geometrie, Musik und Astronomie. Dazu kam im christlichen Mittelalter die Theologie. Dank der Autorität Augustins, der Platon gegenüber Aristoteles den Vorzug gab, verlief die Aristoteles-Rezeption bis zu Albert dem Großen (1200 – 1280) und Thomas von Aquin (1225 – 1274) sehr zögernd. Bis dahin besaß man kaum mehr von Aristoteles als das, was in dem Kanon der sieben Traktate von Boëthius (480 – 524) enthalten war, nämlich dessen Übersetzung der ›Kategorien‹ und der Schrift ›Über den sprachlichen Ausdruck‹ (Peri hermeneias) sowie eine Einleitung des Neuplatonikers Porphyrios (ca. 230 – 300) in die ›Kategorien‹, übersetzt von Marius Victorinus (4. Jahrhundert). Erst um 1100 traten neue Übersetzungen von Werken des Aristoteles in den Gesichtskreis des mittelalterlichen Geisteslebens. Jakob von Venedig übersetzte die ›Zweite Analytik‹, die ›Physik‹ und die Schrift ›Über die Seele‹ ins Lateinische. Um die Mitte des Jahrhunderts waren die logischen Schriften des Aristoteles bekannt.

»Es ist fesselnd zu verfolgen, wie jedes neue Werk von Aristoteles selbst, von den griechischen Kommentatoren und den arabischen Aristotelikern im wissensdurstigen Europa Aufsehen erregte. Da man keine Kriterien besaß, um beurteilen zu können, was echt war oder nicht, wurde jede neue Schrift mit gleichem Interesse entgegengenommen, und eine ganze Reihe von pseudo-aristotelischen Schriften wurde ohne weiteres als echte Erzeugnisse des Aristoteles akzeptiert.«[101]

Die Kirche nahm, wie so oft, eine zwiespältige Haltung ein. Als der Aristotelismus nicht mehr aufzuhalten war, wurde aus dem Heiden und Ketzer Aristoteles nahezu ein Heiliger. Albert der Große brach den Bann und verarbeitete das Gedankengut des Aristoteles, so daß die lateinische Rezeption ebenbürtig neben die arabisch-orientalische treten konnte. Thomas von Aquin erntete die Früchte dieser Vorarbeiten und schuf sein großes System bewußt als eine

Synthese von biblischer Offenbarung und aristotelischer Philosophie, von Glauben und Wissen. Infolge der Enzyklika Leos XIII. von 1879 und der damit verbundenen Erneuerung thomistischer Theologie in der Bewegung des Neuthomismus kam auch die Philosophie des Aristoteles wieder zu einer sich bis in die Gegenwart fortsetzenden Wirkung. Die Theologie der katholischen Kirche ist durch das Werk des hl. Thomas soweit aristotelisiert, daß auch Aristoteles gegen alle folgenden Angriffe spätmittelalterlicher und neuzeitlicher Denker bzw. Wissenschaftler auf das thomistische Gedankengebäude mitverteidigt werden mußte.

Was kennzeichnet nun den mittelalterlichen Aristoteliker oder den Scholastiker im Unterschied zum antiken Aristoteliker oder Peripatetiker? Um mit den Ähnlichkeiten zu beginnen: sowohl die Peripatetiker als auch die Scholastiker sind in dem Sinn Epigonen, daß sie auf den Fundamenten ihres Archegeten weiterbauen, daß sie, wenigstens in der Theorie, dabei auf die Erfahrung zurückgreifen und daß sie an die Vollendbarkeit ihres gedanklichen Bauwerks glauben. Beide Vertreter fühlen sich, wenn nicht im Besitz der Wahrheit, so doch auf dem besten Weg dazu. Für beide Gruppen dominieren die Begriffe gegenüber Beobachtung und Messung. Peripatetiker und Scholastiker sind auch in der hohen Schätzung der Logik und Dialektik einig. Schließlich ist bei beiden ein starkes Systematisierungsbedürfnis zu erkennen. Teils im Unterschied, teils im Gegensatz zu den Peripatetikern läßt sich bei den Scholastikern eine Abwendung von Tatsachen und Erfahrung sowie eine Hinwendung zu Lehren und Autoritäten beobachten. Der Entsachlichung der Wissenschaft und des Wissens entspricht eine starke Tendenz zur Personalisierung. Im Grunde sitzt der scholastische Magister über gegenteilige Lehrmeinungen zu Gericht. Wer recht behält, steht schon im voraus fest: wer sich tatsächlich oder anscheinend im Einklang mit der Heiligen Schrift befindet. Letztlich spielt jeder, der eine solche Entscheidung über Wahrheit und Unwahrheit fällt, die Rolle Gottes.

Nur so, d. h. aus dem Glauben, ein a priori unfehlbares göttliches Wissen zu besitzen, läßt sich die Eilfertigkeit und oft Vermessenheit scholastischer Autoren verstehen, kategorisch, ja apodiktisch in höchsten und letzten Fragen zu urteilen, zu verurteilen und über wahr oder falsch zu entscheiden. Die juristische Einstellung behält im Grunde die Oberhand gegenüber der philosophischen. Von der einigermaßen redlichen Verfahrensweise des Aristoteles, von seiner aporetischen Methode, ist nichts mehr geblieben, ganz zu schweigen vom Nichtwissen des Sokrates. Es war nur eine Frage der Zeit, wann die »scholastische Methode« völlig den Kontakt zur Wirklichkeit verlor und in einem Gestrüpp von Spitzfindigkeiten und Nichtigkeiten endete. Der Scholastiker will verteidigen oder angreifen, loben oder tadeln, verherrlichen oder verurteilen, in jedem Fall aber richten, nicht suchen und finden. Nur so ist es zu erklären, wie sehr man im Mittelalter die aristotelische Logik brauchte und fehleinschätzte. Für die Peripatetiker war sie ein Werkzeug zur Überprüfung von Aussagen auf ihre Schlüssigkeit, in den Händen der Scholastiker wurde sie zu einer Art Geheimwissenschaft, segensreich in den Händen des Inquisitors, frevelhaft, wenn Andersdenkende oder Ungläubige damit umgingen. In jedem Fall verlor die Logik als ›Organon‹ der Wahrheit jeden Sinn, da die Wahrheit schon feststand.

›Die Wahrheit des zu Begründenden und in systematischen Einheitszusammenhang zu Bringenden steht in bestimmten, fest formulierten Sätzen dogmatischer, autoritativer Dignität von vornherein fest: »credo ut intellegam«. Man beachte, daß nicht nur der Glaubens*inhalt,* sondern auch seine *sprachliche Form* als »wahr« feststeht: damit ist die realistische Grundansicht einschließlich des realistisch-ontologischen Fundaments der Logik festgelegt – »Erkennen« bedeutet die von Gott regierte Wirklichkeit in Sätzen und Schlußfolgen abbilden, die Formen und Strukturen dieser Sätze und Schlüsse sind selbst eine adäquate Wiedergabe der Wirklichkeit, spricht doch Gott selbst in seinem geoffenbarten »Wort« in solchen Strukturen. Die Scholastik tritt damit nicht nur der Skepsis, sondern jeder Relativierung und Subjektivierung der »Erkenntnisform« ablehnend gegenüber; genauer: das Eindringen »psychologistischer«, nominalistischer Doktrinen bedeutet den Zerfall der Scholastik. Es gibt nur *eine* gültige Wahrheit, nur *ein* richtiges System der Erkenntnis, das alle Disziplinen und Einzelerkenntnisse in sich schließt, der mittelalterliche Philosoph fühlt sich nicht als *Schöpfer* einer Weltansicht, sondern als *Arbeiter* an diesem System.«[102]

Die schöpferische Tätigkeit im Aufsuchen und Finden der Wahrheit war aber etwas, auf das in der Antike kein Denker, auch die Peripatetiker nicht, verzichtete. Insofern sind die Philosophie-Konzeptionen der Peripatetiker und die der Scholastiker grundverschieden.

3. *Aristoteliker*

So wenig Peripatetiker und Scholastiker gleichzusetzen sind, so wenig darf man Aristoteliker mit Scholastikern gleichsetzen. Unter

Aristoteliker im speziellen Sinn verstehen wir nicht einfach den Aristoteles-Forscher in Neuzeit und Gegenwart, vielmehr nur solche Denker und Forscher, die das Gedankengut des Aristoteles nicht nur tradierten, sondern wesentlich in ihren eigenen Anschauungen von ihm beeinflußt wurden und die aristotelische Art zu denken in ihrer Philosophie, ihrem Forschen und wissenschaftlichen Arbeiten fortsetzten. Dahin gehören Denker wie Hegel oder Nicolai Hartmann und Forscher wie Trendelenburg oder Zeller. Sie alle sind in ihrem Denkstil, ihrem Methodenbewußtsein und ihrem Wissenschaftsbegriff wesentlich von Aristoteles mitgeprägt. Auch in dem Zeitraum vom Ausgang der Scholastik bis Hegel gibt es Aristoteliker, die keine Scholastiker waren: Melanchthon, Leibniz und Chr. Wolff, um nur einige bekannte Namen zu nennen. Da wir hier nicht auf alle Aristoteliker eingehen können, beschränken wir uns auf einige typische Vertreter, auf Georg Wilhelm Friedrich Hegel (1770–1831) und Nicolai Hartmann (1882–1950). In einem brillanten Aufsatz[103] hat Nicolai Hartmann auch auf solche Strukturen der Aristotelischen und Hegelschen Philosophie hingewiesen, deren Verwandtschaft nicht auf den ersten Blick erkennbar ist. Einleitend bemerkt Hartmann zu dem Aristoteles-Zitat (1072b 18–30) Hegels am Schluß der ›Enzyklopädie‹:

»Diese Tatsache ist höchst bedeutsam. Hegel empfand des Aristoteles Worte als derart klassisch, abschließend, alles sagend, daß er sie ganz für sich selbst sprechen ließ. Es ist, als wollte er sagen: nichts Ähnliches hat der Menschengeist je wieder in begrifflichen Symbolen gedacht, und er darf nicht hoffen es zum zweitenmal anders, oder gar besser zu denken. Seherisch sind die Worte des großen Vorgängers; einsam stehen sie in seinem Hauptwerk, hinausreichend über dessen Zusammenhang, ohne wesentliche Begründung, auch dort rein durch ihr eigenes Gewicht wirkend. Was konnte Hegel, der sonst nie um originelle begriffliche Prägung verlegen ist, zu solcher Konzession an den Altvorderen veranlassen? Nur dieses: Er wußte sich in den letzten Grundlagen solidarisch mit ihm, fühlte sich als den Aristoteliker, der den Meister über die Jahrhunderte mangelnden Verstehens hinweg wiedererkannte und vollendete.«

Im Gegensatz zu Hartmann, der sich, ebenfalls als Aristoteliker, mehr an die Natur- und Sozialphilosophie des Aristoteles anschließt, kehren bei Hegel wesentliche Strukturen aus der aristotelischen Sprachphilosophie und Metaphysik wieder. In den Problemen der Hegelschen Logik treten erneut Aporien der Ersten Philosophie auf. Sowohl Aristoteles als auch Hegel neigen zur

Begriffsphilosophie. Nun kommt keine Philosophie ohne Begriffe aus, aber das meinen wir nicht, vielmehr das große Vertrauen beider Denker auf die wirklichkeitserschließende Kraft der Begriffe. Auch in ihrer Methodik stimmen beide Denker in manchen Punkten überein, so wenn sie Widersprüche aufzeigen, Aristoteles mit Hilfe seiner Aporetik, Hegel durch seine Antithetik. Aristoteles steht der Dialektik Hegels nicht fern. »Dialektische Lösungen bestehen eben in nichts anderem als im Geltenlassen des Widerspruchs im realen Sachverhalt.

In diesem Sinn darf man sagen, Aristoteles sei im Grunde Dialektiker.«[104]

Im Syllogismos ist der Mittelbegriff das dialektische oder bewegende Moment. Nach Hegel ist der Begriff die Vollendung, für Aristoteles folgt der Begriff ebenfalls erst aus Urteil und Schluß. Während aber Hegel als Idealist das Wirkliche im Logischen aufgehen läßt, bleibt bei Aristoteles die Materie als das Alogische erhalten. Weder für Aristoteles noch für Hegel zählt das Individuelle. Bei dem einen verschwindet es im Eidos, beim anderen im Allgemeinen. »Auch Hegel ist im Grunde ebensosehr Universalist wie Aristoteles.«[105]

Ein weiterer Berührungspunkt zwischen Aristoteles (Metaph. VIIff.) und Hegel (Logik Bd. II) ist die Lehre vom Wesen, vom ti-än-einai und von der essentia. In dem aristotelischen Terminus ist die platonische Ansicht, nach der das Wesen die Wahrheit des Seins ist, mit der aristotelischen Auffassung, wonach der Begriff die Wahrheit des Wesens ist, verschmolzen. Platon machte die Wahrnehmungswelt ontologisch, Aristoteles die ontologische Ideenwelt logisch. Er vermied jedoch die völlige Trennung des Begriffs vom Sein. Insofern erhob er den Begriff wiederum zum Seinsprinzip, Hegel dagegen das Seinsprinzip zum Begriff. Für den Idealisten Hegel ist der Begriff das Höhere. In ihm wurzelt das Wesen. Sowohl Aristoteles als auch Hegel interpretiert das Sein teleologisch, wenn auch Aristoteles mehr Gewicht auf die Naturteleologie legt, Hegel mehr auf die Teleologie im geistigen Bereich und in der Geschichte. Damit kommen wir vielleicht zu dem wichtigsten Punkt ihrer Übereinstimmung, zur Philosophie des Geistes. Für Aristoteles ist der Nous der Inbegriff aller Begriffe (topos eidon, eidos eidon).[106] Hegel erhebt den Geist zum absoluten Prinzip seiner Philosophie: Alles Vernünftige ist wirklich, und alles Wirkliche ist vernünftig. Aristoteles hätte dieser Folgerung Hegels wahrscheinlich nicht uneingeschränkt zugestimmt, aber auch bei ihm finden sich Denkansätze, welche in diese Richtung weisen. Mit entsprechenden Einschränkungen dürfte auch Hartmanns Satz zutreffen:

»Hegels ganzes System ist, in diesem Lichte gesehen, die konsequente Durchführung des Buches Lambda der Metaphysik. Hegel verhält sich zu Aristoteles wie die Erfüllung zur Weissagung, wie die teleiosis zur ersten Entelechie, wie das Fürsichsein zum Ansichsein.«[107]

Hartmann wußte sich Aristoteles in mehr als einer Hinsicht verpflichtet, vor allem jedoch in seiner Schichtenlehre und den Wertdimensionen seiner Ethik. Man kann darüber hinaus den ontologischen Ansatz sowohl der Hartmannschen Philosophie als auch der Heideggers ideengeschichtlich als Fortsetzungen bzw. Wiederaufnahmen des aristotelischen Grundthemas: Sein des Seienden (on hä on) interpretieren. Warum diese und andere Denker im 20. Jahrhundert den Weg zu den Griechen, speziell zu Aristoteles zurückfanden, das hatte gewiß mehrere Gründe. Einmal überzeugte der im 19. Jahrhundert herrschende deutsche Idealismus nicht mehr, weder der Kantianismus noch der Hegelianismus, sodann ging der Trend im Denken der letzten hundert Jahre von der Idee, vom Geist weg zur ›Realität‹, die man materialistisch, naturalistisch oder positivistisch verstand, in gemilderter Form auch existentialistisch oder ontologisch. Hartmann erweist sich schon deshalb als Aristoteliker, weil er sich von den extremen Denkrichtungen seiner Zeit fernhielt und mit seinem ›kritischen Realismus‹, ähnlich wie B. Russell und J. v. Rintelen, einen gemäßigten Kurs einschlug.

Um beim Methodischen zu beginnen, erweist sich Hartmann, wie Hegel, als Aporetiker. Er trieb diese Methode sogar bis zur Perfektion. In seiner Schichtenlehre griff Hartmann auf die klassische Stufentheorie des Seins zurück,[108] die Aristoteles vor allem in seinen naturkundlichen Schriften aufgestellt hatte. Danach bildet das anorganische Sein die Elementarstufe. Darauf folgt der Bereich des lebendigen Seins, bei dem Aristoteles zwischen Pflanzen- und Tierwelt unterscheidet. Das Psychische deckt sich bei ihm noch weitgehend mit dem Lebendigen, aber es finden sich, wie wir sahen, auch Ansätze zu einer Trennung des Psychischen vom Biologischen. Neben die Lebensseele trat eine Art Seelenleben. Den höchsten Rang in der Hierarchie des Psychischen nimmt der Geist ein. Hartmann übernahm dieses Grundschema, erweiterte und verfeinerte es und legte besonderen Wert auf die kategorialen Gesetzmäßigkeiten der einzelnen Schichten, von denen jede höhere die niedere überformt und ein Novum an Gesetzmäßigkeiten enthält. Bei beiden Denkern, sowohl bei Aristoteles als auch bei Hartmann, kommt der Gedanke der Evolution nicht genügend zu seinem Recht, nicht zuletzt eine Folge der statisch-ontologischen Betrachtungsweise der Natur, der auch Hartmann bis zu einem gewissen Grad erlag. Die Schichtentheorie kann daher zwar noch zur Übersicht über die Phänomene dienen, nicht aber den Werdegang des Entwicklungsprozesses erklären. Mehr Erfolg war Hartmann bei der Anwendung aristotelischer Denkstrukturen dort beschieden, wo die Naturwissenschaftler weniger mitzureden hatten, in der Ethik. In einem ebenfalls vorzüglichen Aufsatz[109] untersuchte Hartmann die ›Nikomachische Ethik‹ auf ihre Wertdimensionen. Manches von dem aristotelischen Gedankengut nahm er in seine monumentale ›Ethik‹[110] auf, so die teleologische Grundorientierung, die ontologische Fundierung der ethischen Phänomene, die Wertprädikate der ›Nikomachischen Ethik‹, die Aristotelischen Tugenden und die Theorie der Mitte. Hartmann hat diese Aristotelische Theorie genau analysiert und wesentlich zu einem vertieften Verständnis derselben beigetragen.

4. *Theoretiker*

Vom Peripatetiker, Scholastiker und Aristoteliker läßt sich ein Typ unterscheiden, der zwar nur noch eine entfernte Bindung an Aristoteles aufweist, aber immer noch von dessen Rechtfertigungspotential zehrt, das er dem theoretischen Menschen mit auf den Weg gab: der Theoretiker. Theoretiker gibt es natürlich auch unabhängig von Aristoteles und dessen Philosophie. Dennoch hat das aristotelische Ideal vom ›theoretischen Leben‹ bzw. ›theoretischen Menschen‹ eine universale Wirkung ausgeübt, die sich nicht nur auf die Nachfolger bestimmter aristotelischer Lehren beschränkt. Der von diesem Ideal geprägte Theoretiker ist ein Theoretiker besonderer Art. Sein Merkmal ist das Zusammenfallen von Wesen und Dasein, essentia und existentia, Denken und Leben. Dieser Theoretiker setzt, das hat er mit den vorher genannten Typen gemeinsam, ein nahezu unbegrenztes Vertrauen auf die Begriffe. Er hegt eine Abneigung gegen Zahlen und Atome, gegen die mathematische und gegen die materialistische Welterklärung bzw. Weltbewältigung. Sein höchstes Glück besteht in der lückenlosen Klassifizierung und Systematisierung alles Seienden in begrifflichen Schubfächern. Der Theoretiker bewegt sich völlig sicher in seiner Welt der Begriffe, scheitert aber meistens dann, wenn die Wirklichkeit Entscheidungen, persönliche Stellungnahmen oder erfinderisches Geschick fordert, ebenso wenn eine geistige Durchdringung der Wirklichkeit in Form von Meditation, künstlerischer Intuition oder Selbsterkenntnis erforderlich ist. Diese Art des Theoretikers besitzt eine große Übersicht, aber wenig Einsicht, ein vortreffliches Unterscheidungsvermögen, jedoch kaum Entschlußkraft, eine hohe Begabung für Kritik, dagegen keine Neigung zur Selbstkritik. Er hält seine Lebensform für unübertrefflich und blickt nicht selten mit Geringschätzung auf die Praktiker, auf ›Banausen‹ und geistige Arbeiter herab, denn sein Ideal ist immer noch die schole, die süße Muße der geistigen Anschauung, der Kontemplation, der Hingabe an das Allgemeine.

Die moderne Intelligenz hat den Theoretikern den Krieg erklärt, sei es, daß sie Praxis und Handarbeit, gewöhnlich im Widerspruch mit sich selbst, aufwertet, sei es, daß sie, im Sinn des Pragmatismus, den Nutzen theoretischer Betätigung überhaupt in Frage stellt. Der vom aristotelischen Ideal geprägte Theoretiker führt in der modernen Industriegesellschaft einen fast verzweifelten Kampf, mindestens einen Zweifrontenkrieg. Wird er überleben, oder wird der letzte geistige Nachfahre des Aristoteles ein Opfer der modernen Arbeitswelt? Nur die Zukunft kann eine Antwort auf diese Frage geben, aber stets sollte man der Weisheit des Aristoteles eingedenk bleiben, der mit gutem Grund die Theorie als die höchste Form der Praxis ansah.

Anmerkungen

1 Briefe vom 26.9.1668 u. 20./30.4.1669. G. W. Leibniz, Schriften und Briefe, hrsg. von der Preußischen Akademie der Wissenschaften, II, 1, Darmstadt 1926, 10. 15.
2 G. W. F. Hegel, Vorlesungen über die Geschichte der Philosophie II, Stuttgart ²1941 (Glockner) 298f., bemängelte an Aristoteles, daß er nicht eigentlich ein System geschaffen habe.
3 Vgl. ›Die Philosophie der Griechen in ihrer geschichtlichen Entwicklung‹ II, 2, Darmstadt 1963 (repr.) 67. 177ff. II, 1, 583ff.
4 D. Jenisch, Geist und Charakter des 18. Jahrhunderts II, 1800, 85.
5 D. Jenisch, Kritik des dogmatischen, idealistischen und hyperidealistischen Religions- und Moralsystems, Leipzig 1804, 329.
6 J. W. v. Goethe, Schriften zur Farbenlehre I, Darmstadt o.J. Bd 21, 585f.
7 Studien zur Entwicklungsgeschichte der Metaphysik des Aristoteles, Berlin 1913; Aristoteles. Grundlegung einer Geschichte seiner Entwicklung, Berlin 1923.
8 Vgl. hierzu Paul Wilpert, Die Lage der Aristoteles-Forschung, in: Zschr. philos. Forsch. I, 1946, 123ff.
9 Aristotle's Criticism of Presocratic Philosophy, New York 1964 (repr.) u. Aristotle's Criticism of Plato and the Academy, New York 1962 (repr.).
10 Vgl. hierzu N. Hartmann, Aristoteles und Hegel, in: Kl. Schr. II, Berlin 1957, 215f.
11 La genèse de l'oeuvre d'Aristote d'après les travaux récents, in: Revue Néoscolastique de Philosophie 29, 1927, 307–341 u. 423–466.
12 Moderne Aristoteles-Forschung, in: Aristoteles in der Neueren Forschung, Darmstadt 1968, 95ff.
13 I. Düring, Aristoteles, Heidelberg 1966, 52.
14 Düring, op. cit. 15.
15 Vgl. hierzu W. Jaeger, Aristoteles, Berlin ²1955, 118.
16 Diogenes Laertios, Leben und Meinungen berühmter Philosophen, hrsg. Otto Apelt, Hamburg ²1967 (Philos. Bibl. 53/54), 244.
17 Ebd.
18 Uwe Schultz, Immanuel Kant, Reinbek 1965 (rm 101), 18.
19 Plutarch, Alexander 8.
20 E. Zeller, op. cit. II, 2, 25f.
21 Diogenes Laertios, op. cit., 247.
22 Hermann Bengtson, Griechische Geschichte, München 1960, 324.
23 Zeller, op. cit. II, 2, 31.
24 Zeller, op. cit. II, 2, 48ff.
25 Bengtson, op. cit. 288.
26 J. Hasebroek, Staat u. Handel im alten Griechenland, Tüb. 1928, 7.
27 Pol. 1291b.
28 Hasebroek, op. cit. 43.
29 Hasebroek, op. cit. 91. 101.
30 Vgl. hierzu A. French, The Growth of the Athenian Economy, London 1954, 135ff.
31 Vgl. Bengtson, op. cit. 245.

32 Michael Rostovtzeff, Gesellschafts- und Wirtschaftsgeschichte der hellenistischen Welt, I, Darmstadt 1955, 73f.
33 Vgl. H. Michell, The Economics of Ancient Greece, Cambridge ^{2}1957, 282f.
34 Rostovtzeff, op. cit. I, 103.
35 Hasebroek, Griechische Wirtschafts- und Gesellschaftsgeschichte bis zur Perserzeit, Tübingen 1931, 89.
36 Anders Joseph Vogt, Die Sklaverei im antiken Griechenland, Antike Welt 78, 2; 49ff.
37 Hasebroek, op. cit. 157f.
38 Hasebroek, op. cit. 201.
39 Thassilo von Scheffer, Die Kultur der Griechen (Parkland-Verlag) Stuttgart o.J., 14.
40 ›Nomoi‹ 716c.
41 Scheffer, op. cit. 270.
42 Vgl. hierzu Walter Burkert, Weisheit und Wissenschaft (Erlanger Beiträge zur Sprach- und Kunstwissenschaft X), Nürnberg 1962, 379ff.
43 Aristoteles, Metaph. 987b 1ff.
44 Karl Schlechta, Friedrich Nietzsche I, München 1954, 85.
45 Harold Cherniss, Die ältere Akademie (übers. J. Derbolav), Heidelberg 1966, 76ff. Vgl. auch Hans Herter, Platons Akademie, Bonn ^{2}1952. Dort weitere Literatur.
46 E. Zeller, op. cit. II, 1, Darmstadt 1963, 1049.
47 Vgl. Cic. ad Att. XIII, 19, 4.
48 Adolf Stahr, Aristoteles' Drei Bücher der Redekunst, Berlin-Schöneberg o.J. (4. Aufl. Langenscheidtsche Bibliothek 21), 32f.
49 Vgl. 1403a 18.
50 Top. 100a 18ff. 101a 25ff. Eugen Rolfes, Aristoteles, Topik, Hamburg 1968 (Nachdruck Philos. Bibl. Bd. 12) 1. 3f.
51 16a 5ff. 19ff. b6ff. 26ff. 17a 8ff.
52 Rolfes, Aristoteles, Lehre vom Schluß, Leipzig (Unv. Abdruck 1948. Philos. Bibl. Bd. 10) 1ff.
53 Ebd. 6.
54 Ebd. IVf.
55 Düring, op. cit. 108f.
56 Stahr, Aristoteles' Drei Bücher der Redekunst, Berlin o.J. (Langenscheidtsche Bibliothek 21), 16f.
57 Ebd. 20.
58 Ebd. 191f.
59 Ebd. 117.
60 Vgl. Karl R. Popper, The Open Society and its Enemies I, New York 1962, 86ff. Dagegen die fundamentale Meta-Kritik Ronald B. Levinson's, ›In Defense of Plato‹, Cambridge (Mass.) 1953, passim und Popper's Reply to a Critic, op. cit. 323ff.
61 ›Nomoi‹ 817aff.
62 Stahr, Aristoteles' Poetik, Berlin o.J. (5. Aufl. Langenscheidtsche Bibliothek Bd. 22) 78.
63 Ebd. 82.
64 Ebd. 85.
65 Ebd. 86f.
66 Ebd. 88f.
67 1450 a38f.
68 Stahr, op. cit. 92. 104f.
69 Ebd. 109f.
70 Ebd. 125ff.

71 Ebd. 170.
72 Ebd. 179.
73 96a ff.
74 Hans Wagner (hrsg. Ernst Grumach, Aristoteles, Werke 2) Aristoteles, Physikvorlesung, Darmstadt 1967, 116f.
75 Düring, op. cit. 379.
76 Hist. an. 588b 4ff.
77 Willy Theiler (hrsg. Ernst Grumach, Aristoteles Werke 13) Aristoteles, Über die Seele, Darmstadt 1959, 5ff.
78 Ebd. 24ff.
79 Düring, op. cit. 591ff.
80 980a 1.
81 Hermann Bender, Die Metaphysik des Aristoteles, Berlin o.J. (3. Aufl. Langenscheidtsche Bibliothek Bd. 25), 14f.
82 Ebd. 46.
83 Ebd. 56ff.
84 Vgl. Düring, op. cit. 593.
85 Vgl. Düring, op. cit. 400ff.
86 Rolfes, Aristoteles, Nikomachische Ethik (hrsg. G. Bien), Hamburg 1972 (Philos. Bibl. Bd. 5) 1–4.
87 631c f.
88 Joh. 8, 32.
89 1099a 31ff. Rolfes op. cit. 15f.
90 Rolfes, op. cit. 43.
91 Ebd. 48.
92 Ebd. 114f.
93 Rolfes, op. cit. 250.
94 Rolfes, op. cit. 216ff.
95 Rolfes, ebd. 233.
96 Rolfes, Aristoteles, Politik, Leipzig 1948 (Abdruck der 3. Aufl.) 144f. 146f.
97 Düring, op. cit. 505.
98 Rolfes, op. cit. 194f.
99 Zeller, op. cit. 896.
100 Vgl. Josef Pieper, Scholastik, München 1978 (DTV, WR 4303), 24ff.
101 Düring, Von Aristoteles bis Leibniz, in: ›Antike und Abendland‹ IV, 143. Vgl. 141.
102 Ernst von Aster, Geschichte der Philosphie, Stuttgart [15]1968, 137.
103 ›Aristoteles und Hegel‹, op. cit. 214ff.
104 Ebd. 223.
105 Ebd. 236.
106 ›Über die Seele‹, 429a 27ff. 432a 2.
107 Hartmann, op. cit. 252.
108 Vgl. hierzu: ›Die Anfänge des Schichtungsgedankens in der alten Philosophie‹, in: op. cit. 164ff.
109 ›Die Wertdimensionen der Nikomachischen Ethik‹, in: op. cit. 191ff.
110 Berlin [4]1926.

Zeittafel

800–500	Große griechische Kolonisation
um 800	Homer
800	Entstehung Spartas durch Synoikismos
776	Beginn der Olympischen Spiele
754	Beginn der Ephorenliste
um 700	Hesiod von Askra
seit 700	Eindringen der Makedonen in die Ebene des Heliakmon
seit 650	Tyrannis in Korinth
639–562	Thales von Milet
632	Kylon scheitert bei dem Versuch, in Athen die Tyrannis einzuführen
624	Drakon, erster Gesetzgeber von Athen
610	Anaximander geb.
594	Solon versöhnt die Stände in Athen. Timokratie
ca. 570–496	Pythagoras
560–528	Peisistratos, Tyrann in Athen (mit Unterbrechungen)
559–530	Kyros der Große, König der Perser
um 550	Anaximenes
547	Kyros erobert das Lyderreich (Kroisos)
539	Kyros erobert Babylon
530–522	Kambyses, König der Perser
528–510	Tyrannen in Athen (Hipparchos, Hippias)
525–456	Aischylos, Tragödiendichter
522–486	Dareios I., König der Perser
510–506	Reformen des Kleisthenes in Athen. Demokratie
um 500	Parmenides, Heraklit
500–428	Anaxagoras
500–494	Ionischer Aufstand gegen die Perser
497–406	Sophokles, Tragödiendichter
490	Perser bei Marathon geschlagen (Miltiades ca. 550–489)
490–430	Empedokles
486–464	Xerxes, König der Perser
480	Seesieg (Themistokles ca. 525–460) der Griechen über die Perser bei Salamis
480–406	Euripides, Tragödiendichter
479	Niederlagen der Perser bei Plataiai und Mykale
478–431	Pentekontaëtie
477–404	Erster Attischer Seebund
472	Die ›Perser‹ des Aischylos
471	Ostrakismos des Themistokles
ca. 470	Sokrates geb.
ca. 469	Seesieg über die Perser am Eurymedon
460–361	Demokrit von Abdera
um 455	Höhepunkt der athenischen Macht in Griechenland
452–388	Aristophanes, Komödiendichter
450	Seesieg der Athener über die Perser bei Salamis (Zypern)
449	Athenisch-persischer Vertrag. Friede des Kallias
436–338	Isokrates, Rhetor

431–404	Peloponnesischer Krieg
431–354	Xenophon
428	Der Rhetor Gorgias von Leontinoi in Athen
428–347	Platon
421–414	Frieden zwischen Athen und Sparta (Nikias-Friede)
415–413	Sizilische Expedition der Athener gescheitert
408–355	Eudoxos von Knidos
406	Seeschlacht bei den Arginusen. Arginusen-Prozeß. Sokrates stimmt gegen die Verurteilung der Offiziere
404	Sokrates weigert sich, Leon von Salamis mitzuverhaften
405–367	Dionysios I., Tyrann von Syrakus
399	Tod des Sokrates
394–370	Amyntas III., König von Makedonien
388/87	1. Sizilische Reise Platons. 387 Gründung der Platonischen Akademie. Ältere Akademie 387–250
384	Aristoteles, Sohn des Hofarztes Nikomachos und dessen Ehefrau Phästis, in Stagira (Makedonien) geb.
377–338	Zweiter Attischer Seebund
371–362	Hegemonie Thebens
370–369	Alexander II., König von Makedonien
370–287	Theophrast von Eresos auf Lesbos. Schüler und Nachfolger des Aristoteles
369–365	Ptolemaios, König von Makedonien
367–357	Dionysios II., Tyrann von Syrakus
367–365	2. Sizilische Reise Platons
367	Aristoteles geht nach Athen
365–359	Perdikkas III., König von Makedonien
361	3. Sizilische Reise Platons
360–330	Zeitalter des Hellenismus
359–336	Philipp II., König von Makedonien
350	Zerstörung Stagiras
347–345	Aristoteles bei Hermias von Atarneus in Mysien
347–339	Speusipp, Leiter der Akademie
ca. 345	Aristoteles heiratet Pythias, die Tochter des Hermias
345–343	Aristoteles in Mytilene auf Lesbos
343–335	Aristoteles als Erzieher Alexanders in Makedonien
340	Kriegserklärung Athens an Philipp II.
339	Skythenzug Philipps II. Alexander »Reichsverweser«
339–314	Xenokrates, Leiter der Akademie
338	Schlacht bei Chaironeia
337	Der Kongreß von Korinth beschließt den Krieg gegen die Perser
336	Ermordung Philipps II.
336–323	Alexander der Große
335	Alexander an der unteren Donau. Aufruhr in Griechenland. Theben zerstört
335	Tod Pythias (Tochter: Pythias), Aristoteles heiratet Herpyllis aus Stagira (Sohn: Nikomachos), Rückkehr des Aristoteles nach Athen
334	Alexander setzt über den Hellespont und siegt am Granikos
334/33	Alexander überwintert in Gordion
333	Sieg Alexanders bei Issos
332	Alexander erobert Tyros
331	Gründung Alexandrias

330	Brandschatzung von Persepolis. Ende des gesamtgriechischen Rachefeldzuges. Rückkehr des griechischen Truppenkontingents
330–327	Kämpfe Alexanders im östlichen Persien
330	Hungersnot in Griechenland. Der Satrap Bessos ermordet den Perserkönig Dareios
327–325	Indienfeldzug Alexanders
326	Schlacht am Hydaspes
325	Alexander in Pattala (Haidarabad)
324	Massenhochzeit von Susa
323	Tod Alexanders. Aristoteles flüchtet nach Chalkis auf Euböa
323–281	Die Zeit der Diadochen
322	Tod des Aristoteles
322	Antipater besiegt die aufständischen Griechen bei Krannon (Lamischer Krieg. Tod des Demosthenes)
319	Tod Antipaters
317–307	Demetrios von Phaleron, ein Zögling Theophrasts, leitet den Staat der Athener mit großem Erfolg
316	Olympias, die Mutter Alexanders, hingerichtet
307	Demetrios Poliorketes gewinnt Athen
302	Panhellenischer Bund
294	Demetrios Poliorketes erobert das seit 301 abgefallene Athen
287–269	Straton, Leiter der peripatetischen Schule
280–275	Pyrrhos ›besiegt‹ die Römer
269–225	Lykon, Leiter der peripatetischen Schule
264–241	1. Punischer Krieg
263–229	Makedonische Besatzung in Athen
250–150	Mittlere Platonische Akademie
227	Sizilien wird römische Provinz
218–201	2. Punischer Krieg
215–205	1. Makedonischer Krieg
200–197	2. Makedonischer Krieg
171–168	3. Makedonischer Krieg. König Perseus von Makedonien wird bei Pydna von den Römern besiegt
150–529 n. Chr.	Neuere Platonische Akademie
149–146	3. Punischer Krieg
133	Eroberung Numantias. Spanien römische Provinz. König Attalos III. von Pergamon vermacht sein Reich den Römern.
um 70	Andronikos von Rhodos, der 10. Nachfolger des Aristoteles, ediert und kommentiert dessen Werke
480–524	Boëthios übersetzt und kommentiert Werke des Aristoteles
529	Kaiser Justinian schließt die Platonische Akademie
1126–1198	Ibn Ruschd (Averroes) entdeckt Aristoteles wieder
1200–1280	Albertus Magnus erschließt die Philosophie des Aristoteles neu
1225	Verbot der aristotelischen Physik und Metaphysik an der Pariser Universität
1215–1274	Thomas v. Aquin versucht eine Synthese von Aristoteles und Christentum
1260	Wilhelm von Moerbeke übersetzt die ›Politik‹ des Aristoteles aus dem Griechischen
1462–1525	Petrus Pomponatius führt die aristotelische Schule der Alexandristen

1470	Gründung einer Platonischen Akademie in Florenz durch Cosimo de Medici
1497–1560	Melanchthon erarbeitet Aristoteles für die Protestanten
1637	Descartes: ›Discours de la Méthode‹. Die neuzeitliche Philosophie tritt der scholastischen gegenüber
1802–72	F. A. Trendelenburg. Rückwendung zu Aristoteles
1879	Papst Leo XIII. fördert mit seiner Enzyklika ›Aeterni Patris‹ den aristotelisch orientierten Neuthomismus

Bibliographie

1. Bibliographien, Forschungsberichte, Lexika, Ausgaben, Übersetzungen, Kommentare

Cooper, L. and Gudeman, A., A Bibliography of the Poetics of Aristotle, New Haven ²1932.

Cranz, F. E., A Bibliography of Aristotle editions 1501–1600, with an introduction and indexes, Baden-Baden 1971.

Gohlke, P., Überblick über die Literatur zu Aristoteles bis 1925, in: Jahresberichte über die Fortschritte der Altertumswissenschaften 216, 1927, 65–110; 220, 1929, 265–328.

Mansion, A., Aristotelesliteratur, in: Tijdschr. voor philos. 2, 1940, 403–26.

Philippe, M.-D., Aristoteles, Bern 1948.

Rhode, G., Bibliographie der deutschen Aristoteles-Übersetzungen, Frankfurt (M) 1967.

Schneider, B., Die mittelalterlichen, griechisch-lateinischen Übersetzungen der aristotelischen Rhetorik, Berlin 1971.

Schwab, M., Bibliographie d'Aristote, Paris 1896.

Scott, J. W., A synoptic Index to the Proceedings of the Aristotelian Society, 1900–1949, Oxford 1954.

Totok, W., Handbuch der Geschichte der Philosophie I, Frankfurt (M) 1964, 214–264.

Wartelle, A., Inventaire des manuscrits d'Aristote et de ses commentateurs, Paris 1963.

Zimmermann, A., Verzeichnis ungedruckter Kommentare zur Metaphysik und Physik des Aristoteles aus der Zeit von etwa 1250–1350, Berlin 1971 ff.

Dirlmeier, F., Zum gegenwärtigen Stand der Aristoteles-Forschung, in: Wiener Studien 76, 1963, 54–67.

Mansion, A., La Génèse de l'oeuvre d'Aristote d'après les travaux récents, in: Rev. néoscol. de philos. 29, 1927, 307–41; 30, 1928, 423–66.

Ders., Travaux d'ensemble sur Aristote, son oeuvre et sa philosophie, in: Rev. philos. de Louvain 57, 1959, 44–70.

Moraux, P. (Hrsg.), Aristoteles in der neueren Forschung, Darmstadt 1968.

Teichmüller, G., Aristotelische Forschungen I–III, Halle 1867–73 (Repr. Aalen 1964).

Weil, R., De l'Etat présent des questions aristotéliciennes, in: L'information littéraire 11, 1959, 20–31.

Wilpert, P., Die Lage der Aristoteles-Forschung, in: Zschr. philos. Forsch. 1, 1946, 123–140.

Bonitz, H., Index aristotelicus, Berlin 1870 (Repr. ²1955).

Kiernan, T., Aristotle Dictionary, New York 1961.

Organ, T. W., An Index to Aristotle, Princeton 1948.

Bekker, I., Aristotelis Opera, 1–5, Berlin 1831–70 (Repr. Darmstadt 1960).

Gohlke, P., Aristoteles, Werke, Paderborn 1947–61.
Grumach, E. (Hrsg.), Aristoteles, Werke, Berlin 1956 ff.
Langenscheidt, Aristoteles, Werke (1–7), Berlin 1855–1930.
Rolfes, E., Aristoteles, Werke, Leipzig 1920 ff.

Düring, I., Aristotle's Protrepticus. An attempt at reconstruction, Göteborg 1961.
Moraux, P., A la recherche de l'Aristote perdu: Le dialogue Sur la justice, Louvain 1957.
Owen, G. E. L., A Proof in the Peri ideon, in: Journal of Hellenic studies 77, 1957, 103–111.
Rose, V., Aristotelis quae ferebantur librorum fragmenta, Leipzig 1886.
Ross, W. D., Aristotelis Fragmenta selecta, Oxford 1955.
Wilpert, P., Die Stellung der Schrift »Über die Philosophie« in der Gedankenentwicklung des Aristoteles, in: JHS 77, 1957, 155–62.

Ackrill, J. L., Aristotle's Categories and De interpretatione, Oxford 1963.
Fuhrmann, M., Poetik, München 1976.
Gigon, O., Poetik, Stuttgart 1961.
Kassel, R., De arte poetica, Oxford 1965.
Minio-Paluello, L., Categoriae et liber de interpretatione, Oxford 1949.
Ross, W. D., Topica, Oxford 1958.
Ders., Aristotle's prior and posterior Analytics, Oxford 1949.

Ross, W. D., Rhetorica, Oxford 1959.
Stahr, A., Aristoteles' Drei Bücher der Redekunst, Stuttgart 1862–63.
Waitz, Th., Aristotelis Organon I–II, Leipzig 1844–46 (Repr. Aalen 1962).

Ross, W. D., Aristotle's Physics, Oxford 1936.
Weiße, C. H., Aristoteles, Physik, Leipzig 1829.

Allan, D. J., De caelo libri quattuor, Oxford 1936.
Gigon, O., Aristoteles. Vom Himmel, Von der Seele, Von der Dichtkunst, Zürich 1950.
Prantl, C., Vier Bücher über das Himmelsgebäude und zwei Bücher über Entstehen und Vergehen, Leipzig (Repr.) 1935.

Fobes, F. H., Meteorologica, Cambridge (Mass.) 1919.
Ideler, J. L., Aristotelis Meteorologicorum libri 4, Leipzig 1834–36.

Joachim, H. H., Aristotle on coming-to-be and passing-away, Oxford 1922.
Verdenius, W. J. and Waszink, J. H., Aristotle. On coming-to-be and passing-away, Leiden 1946.

Aubert, H. und Wimmer, F., Aristoteles. Tierkunde, Leipzig 1868.
Dittmeyer, L., De animalibus historia, Leipzig 1907.

Düring, I., Aristotle's De partibus animalium, Göteborg 1943.
Forster, E. S., Movement of animals. Progression of animals, London 1955.

Peck, A. L., Generation of animals, London 1943.

Hicks, R. D., De anima, Cambridge 1907.
Ross, W. D., De anima, Oxford 1961.
Lasson, A., Über die Seele, Jena 1924.

Rolfes, E., Kleine naturwissenschaftliche Schriften, Leipzig 1924.
Ross, W. D., Parva naturalia, Oxford 1955.

Bassenge, F., Aristoteles, Metaphysik, Berlin 1960.
Bonitz, H. (Hrsg. Wellmann), Aristoteles, Metaphysik, Hamburg 1966.
Christ, W., Aristotelis metaphysica, Leipzig 1931.
Kirchmann, J. H. v., Die Metaphysik des Aristoteles, 2 Bde, Berlin 1871.
Lasson, A., Aristoteles, Metaphysik, Jena 1907.
Ross, W. D., Aristotle's Metaphysics, 2 Bde, Oxford [2]1958.
Schwegler, A., Die Metaphysik des Aristoteles, 4 Bde, Frankfurt (M), 1960 (Repr.).

Burnet, J., The Ethics of Aristotle, London 1900.
Joachim, H. H., Aristotle. The Nicomachean Ethics, Oxford (Hrsg. D. A. Rees) 1951.
Stewart, J. A., Notes on the Nicomachean Ethics of Aristotle I–II, Oxford 1892.
Susemihl, F., Ethica Nicomachea, Leipzig (Hrsg. O. Apelt) [3]1912.

Barker, I., The Politics of Aristotle, Oxford 1946 (Repr. 1962).
Gigon, O., Politik und Staat der Athener, Zürich 1955.
Newman, W. L., The Politics of Aristotle I–IV, Oxford 1887–1902.
Ross, W. D., Politica, Oxford 1957.

Commentaria in Aristotelem Graeca. Ed. cons. et auct. Acad. Litt. Reg. Boruss. 1–23, Berlin 1882–1909 (Repr. 1960).
Corpus Commentariorum ... in Aristotelem. Edd. H. A. Wolfson, D. Baneth, F. H. Fobes. Vol. 1 ff. Cambridge (Mass.) 1949 ff.
Corte, M. de, Philipon, comm. sur le 3. 1. de Traité de l'âme, Liège 1934.
Verbeke, G. (Hrsg.), Thémistius. Commentaire sur le Traité de l'âme d'Aristote. Trad. de G. de Moerbeke, Louvain 1957.

2. *Biographie, Entwicklung, Schriften, Sprache, Terminologie, Methode*

Düring, I., Aristotle and Plato in the mid-fourth century, in: ›Eranos‹ 54, 1956, 109–20.
Ders., Aristotle in the ancient biographical tradition, Göteborg 1957.
Gigon, O., Interpretationen zu den antiken Aristoteles-Viten, in: ›Museum Helveticum‹ 15, 1958, 147–93.
Zemb, J. M., Aristoteles in Selbstzeugnissen und Bilddokumenten, Reinbek (rm 680/63) 1961.

Gohlke, P., Die philosophische Entwicklung des Aristoteles, in: ›Kantstudien‹ 43, 1943, 393–410.
Jaeger, W., Aristoteles. Grundlegung einer Geschichte seiner Entwicklung, Berlin [2]1955.

Ross, W. D., The Development of Aristotle's thought, in: ›Proceedings of the British Academy‹ 43, 1957, 63–78.

Block, I., The order of Aristotle's psychological writings, in: ›American Journal of Philology‹ 82, 1961, 50–77.
Brandis, C. A., Über die Reihenfolge der Bücher des aristotelischen Organons, Abh. Ak. Berlin 1833 (1835), 249–299.
Dreizehnter, A., Untersuchungen zur Textgeschichte der aristotelischen Politik, Leiden 1962.
Gohlke, P., Die Entstehung der aristotelischen Ethik, Politik, Rhetorik, in: Sb. Ak. Wien 223, 1944.
Ders., Die Entstehung der aristotelischen Logik, Berlin 1936.
Ders., Die Entstehung der aristotelischen Prinzipienlehre, Tübingen 1954.
Jaeger, W., Studien zur Entstehungsgeschichte der Metaphysik des Aristoteles, Berlin 1912.
Moraux, P., Les listes anciennes des ouvrages d'Aristote, Louvain 1951.
Theiler, W., Bau und Zeit der Aristotelischen Politik, in: Mus. Helv. 9, 1952, 65–78.
Ders., Zur Entstehung der Metaphysik des Aristoteles, in: Mus. Helv. 15, 1958, 85–105.
Thielscher, P., Die relative Chronologie der erhaltenen Schriften des Aristoteles, in: ›Philologus‹ 97, 1948, 229–265.

Eucken, R., De Aristotelis dicendi ratione, Göttingen 1866.
Ders., Die Etymologien bei Aristoteles, in: ›Neue Jahrbücher für Philologie und Pädagogik‹ 100, 1869, 243–248.
Ders., Über den Sprachgebrauch des Aristoteles, Berlin 1868.
Specht, E. K., Über die primäre Bedeutung der Wörter bei Aristoteles, in: ›Kantstudien‹ 51, 1959–60, 102–13.

Berka, K., Aristoteles und die axiomatische Methode, in: ›Das Altertum‹ 9, 1963, 200–205.
Communications presentées au Symposium Aristotelicum tenu à Louvain 1960 (Louvain 1961).
Eucken, R., Die Methode der aristotelischen Forschung, Berlin 1872.
Fritz, K. v., Philosophie und sprachlicher Ausdruck bei Demokrit, Plato und Aristoteles, New York 1938.
Kullmann, W., Zur wissenschaftlichen Methode des Aristoteles, in: ›Synusia‹, Festgabe für W. Schadewaldt, 1965, 247–274.
Ders., Wissenschaft und Methode, Berlin 1974.
Le Blond, J., Logique et méthode chez Aristote, Paris 1939.
Senn, G., Die Entwicklung der biologischen Forschungsmethode in der Antike und ihre grundsätzliche Förderung durch Theophrast von Eresos, Basel 1933.
Snell, B., Die naturwissenschaftliche Begriffsbildung im Griechischen, in: Die Entdeckung des Geistes, Hamburg [3]1955, 299–319.
Stallmach, J., Dynamis und Energeia, Meisenheim 1959.
Stenzel, J., Über den Einfluß der griechischen Sprache auf die philosophische Begriffsbildung, in: Kleine Schriften zur griechischen Philosophie, Darmstadt 1956, 72–84.
Tugendhat, E., Ti kata tinos. Eine Untersuchung zu Struktur und Ursprung aristotelischer Grundbegriffe, Freiburg/München 1958.

3. Allgemeine Darstellungen

Allan, D. J., The Philosophy of Aristotle, London 1952 (dt. Hamburg 1955).

Barnes, J., Articles on Aristotle, London 1974.

Bonitz, H., Aristotelische Studien, 5 Bde, Hildesheim (Repr.) 1969.

Cherniss, H., Aristotle's Criticism of Presocratic Philosophy, New York 1964.

Ders., Aristotle's Criticism of Plato and the Academy, New York 1962.

Ders., Die Ältere Akademie (übers. v. J. Derbolav), Heidelberg 1966.

Chroust, A. H., Aristotle, 2 Bde, London 1973.

Düring, I., Aristoteles, Heidelberg 1966.

Grene, M., A portrait of Aristotle, London 1963.

Hamelin, O., Le Système d'Aristote, Paris ²1931.

Mansion, A., La genèse de l'oeuvre d'Aristote, in: Rev. Néoscol. de Louv. 29, 1927, 307–341; 423–466.

Mansion, S., Les positions maitresses de la philosophie d'Aristote, in: Aristote et Saint Thomas d'Aquin, Louvain 1967, 43–91.

Meulen, J. van der, Aristoteles. Die Mitte in seinem Denken, Meisenheim 1951.

Moreau, J., Aristote et son école, Paris 1962.

Mure, G. R. G., Aristotle, New York 1932.

Praechter, K., Die Philosophie des Altertums, Berlin ¹²1926.

Randall, J. H., Aristotle, New York 1960.

Robin, L., Aristote, Paris 1944.

Ross, W. D., Aristotle, New York ⁵1953.

Stark, R., Aristotelesstudien, München 1954.

Taylor, A. E., Aristotle, New York 1955.

Zeller, E., Die Philosophie der Griechen II, 2, Darmstadt (Repr.) 1963.

4. Sprachphilosophie

Albrecht, W., Aristoteles' assertorische Syllogistik, Berlin 1970.

Becker, F. A. R., Die aristotelische Theorie der Möglichkeitsschlüsse, Berlin 1933.

Becker, O., Zwei Untersuchungen zur antiken Logik, Berlin 1957.

Bosley, R., Aspects of Aristotle's Logic, Assen 1975.

Butcher, S. H., Aristotle's Theory of poetry and fine art (Hrsg. J. Gassner) New York ⁴1955.

Cooper, L., The Poetics of Aristotle, its meaning and influence, Ithaca (N. Y.) 1956.

Fritz, K. v., Die archai in der griechischen Mathematik, in: ›Archiv für Begriffsgeschichte‹ 1, 1955, 13–103.

Ders., Der Ursprung der aristotelischen Kategorienlehre, in: ›Archiv für Geschichte der Philosophie‹ 40, 1931, 449–496.

Gohlke, P., Die Entstehung der aristotelischen Logik, Berlin 1936.

Hager, F. P. (Hrsg.), Logik und Erkenntnislehre des Aristoteles, Darmstadt 1972.

Hambruch, E., Logische Regeln der platonischen Schule in der aristotelischen Topik, Berlin 1904.
Hellwig, A., Untersuchungen zur Theorie der Rhetorik bei Platon und Aristoteles, Göttingen 1973.
Hintikka, J., On the interpretation of ›De interpretatione‹ 12–13, in: ›Acta philosophica Fennica‹ 14, 1962.
House, H., Aristotle's Poetics, London 1956.
Kapp, E., Greec Foundations of traditional logic, New York 1943.
Ders., Art. Syllogistik, in: Realenzyklopädie der Altertumswissenschaften IV A, 1.
Kneale, W. and M., The development of logic, Oxford 1962.
Lukasiewicz, J., Aristotle's logic from the standpoint of modern formal logic, Oxford 1957.
Maier, H., Die Syllogistik des Aristoteles I–II, Tübingen 1896–1900 (Repr. 1936).
Miller, J. W., The Structure of Aristotelian Logic, London 1938.
Moser, S., Zur Lehre der Definition bei Aristoteles I, Innsbruck 1935.
Owen, G. E. L., Logic and metaphysics in some earlier works of Aristotle, in: Aristotle and Plato in the mid-fourth century, 163–190.
Patzig, G., Die aristotelische Syllogistik, Göttingen 1959.
Schilling, K., Ursprung und Bedeutung der Logik, in: Ztschr. philos. Forsch. 5, 1950–51, 197–219.
Schütrumpf, E., Die Bedeutung des Wortes ›ethos‹ in der Poetik des Aristoteles, München 1970.
Solmsen, F., Die Entwicklung der aristotelischen Logik und Rhetorik, Berlin 1929.
Ders., Ursprünge und Methoden der Aristotelischen Poetik, Darmstadt 1968.
Vollrath, E., Studien zur Kategorienlehre des Aristoteles, Ratingen 1969.
Weil, E., La place de la logique dans la pensée aristotélicienne, in: ›Revue de métaphysique et de morale‹ 56, 1951, 283–315.

5. Naturphilosophie

Conen, P. F., Die Zeittheorie des Aristoteles, München 1964.
Dehn, M., Raum, Zeit, Zahl bei Aristoteles vom mathematischen Standpunkt aus, in: ›Scientia‹ 60, 1936, 12–21, 69–74.
Düring, I., Naturphilosophie bei Aristoteles und Theophrast, Heidelberg 1969.
Heath, Th., Mathematics in Aristotle, Oxford 1949.
Kretschmann, P. M., The Problem of gravitation in Aristotle and the new physics, in: Journ. of philos. 28, 1931, 260–66.
Manuwald, B., Das Buch ›H‹ der aristotelischen Physik, Meisenheim 1971.
Riezler, K., Physics and Reality, New Haven 1940.
Rolfes, E., Die Philosophie des Aristoteles als Naturerklärung und Weltanschauung, Leipzig 1923.
Ruch, E. A., Space and time. A comparative study of theories of Aristotle and A. Einstein, Pretoria 1958.
Seeck, G. A. (Hrsg.), Die Naturphilosophie des Aristoteles, Darmstadt 1975.
Wieland, W., Die aristotelische Physik, Göttingen 1962.

Wolfson, H. A., The plurality of immovable movers in Aristotle and Averroes, in: Harvard studies in class. philol. 63, 1958, 233–54.

Düring, I., Aristotle's chemical treatise, Göteborg 1944.
Duhem, P., Le Système du monde de Platon à Copernic. Vol. 1–7, Paris 1913–56.
Ders., L'Univers d'Aristote, in: ›Revue de philosophie‹ 38, 1938, 285–309.
Gigon, O., Aristoteles-Studien (De caelo), in: Mus. Helv. 1952, 113–136.
Happ, H., Der chemische Traktat des Aristoteles, in: ›Synusia‹ (s. o.!).
Solmsen, F., Aristotle's system of the physical world, Ithaca 1960.

Balme, D. M., Development of biology in Aristotle and Theophrastus, in: ›Phronesis‹ 7, 1962, 91–104.
Ders., Genos and eidos in Aristotle's biology, in: ›Classical Quarterly‹ 1962, 81–98.
Capelle, W., Das Problem der Urzeugung bei Aristoteles und Theophrast und in der Folgezeit, in: ›Rheinisches Museum für Philologie‹ NF 98, 1955, 150–80.
Hummel, K., Der Begriff des Lebendigen bei Aristoteles und in der wissenschaftlichen Biologie von heute, in: ›Studium generale‹ 14, 1961, 413–20.
Jaeger, W., Medizin als methodisches Vorbild in der Ethik des Aristoteles, in: Zschr. philos. Forsch. 13, 1959, 513–30.
Kalthoff, P., Das Gesundheitswesen bei Aristoteles, Berlin 1934.
Lloyd, G. E. R., The development of Aristotle's theory of classification of animals, in: ›Phronesis‹ 6, 1961, 59–81.
Pagel, W., The Reaction to Aristotle in seventeenth-century biological thought, in: Science medicine and history, Essays . . . in honour of C. Singer, London 1953. Vol. 1, 489–509.
Weiss, H., Aristotle's Teleology and Uexküll's theory of Living Nature, in: Class. Quart. 1948, 44–58.

Beare, J. I., Greek theories of elementary cognition, Oxford 1906.
Cassirer, H., Aristoteles' Schrift ›Von der Seele‹, Darmstadt (Repr.) 1968.
Chaignet, A., Essai sur la psychologie d'Aristote, Paris 1883.
Freudenthal, J., Über den Begriff des Wortes phantasia bei Aristoteles, Göttingen 1869.
Hamelin, O., De l'Intellect d'après Aristote et ses commentateurs, Paris 1953.
Keller, L., Aristoteles und die moderne Psychologie, Freiburg i. Brsg. 1927.
Moraux, P., A propos du nous thyrathen chez Aristote, in: A Diès, Autour d'Aristote, Recueil . . . offert à A. Mansion, Louvain 1955, 255–95.
Nuyens, F., L'Evolution de la psychologie d'Aristote, Louvain 1948.
Oehler, K., Die Lehre vom noetischen und dianoetischen Denken bei Platon und Aristoteles, München 1962.
Sandvoss, E., Die Fragestellung der aristotelischen Psychologie, Diss. phil. Tübingen 1954.
Waddington, C., De la Psychologie d'Aristote. Vol. 1.2. Paris 1848.
Wiersma, W., Die aristotelische Lehre vom Pneuma, in: ›Mnemosyne‹ III, 1942, 102–107.
Wili, W., Probleme der aristotelischen Seelenlehre, in: Eranos Jahrb. 12, 1945, 55–93.

Ambühl, H., Das Objekt der Metaphysik bei Aristoteles, Diss. phil. Freiburg/Schw. 1958.
Antweiler, A., Der Begriff der Wissenschaft bei Aristoteles, Bonn 1936.
Aubenque, P., Aristoteles und das Problem der Metaphysik, in: Zschr. philos. Forsch. 15, 1961, 321–333.
Ders., Sens et structure de la Métaphysique aristotélicienne, in: Bulletin de la Société française de Philosophie 58, 1964, 1–43.
Ders., Le problème de l'être chez Aristote, Paris [2]1966.
Brentano, F., Aristoteles' Lehre vom Ursprung des menschlichen Geistes, Leipzig 1911.
Buchanan, E., Aristotle's theory of being, Cambridge (Mass.) 1962.
Décarie, V., L'objet de la métaphysique selon Aristote, Montreal/Paris 1961.
Dehninger, G., »Wahres Sein« in der Philosophie des Aristoteles, Meisenheim 1961.
Diemer, A., Gott und die Zeit bei Aristoteles, in: ›Kantstudien‹ 50, 1958–59, 273–86.
Gohlke, P., Die Entstehung der aristotelischen Prinzipienlehre, Tübingen 1954.
Hager, F. P., Metaphysik und Theologie des Aristoteles, Darmstadt 1969.
Hartmann, N., Der Megarische und der Aristotelische Möglichkeitsbegriff, in: Kleinere Schriften II, Berlin 1957, 85ff.
Ders., Aristoteles und das Problem des Begriffs, ebd. 100ff.
Ders., Zur Lehre vom Eidos bei Platon und Aristoteles, ebd. 129ff.
Mainberger, G., Die Seinsstufung als Methode der Metaphysik, Freiburg/Schw. 1959.
Mansion, A., Philosophie première, philosophie seconde et métaphysique chez Aristote, in: Rev. philos. de Louvain 56, 1958, 165–221.
Mansion, S., Les Apories de la métaphysique aristotélicienne, in: Autour d'Aristote, Louvain 1955.
Marx, W., The Meaning of Aristotle's »Ontology«, The Hague 1954.
Ders., Einführung in Aristoteles' Theorie vom Seienden, Freiburg i. Brsg. 1972.
Merlan, Ph., Metaphysik, Name und Gegenstand, in: JHS 77, 1957, 87–92.
Meyer, H., Der Entwicklungsgedanke bei Aristoteles, Bonn 1909.
Moser, S., Metaphysik einst und jetzt, Berlin 1958.
Owens, J., The doctrine of being in the Aristotelian Metaphysics, Toronto [2]1963.
Patzig, G., Die Entwicklung des Begriffs der Ousia in der »Metaphysik« des Aristoteles, Diss. phil. Göttingen 1950.
Routila, L., Die aristotelische Idee der ersten Philosophie, Amsterdam 1969.
Schulze-Soelde, W., Metaphysik und Erkenntnis bei Aristoteles, Tübingen 1926.
Seidl, H., Der Begriff des Intellekts (nous) bei Aristoteles im philosophischen Zusammenhang seiner Hauptschriften, Meisenheim 1971.
Spanu, H., Methodologische Untersuchungen zur aristotelischen Wissenschaftstheorie, München 1976.
Stenzel, J., Metaphysik des Altertums, München, Berlin 1929.
Ders., Zahl und Gestalt bei Platon und Aristoteles, Darmstadt (Repr.) 1958.

Treptow, E., Der Zusammenhang zwischen der Metaphysik und der Zweiten Analytik des Aristoteles, München 1966.
Verbeke, G., La doctrine de l'être dans la métaphysique d'Aristote, in: Rev. philos. de Louvain 50, 1952, 471–478.
Weidemann, H., Metaphysik und Sprache, Freiburg i. Brsg. 1975.
Wiplinger, F., Physis und Logos. Zum Körperphänomen in seiner Bedeutung für den Ursprung der Metaphysik bei Aristoteles, Freiburg i. Brsg. 1971.
Wundt, M., Untersuchungen zur Metaphysik des Aristoteles, Stuttgart 1953.

7. Sozialphilosophie

Adkins, A. W. H., Merit and responsibility, Oxford 1960.
Allan, D. J., Aristotle's Account of the Origin of Moral Principles, in: Actes du XIe congrès international de philosophie, Vol. XII. Brüssel 1953, 120–127.
Ders., The Practical Syllogism, in: Autour d'Aristote, Louvain 1955, 325–340.
Ders., Individual and State in the Ethics and Politics, in: ›La Politique d'Aristote‹, 1965, 53–95.
Ando, T., Aristotle's Theory of Practical Cognition, Den Haag ²1966.
Arnim, H. v., Die Ethik des naturgemäßen Lebens, in: ›Logos‹ 20, 1931, 1–16.
Aubenque, P., La Prudence chez Aristote, Paris 1962.
Barker, E., The political thought of Plato and Aristotle, New York (Repr.) 1959.
Barthélemy Saint-Hilaire, J., La Morale d'Aristote, 3 Bde, Paris 1856.
Braun, E., Aristoteles über Bürger- und Menschentugend, in: Sitzungsberichte der Wiener Akademie der Wissenschaften 236, 2, 1961.
Ders., Die Summierungstheorie des Aristoteles, in: Jahresh. d. Österr. Arch. Inst. 44, 1959, 157–184.
Ders., Eine Maxime der Staatskunst in den Politica des Aristoteles, in: Jahresh. d. Österr. Arch. Inst. 44, Beiblatt, 1959, 386–398.
Busse, A., Zur Musikästhetik des Aristoteles, in: ›Rheinisches Museum‹ 77, 1928, 34–50.
Coing, H., Zum Einfluß der Philosophie des Aristoteles auf die Entwicklung des römischen Rechts, in: Zschr. d. Savigny Stiftg. Romanist. Abtlg. 69, 1952, 24–59.
Dempf, A., Der Wertgedanke in der aristotelischen Ethik und Politik, München 1921.
Derbolav, J., Freiheit und Naturordnung im Rahmen der aristotelischen Ethik, in: ›Kantstudien‹ 57, 1966, 32–60.
Fechner, H. A., Über den Gerechtigkeitsbegriff des Aristoteles, Aalen (Repr.) 1964.
Ganter, M., Mittel und Ziel in der praktischen Philosophie des Aristoteles, München 1974.
Gauthier, R.-A., La morale d'Aristote, Paris ²1963.
Goedeckemeyer, A., Die Gliederung der aristotelischen Philosophie, Halle a. d. S. 1912.
Ders., Aristoteles' praktische Philosophie, Leipzig 1922.

Gohlke, P., Die Entstehung der aristotelischen Ethik, Politik und Rhetorik, Wien 1944.
Hager, F. P. (Hrsg.), Ethik und Politik des Aristoteles, Darmstadt 1972.
Hamburger, M., Morals and law, New Haven 1952.
Ders., Aristotle and Confucius, in: Journal of the History of Ideas 20, 1959, 236–249.
Hardie, F. R., Aristotle's ethical theory, Oxford 1968.
Haussleiter, J., Der Glücksgedanke bei Plato, Aristoteles und Spinoza, Diss. phil. Greifswald 1923.
Höffe, O., Praktische Philosophie am Modell des Aristoteles, München 1971.
Hoffmann, E., Aristoteles' Philosophie der Freundschaft, in: Festgabe H. Rickert, Bühl/Baden 1933, 8–36.
Jaeger, W., Das Ziel des Lebens in der griechischen Ethik von der Sophistik bis Aristoteles, in: Neue Jahrbücher für das klassische Altertum, Geschichte und deutsche Literatur und für Pädagogik, Jg. 16, Bd. 31/32, 1913, 697–705.
Ders., Über Ursprung und Kreislauf des philosophischen Lebensideals, in: Sb. Preuss. Ak. d. W., Philos.-hist. Kl., 1928, 390–421.
Ders., Aristotle's Use of Medicine as Model of Method in his Ethics, in: The Journal of Hellenic Studies 77, 1957, 54–61.
Jodl, Fr., Geschichte der Ethik Bd. I (Repr.) 1965, 31–51.
Joly, R., Le thème philosophique des genres de vie dans l'antiquité classique, Brüssel 1956.
Kalchreuter, H., Die mesotes bei und vor Aristoteles, Diss. phil. Tübingen 1911.
Kapp, E., Theorie und Praxis bei Aristoteles und Platon, in: ›Mnemosyne‹ III, 1938, 179–194.
Kohoutek, M. L. v., Die Differenzierung des anthropinon agathon, Diss. phil. Marburg 1923.
Krämer, H. J., Arete bei Platon und Aristoteles, Amsterdam ²1967.
Kuhn, H., Der Begriff der Prohairesis in der Nikomachischen Ethik, in: Festschr. f. H. G. Gadamer, Tübingen 1960, 123–140.
Le Senne, R., Traité de morale générale, Paris ³1949.
Lieberg, G., Die Lehre von der Lust in den Ethiken des Aristoteles, München 1958.
Lloyd, G. F. R., The role of medical and biological analogies in Aristotle's ethics, in: ›Phronesis‹ 13, 1968, 68–83.
Loening, R., Die Zurechnungslehre des Aristoteles, Hildesheim (Repr.) 1967.
McKeon, R., Aristotle's conception of moral and political philosophy, in: ›Ethics‹ 51, 1941, 253–290.
Makarewicz, M., Die Grundprobleme der Ethik bei Aristoteles, Leipzig 1914.
Meyer, H., Platon und die aristotelische Ethik, München 1919.
Michelakis, E., Platons Lehre von der Anwendung des Gesetzes und der Begriff der Billigkeit bei Aristoteles, München 1953.
Ders., Aristotle's Theory of practical principles, Athen 1961.
Mikkola, E., Scholē bei Aristoteles, in: ›Arctos‹ 2, 1958, 1–20.
Monan, J. D., Moral knowledge and its methodology in Aristotle, Oxford 1968.
Müller, G., Probleme der aristotelischen Eudaimonielehre, in: Mus. Helv. 17, 1960, 121–143.
Nestle, W., Politik und Moral im Altertum, in: Neue Jb. 41–42, 1918, 225–244.

Oates, W. J., Aristotle and the problem of value, Princeton 1963.
Oehler, K., Thomas von Aquin als Interpret der aristotelischen Ethik, in: Phil. Rundsch. 5, 1957, 135–152.
Ricken, F., Der Lustbegriff in der Nikomachischen Ethik des Aristoteles, Göttingen 1976.
Ritter, J., »Politik« und »Ethik« in der praktischen Philosophie des Aristoteles, in: Philos. Jb. 74, 1967, 235–253.
Salomon, M., Der Begriff der Gerechtigkeit bei Aristoteles, Leiden 1937.
Schilling, H., Das Ethos der Mesotes, Tübingen 1930.
Schlaifer, R. O., Greek theories of slavery from Homer to Aristotle, in: Harvard Studies in Classical Philology 47, 1936.
Schmidt, E. A., Ehre und Tugend, in: Arch. f. Gesch. d. Philos. 49, 1967, 149–168.
Schweizer, H., Zur Logik der Praxis, Freiburg i. Brsg. 1971.
Siegfried, W., Der Rechtsgedanke bei Aristoteles, Zürich 1947.
Stark, R., Aristotelesstudien, München [2]1975.
Teichmüller, G., Die praktische Vernunft bei Aristoteles, in: Neue Studien zur Geschichte der Begriffe III, Hildesheim (Repr.) 1965.
Thomson, J. A. K., The Ethics of Aristotle, London 1955.
Tracy, Th. J., Physiological theory and the doctrine of the mean in Plato and Aristotle, The Hague 1969.
Trendelenburg, F. A., Der Widerstreit zwischen Kant und Aristoteles, in: Hist. Beitr. z. Philos. III, 1867, 171–214.
Trude, P., Der Begriff der Gerechtigkeit in der aristotelischen Rechts- und Staatsphilosophie, Berlin 1955.
Ueberweg, Fr., Das Aristotelische, Kantische und Herbartische Moralprinzip, in: Zschr. f. Philos. u. philos. Kritik, N.F. 24, Halle 1854.
Van der Meulen, J., Aristoteles. Die Mitte in seinem Denken, Meisenheim 1951.
Verdenius, W. J., The meaning of ēthos and ēthikos in Aristotle's Poetics, in: ›Mnemosyne‹ III, 1944, 241–257.
Volkmann-Schluck, K.-H., Ethos und Wissen in der Nikomachischen Ethik des Aristoteles, in: ›Sein und Ethos‹ (Hrsg. P. Engelhardt, Walberger Stud. I der Albertus-Magnus-Akademie, Philos. Reihe), Mainz 1963, 56–68.
Walsh, J. J. und Shapiro, H. L. (Hrsg.), Aristotle's Ethics, Belmont (Calif.) 1967.
Ders., Aristotele's conception of moral weakness, New York 1963.
Wehrli, F., Ethik und Medizin, in: Mus. Helv. 8, 1951, 36–62.
Ders., Die philosophische Ethik: Aristoteles, in: Hauptrichtungen des griechischen Denkens, Zürich u. Stuttgart 1964, 158–165.
Weil, E., Aristotelica, in: Revue de métaphysique et de morale 62, 1952, 446–466.
Ders., Aristote et l'histoire. Essai sur la ›Politique‹, Paris 1960.
Wilpert, P., Die Wahrhaftigkeit in der aristotelischen Ethik, in: ›Philosophisches Jahrbuch‹ 53, 1940, 324–338.
Wittmann, M., Die Ethik des Aristoteles in ihrer systematischen Einheit und ihrer geschichtlichen Stellung untersucht, Regensburg 1920.

Aalders, G. J. D., Die Mischverfassung und ihre historische Dokumentation in den Politica des Aristoteles, in: La ›Politique‹ d'Aristote, Genf 1965, 199–237.
Andréadès, H., La première apparition de la science des finances, in: Econ. polit. contemp. 3, 1930, 1–9.

Anz, W., Zum Verhältnis von Politik und Ethik bei Aristoteles, in: Säkularisation und Utopie (Festschr. f. Ernst Forsthoff), Stuttgart 1967, 253–262.
Arnim, H. v., Die politischen Theorien des Altertums, Wien 1910.
Ders., Gerechtigkeit und Nutzen in der griechischen Aufklärungsphilosophie, Frankfurt (M) 1916.
Aubenque, P., La Prudence chez Aristote, Paris 1962.
Ders., Théorie et pratique politiques chez Aristote, in: La ›Politique‹ d'Aristote (Entretiens Fondation Hardt XI, Vandœuvres-Genève) 1965, 97–114.
Barker, E., The life of Aristotle and the composition and structure of the Politics, in: Class. Rev. 45, 1931, 162–172.
Ders., The political Thought of Plato and Aristotle, New York 1959.
Baruzzi, A., Der Freie und der Sklave in Ethik und Politik des Aristoteles, in: Philos. Jb. 77, 1970, 15–28.
Bien, G., Die Grundlegung der politischen Philosophie bei Aristoteles, Freiburg/München 1973.
Bornemann, E., Aristoteles' Urteil über Platons politische Theorie, in: ›Philologus‹ 79 (N.F. 33, 1923) 70–158; 234–257.
Brands, U., Der volksherrschaftliche Gedanke bei Aristoteles, Althaus und Rousseau, Diss. jur. Tübingen 1957.
Braun, E., Psychologisches in den ›Politika‹, in: Serta philologica Aenipontana, Innsbruck 1961.
Cadiou, R., Aristote et la notion de justice, in: Revue des Etudes Grecques 73, 1960, 224–29.
Chambers, M., Aristotle's ›forms of democracy‹, in: Trans. and Proc. of the Am. Phil. Ass. 92, 1962, 20–36.
Coing, H., Zum Einfluß der Philosophie des Aristoteles auf die Entwicklung des römischen Rechts, in: Zschr. d. Savigny Stiftg., Romanist. Abtlg. 69, 1952, 24–59.
Defourny, M., Aristote. Théorie économique et politique sociale, in: Annales de l'Inst. Supér. de Philos. 3, Louvain 1914, 1–34.
Ders., Aristote, Etudes sur la ›Politique‹, Paris 1932.
Dennert, J., Die ontologisch-aristotelische Politikwissenschaft und der Rationalismus, Berlin 1970.
Derbolav, J., Das Moderne und das Zeitgebundene im politischen Denken des Aristoteles, in: Erkenntnis und Verantwortung (Festschr. f. Th. Litt), Düsseldorf 1960, 231 ff.
Dolezal, J. P., Aristoteles und die Demokratie, Frankfurt (M) 1974.
Dreizehnter, A., Untersuchungen zur Textgeschichte der aristotelischen Politik, Leiden 1962.
Ehrenberg, V., Griechisches Land und griechischer Staat, in: ›Die Antike‹ 3, 1927, 304–325.
Ders., Der Staat der Griechen, Zürich–Stuttgart 1965.
Ehrhardt, A. A. T., Politische Metaphysik von Solon bis Augustin, Tübingen 1959.
Flashar, H., Ethik und Politik in der Philosophie des Aristoteles, in: ›Gymnasium‹ 78, 1971, 278–293.
Fritz, K. v., Totalitarismus und Demokratie im Alten Griechenland und Rom, in: ›Antike und Abendland‹ 3, 1948, 47–74.
Ders. und Kapp, E., Aristotle's Constitution of Athens and related texts, New York [3]1966.
Gelesnoff, W., Die ökonomische Gedankenwelt des Aristoteles, in: Arch. f. Sozialwiss. u. Sozialpolitik 50, 1923, 1–33.

Gelzer, M., Staat und Bürger im Altertum, in: ›Museum Helveticum‹ 12, 1955, 1–19.
Gigon, O., Aristoteles-Studien, in: Mus. Helv. 9, 1952, 113–136.
Ders., Die Sklaverei bei Aristoteles, in: La ›Politique‹ d'Aristote, Genf 1965, 247–283.
Hamburger, M., Morals and law, New Haven 1962.
Hammond, M., City state and world state in Greek and Roman political theory until Augustus, Cambridge (Mass.) 1951.
Heinimann, S., Nomos und Physis, Basel ²1965.
Hentschke, A. D., Politik und Philosophie bei Platon und Aristoteles, Frankfurt (M) 1971.
Hommel, H., Heliaia, Leipzig 1927.
Hubig, H., Die aristotelische Lehre von der Bewahrung der Verfassungen, Diss. phil. Saarbrücken 1960.
Jones, A. H. M., The Athenian Democracy and its critics, in: Cambridge Historical Journal 11, 1953, 1–26.
Ilting, K.-H., Hegels Auseinandersetzung mit der aristotelischen Politik, in: Philos. Jb. 17, 1963/64, 38–58.
Ivánka, E. v., Die aristotelische Politik und die Städtegründungen Alexanders des Großen, Budapest 1938.
Kelsen, H., La Politique gréco-macédonienne et la politique d'Aristote, in: Arch. de Philos. du Droit et de Soc. jurid. 4, 1934, 25–79.
Kirsten, E., Die griechische Polis als historisch-geographisches Problem des Mittelmeerraumes, Bonn 1956.
Kuhn, H., Aristoteles und die Methode der politischen Wissenschaft, in: Zschr. f. Politik N. F. 12, 1965, 101–120.
Laird, J., Hobbes on Aristotle's Politics, in: Proceedings of the Aristotelian Society 47, 1942/43.
Levinson, R. B., In defense of Plato, Cambridge (Mass.) 1953.
Meinel, M., Die Rechtfertigung des Staates bei Aristoteles, Diss. phil. Mainz 1975.
Menzel, A., Beiträge zur Geschichte der Staatslehre, Sb. Akad. d. Wiss. Wien, phil.-hist. Kl. 210, 1929/30, 136–263.
Ders., Griechische Soziologie, Sb. Akad. d. Wiss. Wien, phil.-hist. Kl. 216, Wien 1936, 1–199.
Mewaldt, J., Fundament des Staates, Stuttgart 1929.
Meyer, H., Aristoteles über Demokratie, in: Hist. Jb. 77, 1958, 1–4.
Mossé, C., La conception du citoyen dans la Politique d'Aristote, in: ›Eirene‹ 6, 1967, 17–21.
Müller, A., Autonome Theorie und Interessendenken. Studien zur politischen Philosophie bei Platon, Aristoteles und Cicero, Wiesbaden 1971.
Mugnier, R., De l'Idée de hiérarchie dans le système d'Aristote, in: Archives de philosophie 9, 1932, 75–93.
Oncken, W., Die Staatslehre des Aristoteles in historisch-politischen Umrissen, 2 Bde, Aalen (Repr.) 1964.
Poehlmann, R. v., Geschichte der sozialen Frage und des Sozialismus in der antiken Welt, München ³1925.
Pohlenz, M., Staatsgedanken und Staatslehre der Griechen, Leipzig 1923.
Riedel, M., Metaphysik u. Politik bei Aristoteles, in: Phil. Jb. 77, 1970, 1–14.
Ritter, J., Zur Grundlegung der praktischen Philosophie bei Aristoteles, in: Arch. f. Rechts- und Sozialphilos. 46, 1960, 179–199.
Ders., Metaphysik und Politik, Frankfurt (M) 1969.
Romilly, J. de, Le Classement des constitutions d'Hérodote à Aristote, in: Revue des Etudes Grecques 72, 1959, 81–99.

Ryffel, H., Metabole politeion, Bern 1949.
Salomon, M., Die Stellung der Frau in den Staatsidealen bei Platon und Aristoteles, in: Revue intern. de la théorie du droit 11, 1937, 322–331.
Schächer, J., Die mittlere Verfassung als die für die meisten Staaten durchschnittlich beste Verfassung, in: Salzburger Jb. f. Philos. 5/6, 1961/62, 65–88.
Ders., Die Demokratie bei Aristoteles, Salzburg–München 1965.
Shellens, M. S., Die Beurteilung des Geldgeschäftes durch Aristoteles, in: Arch. f. Rechts- u. Sozialphilos. 40, 1952, 426–435.
Siegfried, W., Untersuchungen zur Staatslehre des Aristoteles, Zürich 1942.
Sinclair, T. A., A History of Greek political thought, London 1961.
Solmsen, F., Leisure and play in Aristotle's ideal state, in: ›Rheinisches Museum‹ 107, 1964, 193–220.
Soudek, J., Aristotle's theory of exchange, in: Proceed. Am. Soc. 96, 1952, 45–75.
Stark, R., Der Gesamtaufbau der aristotelischen Politik, in: La ›Politique‹ d'Aristote, Genf 1965, 1–51.
Theiler, W., Zur Entstehungsgeschichte von Aristoteles' Politik, in: ›Philologus‹ 89, 1934, 250–253.
Ders., Bau und Zeit der aristotelischen Politik, in: Mus. Helv. 9, 1952, 65–78.
Trude, P., Der Begriff der Gerechtigkeit in der aristotelischen Rechts- und Staatsphilosophie, Berlin 1955.
Uchtenhagen, A., Zur Lehre von der Macht. Platon, Aristoteles, Macchiavelli, Zürich 1963.
Verdross, A., Die aristotelische Naturrechtslehre, in: Arch. f. Rechts- u. Sozialphilos. 66, 1970, 527–537.
Vogt, J., Von der Gleichwertigkeit der Geschlechter in der bürgerlichen Gesellschaft der Griechen, Wiesbaden 1960.
Walsh, J. J., Aristotle's Conception of akrasia, Diss. phil. Columbia Univ. 1960.
Weber-Schäfer, P., Aristoteles, in: Klassiker des politischen Denkens I, München [3]1969, 36–63.
Ders., Aristoteles, in: Das politische Denken der Griechen, München 1969, 95–127.
Weil, R., Aristote et l'histoire, Paris 1960.
Wheeler, M., Aristotle's analysis of the nature of political struggle, in: Am. Journ. of Philology 72, 1951, 145–161.
Wilamowitz-Moellendorff, U. v., Aristoteles und Athen, I/II, Berlin 1893.
Wundt, M., Von Platon zu Aristoteles, in: Rechtsidee und Staatsgedanke, Festg. f. J. Binder, 1930, 188–206.
Zeller, E., Über den Begriff der Tyrannis bei den Griechen, in: Sb. Berliner Akad. d. Wiss. 1887, 1137–1146.

8. Einzelprobleme

Aicher, S., Kants Begriff der Erkenntnis verglichen mit dem des Aristoteles, Berlin 1907.
Anton, J. P., Aristotle's Theory of contrariety, London 1957.
Apostle, H. G., Aristotle's Philosophy of mathematics, Chicago 1952.
Arnold, U., Die Entelechie, Wien 1965.

Badareu, D., L'Individuel chez Aristote, Paris 1936.
Boehme, G., Zeit und Zahl, Frankfurt (M) 1974.
Bourgey, L., Observation et expérience chez Aristote, Paris 1955.
Braun, E., Vorläufer des cogito ergo sum bei Aristoteles, in: Annales Universitatis Saraviensis 5, 1956, 193–195.
Burchard, A., Der Entelechiebegriff bei Aristoteles und Driesch, Quakenbrück 1928 (Diss. phil. Münster).
Carteron, H., La Notion de force dans le système d'Aristote, Paris 1924.
Chen, C.-H., Different Meaning of the term Energeia in the philosophy of Aristotle, in: ›Philosophy and phenomenological research‹ 17, 1956, 56–65.
Clark, St. R., Aristotle's Man, Oxford 1975.
Conrad-Martius, H., Le Problème du temps aujourd'hui et chez Aristote, in: Archives de philosophie 20, 1957, 483–498.
De Corte, M., La doctrine de l'intelligence chez Aristote, Paris 1934.
Ders., Aristote et Plotin, Paris [2]1947.
Croissant, J., Aristote et les mystères, Liège et Paris 1932.
Drechsler, J., Die erkenntnistheoretischen Grundlagen und Prinzipien der Aristotelischen Didaktik, Berlin 1935.
Dreitzel, H., Protestantischer Aristotelismus und absoluter Staat, Wiesbaden 1970.
Dubarle, D., La Causalité dans la philosophie d'Aristote, in: Histoire de la philosophie et métaphysique. Aristote, Saint Augustin, Saint Thomas, Hegel, Paris 1955.
Düring, I., Aristotle and Plato in the mid-fourth century, in: ›Eranos‹ 54, 1956, 109–120.
Ders., Aristotle and the heritage from Plato, in: ›Eranos‹ 62, 1964, 84–99.
Effe, B., Studien zur Kosmologie und Theologie der Aristotelischen Schrift ›Über die Philosophie‹, München 1970.
Evans, M. G., Aristotle, Newton and the theory of continuous magnitude, in: Journ. of the history of ideas 16, 1955, 548–557.
Festugière, A.-J., Aristote. Le Plaisir, Paris 1946.
Fiedler, W., Analogiemodelle bei Aristoteles, Amsterdam 1978.
Frank, E., Wissen, Wollen, Glauben, Zürich 1955.
Fritz, K. v., Die Bedeutung des Aristoteles für die Geschichtsschreibung, in: Histoire et historiens dans l'antiquité, Vandoeuvres 1958.
Geyser, J., Die Erkenntnistheorie des Aristoteles, Münster 1917.
Gigon, O., Cicero und Aristoteles, ›Hermes‹ 87, 1959, 143–162.
Ders., Die Geschichtlichkeit der Philosophie bei Aristoteles, in: Arch. di filos. 1954, 129–150.
Gohlke, P., Moderne Logik und Naturphilosophie mit Aristoteles, Paderborn 1962.
Guthrie, W. K. C., Aristotle as a historian of philosophy, in: Journal of Hellenic studies 77, 1957, 35–41.
Happ, H., Studien zum aristotelischen Materiebegriff, Berlin 1971.
Heath, T., Mathematics in Aristotle, Oxford 1949.
Herz, H., Keyne's neues Wirtschaftsethos im Vergleich zu dem des Aristoteles und Thomas, Köln (Diss. phil. Bonn) 1941.
Hirschberger, J., Paronymie und Analogie bei Aristoteles, in: Philos. Jb. 68, 1960, 191–203.
Jolivet, R., La Notion de substance, Paris 1929.
Kessler, M., Aristoteles' Lehre von der Einheit der Definition, München 1976.
Lukasiewicz, J., Aristotle's Syllogistic from the standpoint of modern formal logic, New York [2]1957.

Mansion, A., Le Dieu d'Aristote et le dieu des chrétiens, in: La philosophie et ses problèmes, in: Recueil ... à R. Jolivet, Lyon 1960.
Mansion, S., Aristote critique des Eléates, in: Rev. philos. de Louvain 51, 1953, 165–186.
Ders., Le jugement d'existence chez Aristote, Louvain 1946.
Merlan, Ph., Hedone in Epicurus and Aristotle, in: Merlan Studies in Epicurus and Aristotle, Wiesbaden 1960, 1–37.
Ders., Isocrates, Aristotle and Alexander the Great, in: ›Historia‹ 3, 1954/55, 60–81.
Miller, A. E., Physis and Physics, Diss. phil. Hamburg 1971.
Neumark, D., Materie und Form bei Aristoteles, in: Archiv f. Gesch. d. Philos. 25, 1911, 271–322; 391–432.
Poetscher, W., Strukturprobleme der aristotelischen und theophrastischen Gottesvorstellung, Leiden 1970.
Preus, A., Science and philosophy in Aristotle's biological works, Hildesheim 1975.
Ralfs, G., Platon und Aristoteles im abendländischen Bewußtsein, in: ›Gymnasium‹ 61, 1954, 93–134.
Richards, H. P., Aristotelica, London 1915.
Richter, L., Zur Wissenschaftslehre von der Musik bei Platon und Aristoteles, Berlin 1961.
Ritter, J., »Naturrecht« bei Aristoteles, Stuttgart 1961.
Sandoz, A., Le Rôle de la cause finale dans l'explication chez Aristote, in: Rev. de philos. 34, 1934, 46–72; 156–175; 271–282; 37, 1937, 104–122; 210–231.
Schickert, K., Die Form der Widerlegung beim frühen Aristoteles, München 1977.
Schlechta, K., Goethe in seinem Verhältnis zu Aristoteles, Frankfurt (M) 1938.
Schmidt, W., Theorie der Induktion, München 1974.
Schneider, R., Seele und Sein. Ontologie bei Augustin und Aristoteles, Stuttgart 1957.
Schoedel, P., Aristoteles' Widerlegungen der Zenonischen Bewegungsparadoxien, Göttingen (Diss. phil.) 1976.
Schramm, M., Die Bedeutungslehre des Aristoteles für seine beiden Lösungen der zenonischen Paradoxie, Frankfurt (M) 1962.
Schütze, A., Die Kategorien des Aristoteles und der Logos, Stuttgart 1972.
Sentroul, C., Kant und Aristoteles (deutsch v. L. Heinrichs), Kempten 1911.
Stallmach, J., Dynamis und Energeia, Meisenheim 1959.
Stegmaier, W., Der Substanzbegriff der Metaphysik. Aristoteles-Descartes-Leibniz, Tübingen, Diss. phil. 1974.
Steinmetz, P., Schriften zu den Politika des Aristoteles, Hildesheim 1973.
Stekla, H., Der Regressus ad infinitum bei Aristoteles, Meisenheim 1970.
Stenzel, J., Studien zur Entwicklung der platonischen Dialektik von Sokrates zu Aristoteles, Leipzig ^{2}1931.
Sweeney, L., L'infini quantitatif chez Aristote, in: Rev. philos. de Louvain 58, 1960, 505–528.
Theiler, W., Zur Geschichte der teleologischen Naturbetrachtung, Basel 1924.
Thompson, W. N., Aristotle's deduction and induction, Amsterdam 1975.
Ulmer, K., Wahrheit, Kunst und Natur bei Aristoteles, Diss. phil. Tübingen 1953.
Verdenius, W. J., Traditional and personal Elements in Aristotle's religion, in: ›Phronesis‹ 5, 1960, 56–70.

Waschkies, H.-J., Von Eudoxos zu Aristoteles, Amsterdam 1977.
Weil, R., Aristote et l'histoire, Paris 1960.
Werner, C., Aristote et l'idéalisme platonicien, Paris 1920.
Williams, D. C., Form and matter, in: Philos. Rev. 67, 1958, 291–312; 499–521.
Wilpert, P., Das Argument vom »dritten« Menschen, in: ›Philologus‹ 94, 1940, 51–64.
Ders., Zwei aristotelische Frühschriften über die Ideenlehre, Regensburg 1949.
Wolfson, H. A., Infinite and privative Judgements in Aristotle, Averroes and Kant, in: ›Philosophy and phenomen. Research‹ 8, 1947, 173–187.
Woodbridge, F. J. E., Aristotle's vision of nature, New York 1965.
Zoepfel, R., Historia und Geschichte bei Aristoteles, Heidelberg 1975.

9. Aristotelismus

Bremond, A., Le Dilemme aristotélicien, in: Archives de philosophie 10, 2, 1933, 1–154.
Ders., Aristote en Sorbonne, Paris 1939.
Callus, D. A., Introduction of Aristotelian learning to Oxford, London 1944.
Düring, I., Von Aristoteles bis Leibniz, in: ›Antike und Abendland‹ 4, 1954, 118–154.
Gätje, H., Studien zur Überlieferung der aristotelischen Psychologie im Islam, Heidelberg 1971.
Grabmann, M., Der Anteil Deutschlands am Aristotelismus des Mittelalters, in: Grabmann, Mittelalterliches Geistesleben 3, München 1956, 219–231.
Ders., Aristoteles im Werturteil des Mittelalters, ebd. 2, München 1936, 62–102.
Ders., Methoden und Hilfsmittel des Aristotelesstudiums im Mittelalter, München 1939.
Ders., Aristoteles im 12. Jahrhundert, in: Mediaeval Studies 12, 1950, 123–162.
Ders., Studien über den Einfluß der aristotelischen Philosophie auf die mittelalterlichen Theorien über das Verhältnis von Kirche und Staat, München 1934.
Ders., Mittelalterliche Deutung und Umbildung der aristotelischen Lehre vom nous poietikos . . ., München 1936.
Hartmann, N., Aristoteles und Hegel, Erfurt ²1933.
Heidingsfelder, G., Zur Aristotelesdeutung in der Renaissance, in: Philos. Jb. 53, 1940, 386–392.
Kaulbach, F., Der philosophische Begriff der Bewegung, Köln 1965.
Kommerell, M., Lessing und Aristoteles, Frankfurt (M) ⁴1970.
McKeon, R., Aristotelianism in western Christianity, in: Environmental factors in Christian History, Chicago 1939, 206–231.
Mansion, A., La Théorie aristotélicienne du temps chez les péripatéticiens médiévaux. Averroes, Albert le Grand, Thomas d'Aquin, in: Rev. néo-scol. de philos. 36, 1934, 275–307.
Moraux, P., Aristoteles bei den Griechen: von Andronikos bis Alexander von Aphrodisias, Berlin 1973.

Ders. (Hrsg.), Peripatoi, Berlin 1971 ff.
Mugnier, R., La Théorie du premier moteur et l'évolution de la pensée aristotélicienne, Paris 1930.
Oeser, E., Begriff und Systematik der Abstraktion. Die Aristoteles-Interpretation bei Thomas von Aquin, Hegel und Schelling . . ., Wien 1969.
Owens, J., The Doctrine of being in the Aristotelian »Metaphysics«, Toronto [2]1963.
Peters, F. E., Aristotle and the Arabs, New York 1968.
Petersen, P., Geschichte der aristotelischen Philosophie im protestantischen Deutschland, Stuttgart-Bad Cannstatt (Repr.) 1964.
Rollwage, J., Das Modalproblem und die historische Handlung. Ein Vergleich zwischen Aristoteles und Hegel, München 1969.
Schneid, M., Aristoteles in der Scholastik, Aalen (Repr.) 1975.
Schneider, A., Die abendländische Spekulation des 12. Jahrhunderts in ihrem Verhältnis zur aristotelischen und jüdisch-arabischen Philosophie, Münster 1915.
Stammler, W., Aristoteles und die septem artes liberales im Mittelalter, in: Der Mensch und die Künste. Festschr. f. H. Lützeler z. 60. Geburtstag, Düsseldorf 1962, 196–214.
Steenberghen, F. v., Aristotle in the West, Louvain 1951.
Sullivan, J. B., An Examination of the first principles in thought and being in the light of Aristotle and Aquinas, Washington 1939.
Thonnard, F. J., Augustinisme et Aristotélisme au 13. siècle, in: Année théol. Augustin. 4, 1944, 442–466.
Vollrath, E., Die These der Metaphysik, Wuppertal 1969.
Wehrli, F. (Hrsg.), Die Schule des Aristoteles, Texte und Kommentare (H. 1–10), Basel 1944–1959.